エコロジズム

「緑」の政治哲学入門

「緑の政治思想」の名著シリーズ ❶

Ecologism: An Introduction

ブライアン・バクスター［著］
松野 弘［監修・監訳］
栗栖 聡／松野亜希子／岩本典子［訳］

ミネルヴァ書房

Ecologism: An Introduction
by
Brian Baxter
Copyright © Brian Baxter, 1999

Japanese Translation rights arranged with Edinburgh University Press in Edinburgh through The Asano Agency, Inc. in Tokyo

監修の言葉

松野　弘

　今や，われわれ人類は地球温暖化という気候変動や地震による地殻変動等のさまざまな災害に直面している。これは18世紀の産業革命以来の産業社会の進展によるきわめて深刻な負荷現象といえるだろう。自然と人間文明の均衡ある共生こそがこうした困難を克服していく唯一の方途である。そのためには，自然と人間文明が共生するための思想変革が必要とされている。この思想変革を推進していくべく，われわれは〈持続可能な緑の社会〉のための知的装置としての「緑の政治思想」の珠玉の労作を提供している。この「緑の政治思想」シリーズでは，世界の一流の環境政治学者が著した著作をシリーズとして刊行したもので，21世紀の〈持続可能な緑の社会〉を構築していくための必須の文献である。自然と人間文明の共生を具現化していくための思想変革の第一歩であり，このシリーズを座右の書として，明日の地球環境問題を考えていくための必読文献としてお読みいただけるならば，監修者として望外の喜びである。

「緑の政治思想」の名著シリーズ
刊行に寄せて

宇佐美　誠

　「井蛙大海を知らず」という。先進国の都市で人工物に囲まれて快適な生活を送っている私たち一般市民は，人類が，生態系を含む自然に対して，累積的かつ加速度的な仕方で与えてきた不可逆的影響について，ごくわずかな知識しかもたない。人間は歴史的に，地球上の陸地にいかに大規模な改変を加えてきたか。陸上・河川・海洋や宇宙空間に，どれほど大量の廃棄物を捨てているか。原子爆弾・水素爆弾の開発が，人類を含む生物種にどのくらい深刻なリスクを生み出したか。そして，温室効果ガスの大量排出が，気候変動のいかなる帰結を世界各地ですでに引き起こしつつあるか。これらについて，私たちの多くはほとんど正確に知らない。だが，人類が自然に対して過去に及ぼしてきた，また現在及ぼしている甚大な変化は，科学的に疑いえない本物の変化である。実際，これらの変化を踏まえて，人新世という新たな地質年代に私たちはすでに突入していると唱える学説の採否が，層序学の国際学界では真剣に検討されている。

　このような意味で，いわゆる環境問題は，並列するさまざまな社会問題の一つとしてではなく，むしろ各社会，重層的な生態系，ひいては地球全体の持続可能性を左右する根源的問題として理解されるべきだろう。こうした環境問題の根源性に鑑みるならば，この問題の効果的・安定的な緩和に向けた新たな政治・社会の構想を探究する「緑の政治思想の名著シリーズ」（『環境思想とは何か』『現代環境思想論』の著者である千葉大学客員教授　松野　弘博士の監修・監訳，ミネルヴァ書房）の刊行には，極めて大きな意義がある。各巻では，環境政治思想や環境政治理論における第一級の研究者が，独創的かつ論争喚起的な見解をそれぞれ提示している。読者は，これらの見解に全面的賛同を与えるか批判

「緑の政治思想」の名著シリーズ　刊行に寄せて

的留保を付するかを問わず，根源的問題としての環境問題やその抜本的緩和に向けた政治・社会のあり方について，自ら思索を深める上で役立つ数々の道具立てを手にすることができるだろう。本シリーズの公刊が，一人でも多くの読者にとって，日常を離れた広い視野から，また思想的深みをもって，新たな環境政治を構想してゆく契機となることを願ってやまない。

　　　　　　　　　（うさみ・まこと：京都大学大学院地球環境学堂教授）

『エコロジズム』
刊行に寄せて

広井　良典

　この本は，次に述べるような意味で，日本においてこそ読まれるべき書物だと思う。
　そもそも，〈環境〉というテーマとの関係において，日本という国ないし社会はどのようなポジションにあるだろうか。
　一方で，厳然たる事実として，私たちが住む日本という国は，「ミナマタ」と「フクシマ」――前者は産業公害のもっとも悲惨なケース，後者は原発事故の最悪の事例の一つ――の両方を起こしてきた国であり，このことを私たちはもっと直視し，かつなぜそのようなことが生じてしまうのか（さらに，いずれの場合も，起きた後の対応にも多くの問題がつきまとうのか）ということの根本原因あるいは構造ともいうべき点を，正面から問うていくべきだろう。
　他方で，しばしば語られる言説であり，また一定の妥当性をもつものだが，日本（人）ないし日本文化は，"自然との共生"と呼ぶべき志向を基調にもつものであり，たとえば"自然を支配"するといった自然観あるいは世界観の強い「西洋文明」に対して，むしろもっとも環境調和的な社会を築きうる立場にいるという見方が存在する。
　以上の両者は，〈環境〉との関わりでの日本の位置についての，全く逆のベクトルの事実ないし理解であり，比較的よく知られたアメリカの環境倫理学者キャリコットが著書『地球の洞察』の中で指摘した，日本の「逆説」という点とつながるものである。
　では以上のように，〈環境〉をめぐる日本社会の対応に，根本的とも言えるような矛盾が生じるのはなぜなのだろうか。
　私はその主要な鍵が，本書のテーマである「環境思想」の存否にあるのでは

ないかと思う。つまり日本において不足しているのは，環境に対する志向や自然観といった次元を超えた，環境についての体系的かつ論理化された理念や哲学なのではないか。しかもそこでの環境思想とは，単に理念や原理という枠にとどまらず，政治や経済，そして社会システムや政策・制度と緊密に結びついた形での思想に他ならない。この本が日本においてこそ読まれるべき書物だと冒頭で記したのは，こうした意味においてである。

　最後に，環境思想との関わりにおいて日本がもつ可能性ないしポテンシャルについて記しておきたい。本書の「日本語版への序文」において，著者のバクスターは（日本について十分な知見をもっていないという点を何度も断りつつ）環境に対する日本のアプローチが「人間中心主義的」であるという議論を行っている。

　これは（特に環境問題への政策的ないし社会的対応の面については）正しい指摘と言える半面，主に近代以降に限定された，いささか表層的な理解にとどまっているという印象ももつ。私がここで念頭に置いているのは，たとえば南方熊楠の思想や行動に見られるような，ディープ・エコロジーなどに連なる思想ないし自然観の日本における系譜であり，それは（私自身の関心に引き寄せて述べれば）"鎮守の森"といったコンセプトに示されるような，ローカルなコミュニティや資源循環と結びついた，自然のもつ内発的な力と共振する世界観のもつ可能性である。

　本書を読んだ後に私たちが行うべきことの一つは，そうした日本社会（ひいては地球上の様々な地域）が伝統的に有しており，またそのかなりの部分を私たちが忘れてきた自然観や世界観を，現代の社会との関わりにおいてもう一度見つけ出し，再定義し，新たな思想や社会構想として鍛え上げていくことではないだろうか。

（ひろい・よしのり：京都大学こころの未来研究センター教授）

日本語版への序文

　千葉大学客員教授（前千葉商科大学教授／元千葉大学大学院教授）の松野　弘博士，並びに，ミネルヴァ書房の杉田　啓三社長のお二人が緑の政治思想の名著シリーズ（全5巻予定）の最初の一冊として，私の著書を選んでくださったことを大変光栄に思います。日本の読者の皆さんがたとえ本書の主張すべてに完全に同意することができないとしても，この分野における日本の思想的伝統についての有益な考察を少なくとも刺激するような人間と環境との関係に関する見解を少しでも本書の中に見出してくれることを願うばかりです。

　残念ながら，日本は私がまだ訪れたことのない国です。したがって，日本の環境主義に関する私の知識は学術的な著作や論文，世界各国の読者や視聴者によって注目されているような諸問題に対する西欧メディアの報道といったものに基づく，間接的なものでしかありません。例のごとく，メディアによる報道は危機や災難に焦点を当てる傾向があり，建設的な事項に焦点を当てることは稀なので，日本の環境の現状を総合的に理解させるものだと言うことはできません。

　しかしながら，個人，あるいは，集団としての日本の市民や日本政府が1950年代末から1960年代初めにかけて始まった世界規模の環境運動の隆盛以来，重要な問題の解決に向けて積極的に活動してきたことは私も承知しています。その時期に日本で起きた深刻な公害事件――四大公害訴訟――や，公害処理を目的とした14の法律を生み出した1970年の「公害国会」に反応した，環境保護に積極的なグループの活動は環境に関する現代の直接行動主義における画期的事件です。1970年代初めの環境庁の創設と環境被害を受けた人々のための世界で最初の賠償法を可決したという点で，日本政府は環境保護の分野における進歩の最前線に位置していました。

日本語版への序文

　他の先進社会でもよくみられることですが，1970年代半ばのエネルギー危機の後，日本における環境への関心や環境に関する直接行動主義的な活動は次第に小さくなっていきました。それが再び，活気づいたのは1980年代末から1990年代にかけて経済が再生し，オゾン層の減少や気候変動といった明らかに世界規模の環境問題が浮上し始めた時です。1990年代後半，多くの政府が自国の企業に参加を強制，あるいは，奨励しようと努めてきたような，環境と企業活動との関係に関する報告書が数多く刊行されてきましたが，日本の企業は特に際立った存在となってきています。

　しかしながら，日本の歴史的経験と他の社会のそれとの間にいくつかの類似点があるにもかかわらず，環境問題に対する日本のアプローチは他の社会に見出すことができるようなアプローチとはいくつかの相違点があるということは明らかです。この問題について私が行ってきた限られた研究から，日本の伝統の特徴を試しに次のように記述しようと思っています。

　まず，日本の視点は環境問題について，主に，それらが人間以外の生物に及ぼす影響という観点からみるよりも，むしろそれらが人間に及ぼす悪影響という観点からみています。西欧の議論に普及してきているかなり不快な言葉を用いれば，日本のアプローチは人間中心主義的だ，と言うことができます。このことは第二の特徴につながります。すなわち，日本における環境への関心や環境問題に関する直接行動主義の多くは特定の地域における汚染の脅威に向けられてきた，ということです。こうした脅威に反応する際，一部の評論家たちは，その中でも女性は特に熱心でしたが，汚染の脅威を除去する努力を自分の子供や家族の健康と幸福の保護者としての伝統的な役割の一部とみなすことを論じてきました。日本における環境への関心の第三の特徴は可能な限り表立った衝突や対決を回避し，和解と合意形成を支持するというものです。したがって，平和的ではありますが，精力的に行われる直接行動主義的な活動の長い歴史をもつ，グリーンピースのような国際的な環境保護団体に対する日本の人々の支持はごく限られたものである，と推察することができます。こうしたことから導かれる最後の特徴は汚染防止活動よりも自然保護活動に傾注する環境保護団

体は全体的な未来像への忠誠も全国規模の包括的組織を形成しようとする意志もない，その場限りの局地的なものになりがちだというものです。

一般に，あるいは，よく主張されていることですが，環境問題に関心のある日本の市民の多くが好むのは私たち人間に対する他の生物の道徳的要求を考慮すべく，現存の経済的行動を根本的に改変することに努める，という時に（あまり正確ではないが）「ディープ・エコロジー」(Deep Ecology)と呼ばれる見解ではなく，「エコロジー的近代化」(Ecological Modernisation)と呼ばれるようになってきている戦略――すなわち，現存の経済的行動をより環境を損なわない，浪費的でないものにするよう試みること――を支持することです。

日本における環境思想の主流の特徴に関するこの短い記述が正確だとすれば（もっとも私は不安でおののきながら書いていますが），本書の内容は多くの点でその主流に挑戦するものとみなされるべきです。というのも，環境への損害は私たち人間のためだけでなく，他の生物のためにも避けられるべきだというように，人間以外の生物は道徳的に重要であるということを本書は論じているからです。本書は人間と他の生物は同等に重要である（「ディープ・エコロジー」の一部であるとしばしばみなされる見解）と論じているのではなく，人間以外の生物は人間と同等に重要ではないけれども，重要である，と論じています。本書は包括的なイデオロギーの主要部分を構成しているような，人間社会の経済的・政治的・社会的な構成にとって，程度はさまざまであれ，急進的な含意をもつような主張を構想しています。言い換えれば，「エコロジー的近代化」的な計画が重視しているような類の，私たちの現在の行動の適切で限られた変更だけでは環境問題にうまく対処できない，と考えています。

「エコロジズム」(Ecologism)と名づけられたこのイデオロギーは現行のイデオロギー，その中でも特に，さまざまな形態で世界の多くの地域を支配するようになってきている社会主義と自由主義の好敵手として構想されています。もちろん，そうした世界の捉え方には，エコロジズムによって提起された構想の実現を妨げる強力な既得権との対決は必要不可欠だという考え方が元来，備わっています。したがって，エコロジズムもいくつかの基本的な問題に関して

歩み寄ることはできないであろう，ということを暗示しています。

　本書の執筆の背後にある意図は思想的に説得力があり，なおかつ，少なくともいくつかの一般的な行動指針を提供するような，人間とそれを取り巻く環境との関係や特に人間の道徳的責任についての一貫した見方を表現しようと努めることです。このために，本書は一部の人たちの間で時代遅れの概念とみなされている「イデオロギー」という言葉を避けることはしません。確かに，私はイデオロギーにほとんど常につきものの，少なくとも一つの重大な欠点，すなわち，圧迫的なドグマに硬化してしまうという傾向を承知していなくてはならないと考えていますが，他方で，十分に説得力のあるイデオロギーを考案する試みなしで済ませることはできないと考えており，その理由は本書で提示されています。

　もちろん，新しいイデオロギーの提案者が自ら提案した見解を認めてもらいたいと思うのであれば，通常，説得されるべき人々の間ですでに受容されている価値観や見方との接触点を見出すことが重要です。狭義の物質的観点から理解することはできませんが，人間の精神性の中心にあるものとして理解することができるような，人間対自然の関係についてのある見方を奨励する，そうしたいくつかの要素を日本の宗教的伝統，特に神道と仏教の中に見出してきた人々がいるということは私も承知しています。これは依然として，広義の人間中心主義であるかもしれませんが，少なくとも完全に経済的な世界観から私たちを引き離し，ひいてはエコロジズムの擁護者たちが望むような方向に私たちを動かすものです。

　私たちがその方向に進んでいくとしたならば，どこまで行くべきなのか。それは本書を読んだ後で，読者の皆さんが決めることです！

2018年10月

　　　　　　　　　　　　　　　　　　　　　　　　ブライアン・バクスター

謝　　辞

　最近のアカデミー賞授賞式で，ハリウッドの映画スター，キム・ベイシンガーは受賞演説の中で次のように述べました。「今まで生きてきた間に出会った人すべてに本当に感謝したい」と。初めての書物を出版した経験がある方はこの言葉の背後にある感情がどのようなものであるか，きっとおわかりになるかと思います。私の場合は幼少時代や青年時代を通じて愛情と励ましを与えてくれ，とりわけ，自然界を楽しむことの模範を示してくれた両親に感謝しなければなりません。私もすぐに両親と同じく自然を楽しむようになりましたが，私自身の学者としての経歴におけるこの楽しみの最終的な結実が本書であり，また，環境問題への弱まることのない関心なのです。

　オックスフォード大学で私に哲学を教授して下さった先生方——ジョン・シモプロス先生（John Simopoulos），ジェフリー・ウォーノック先生（Geoffrey Warnock），リチャード・マルパス先生（Richard Malpas），スチュアート・ハンプシャー先生（Stuart Hampshire），そして，私が哲学博士の学位を取得する際に指導してくださったジェームズ・アームソン先生（James Urmson）——には，生涯にわたる哲学的問題への関心をもつように導いて下さったことに対して，感謝の念を表します。本書の初稿は1997年のサバティカル休暇中に執筆しましたので，教育，大学運営の仕事から免除されて貴重な時間を与えて下さった所属学部，当時の学部長のトニー・ブラック先生（Tony Black）にも感謝しなくてはなりません。

　原稿のすべてに目を通し，それについてコメントしてくれたクイーンズ大学ベルファスト校のジョン・バリー教授（John Barry）にはとりわけ，感謝しています。というのも，彼は終始数多くの貴重なコメントや提案をしてくれ，ことに第8章にはきわめて詳細な応答を行ってくれたので，そこでは彼のコメン

謝　辞

トを参考にして「社会的正義」（Social Justice）や「生態学的正義」（Ecological Justice）などの概念，それらの間の関係といった問題について，より一層明確に述べることになりました。本書で論じられている事柄に関する私たちの見解は平行線を辿りながらもそれぞれ独自に発展していたので，本書のテーマに寄せる彼の情熱とそれに関する彼の知識を身をもって経験できたことは喜ばしいことでした。もちろん，本書の内容に関して一切の責任を負うのはこの私ですが。

　エディンバラ大学出版局のニコラ・カー（Nicola Carr）はこの分野で本を1冊出すよう最初に私を励ましてくれた人であり，彼女との共同作業は楽しいものでした。スーザン・マロック（Susan Malloch）は秘書として重要な時に必要な力添えをしてくれました。私たちの友人である，コリン・ドハティー（Colin Doherty），アーシュラ・ドハティー（Ursula Doherty）の2人には，執筆中，創造の過程を勢いづけるのに役立つようなおいしいコーヒーを入れてくれた才能に対して感謝したいと思います。

　最後に，私の考えが活字となって表現されるのを可能にした愛情と励ましを絶えず与えてくれた妻のリン（Lynn）に心から感謝を捧げたいと思います。

[凡　例]

一、〔　〕は訳者の挿入，［　］は原著者のものである。
一、原書の 注）は，各ページに脚注としてまとめた。
一、訳者の〔注〕については，本文の必要な箇所に入れた。
一、原文の" "は，原則的に「　」で示した。
一、原文のイタリック（強調を示す）は，原則的に傍点で示した。
一、固有名詞（人名，組織名等）の各章の初出には，原則的に「　」を付し（原語）を入れた。
一、本文で重要と思われる用語にも「　」を付けた。

エコロジズム
―― 「緑」の政治哲学入門 ――

目　次

監修の言葉　　松野　弘
「緑の政治思想」の名著シリーズ 刊行に寄せて　　宇佐美　誠
『エコロジズム』 刊行に寄せて　　広井良典
日本語版への序文
謝　辞
凡　例

第1章　序　論 …………………………………………………………… 1

第Ⅰ部　理論的考察

第2章　形而上学 ………………………………………………………… 19
　　　「生」の意味 ……………………………………………………… 30
　　　存在の充満性と生物多様性 ……………………………………… 38
第3章　生物学とエコロジズム ………………………………………… 43
　　　　――社会生物学の場合

第Ⅱ部　道徳的考察

第4章　エコロジズムの道徳理論 ……………………………………… 63
　　　エコロジズムには新しい道徳理論が本当に必要なのか？ …… 66
　　　一貫性論 …………………………………………………………… 74
　　　内在的価値 ………………………………………………………… 80
　　　内在的価値と「驚異性」 ………………………………………… 86
第5章　道徳的配慮の対象となる可能性と道徳的トレードオフ …… 93
　　　平等主義，複雑性，内在的価値 ………………………………… 95
　　　複雑性と道徳的配慮の対象となる可能性の程度 ……………… 99

人間は常に他の存在よりも重要なのか？……………………………… 105
　正義・同時代の外国人・未来の世代……………………………………… 113

第Ⅲ部　政治学的考察

第6章　エコロジズムの政治哲学（その1）……………………… 127
　　　　　──人間性・人間の苦境・政治道徳
　人間性と人間の苦境に関するエコロジズムの理論…………………… 129
　エコロジズムの政治道徳(1)──文脈依存的な自己と道徳的後見…… 134
　エコロジズムの政治道徳(2)──生態学的正義と環境的正義………… 143

第7章　エコロジズムの政治哲学（その2）……………………… 147
　　　　　──政治道徳とメタ・イシュー
　エコロジズムと民主主義…………………………………………………… 148
　エコロジズムとグローバリズム…………………………………………… 158
　エコロジズムと国家………………………………………………………… 168

第8章　エコロジズムと現代政治哲学（その1）………………… 178
　　　　　──功利主義・ロールズ的リベラリズム・リバタリアニズム
　功利主義・帰結主義・エコロジズム……………………………………… 179
　ロールズの主題──正義と道徳的配慮の対象となる可能性………… 183
　リバタリアンの主題──財産と自己所有権……………………………… 190

第9章　エコロジズムと現代政治哲学（その2）………………… 200
　　　　　──マルクス主義・コミュニタリアニズム・フェミニズム
　マルクス主義の主題──搾取と疎外……………………………………… 200
　コミュニタリアニズム──自律と伝統…………………………………… 209
　フェミニズムの主題──公対私・ケア対正義…………………………… 219

第Ⅳ部　政治経済学的考察

第10章　エコロジズムは資本主義を転換することができるか……231
　　　　――持続可能な開発・エコロジー的近代化・経済民主主義
　政治経済学――批判と反批判……232
　「持続可能な開発」に関する諸見解……243
　エコロジー的近代化……249
　経済民主主義……256

第11章　「緑」の資本主義へのオルタナティブ……260
　　　　――市場社会主義とグローバル・エコロジー
　市場社会主義とは何か……260
　グローバル・エコロジー……264

第12章　結　論……286

引用・参考文献……293
解　説――〈接続可能な社会論〉の可能性と政治的エコロジズムの役割……300
人名・事項索引……331
監訳者あとがき……341

第1章
序　論

　「エコロジズム」(Ecologism) というイデオロギーはイデオロギー界の新しいスターである。私がこの言葉に初めて出会ったのは，アンドリュー・ドブソン (Andrew Dobson) の『緑の政治思想』(*Green Political Thought*) においてであった。ドブソンは同書で，彼自らが命名したこの立場は一つのイデオロギーとみなすのに十分なほどに包括的で，体系的であり，また，他のイデオロギーとはいくつかの重要な点で明確に異なっている，と論じている。人文科学，社会科学，自然科学の学問分野出身の，環境問題に関心をもつあらゆる種類の思想家たちがここ30年，ないし，40年の間に理念や構想を定式化してきたが，「エコロジズム」はそれらを統合したものである。

　少なくとも予見可能な未来において唯一の棲家である地球と人間はどのような相互関係にあるのか，また，どのような関係をもっているのか。この問いに関して，多くの思慮深い人々が明確に表明してきた懸念があるが，そこから一つの新しいイデオロギーが結晶化してきたのだ，とドブソンは指摘しているが，本書は，この指摘は正しい，という確信のもとに書かれている。当然のことながら，現代の環境への懸念について知っている人であれば誰もが気づいているように，環境問題が顕在化してきたのは環境問題のさまざまな分野で，少なくとも危機がまた，場合によっては，破局が差し迫っているのではないかという

---

(1) Dobson, Andrew (1995), *Green Political Thought*, 2nd edn（松野弘監訳，栗栖聡・池田寛二・丸山正次訳『緑の政治思想』ミネルヴァ書房，2001年）の序論を参照のこと。「エコロジズム」(Ecologism) はきわめて新しい言葉であるために，その使用法はまだ確定していない。例えば，アルネ・ネスは，Naess, Arne (1989), *Ecology, Community and Lifestyle*（斎藤直輔・開龍美訳『ディープ・エコロジーとは何か——エコロジー・共同体・ライフスタイル』文化書房博文社，1997年）の中で，「生態学的な概念ならびに理論の極端な一般化」(p. 39, 邦訳66ページ) を指すものとして，その語を軽蔑的に用いている。

感覚が多くの人々の間で強まっているからである。環境問題を扱った著作の序論において、一連の問題に次々と言及することがすでに慣例となっている。そうした問題には正真正銘の危機が伴うことを証明し、それらにどのように対処すればよいかについて説明することに関心のある著作であれ、あるいは、逆に、それらの問題は誇張された憂慮の表れにすぎない、あるいは、おそらくそもそも存在すらしないだろうということを証明することに関心のある著作であれ、その点で変わりはない。

再度、この環境問題のリストを繰り返して取り上げる代わりに、私自身が環境に関心をもつ契機となった懸念に触れることにしよう。私はこの懸念に対処するために、十分練り上げられたイデオロギー的立場を明確化することができるかどうかという点に強い関心をもつようになったのである。その懸念とは、地球上に人類が登場するはるか以前に自然の過程が時として引き起こした絶滅に匹敵するような「第６の絶滅」(sixth extinction)(2)が人間によって引き起こされつつあるのではないのか(3)という不安である。

この不安が指し示している問題は幾分、問題対応的な観点から、「生物多様性の保存」(preserving biodiversity)の問題だと言われている。第二次世界大戦以降、おなじみになってきている急速な人口増加や、あの世界中で活発化する経済活動に直面し、その問題は深刻になりつつあるようにみえる。私たちは途方もなく多様な生物で満ちあふれた惑星を受け継いできたのであり、そうした生物と私たちは進化の歴史を通じて密接な関係にあるのだが、それらが存在し

---

(2) ここで間接的に言及されているのは、Leakey, Richard and Roger Lewin (1996), *The Sixth Extinction* である。

(3) 絶滅に関するすぐれた一般的議論は、Raup, David (1991), *Extinction: Bad Genes or Bad Luck?*（渡辺政隆訳『大絶滅：遺伝子が悪いのか運が悪いのか』平河出版社、1996年）と、Wilson, Edward (1992), *The Diversity of Life*（大貫昌子・牧野俊一訳『生命の多様性（上）（下）』岩波現代文庫、2004年）の中に見出されるであろう。現在の状況を総合的に評価したものとしては、Leakey, Richard and Roger Lewin (1996), *The Sixth Extinction* の他に、Lawton, John and Robert May, (eds.,) (1995), *Extinction Rates* が挙げられる。Aitken, Gill (1996), *Extinction* は、現在の絶滅状態が有史以前の絶滅とどう異なっているのかについて、非常に有益な哲学的分析を行っている。

続けてきたことを私たちが当然視しすぎてきたために，今やそれらが多くの場合，深刻な脅威にさらされているようにみえるという認識が多くの人々が現在抱いている認識といえよう．

　当然のことながら，この見解に含まれている，「事実」だと主張されていることを「流言飛語」だと一蹴する人もいるだろう．しかし，私と同様に，大規模な絶滅を引き起こすような現実の過程が進行中だと信じるとしても，それでもそれに対してさまざまな応答がなされるだろう．第一の応答は，たとえ大規模な絶滅が起こっているにしても，生命全体や地球上の主要な生物学的機能に対する全面的な脅威など存在しない，と主張するものである．過去に地球の生物圏はもっと過酷な状況に対処してきたのであり，人間がよりよい生活へと進歩することによって他の多くの種が絶滅したとしても，人間の生命それ自体が実際に脅かされることはない，といった主張がなされるだろう．

　第二の応答は，危機が存在することを認め，人間の未来の幸福がそれによって脅かされている，と主張するものである．この応答の論拠として，地球の重要な生命維持機能の少なくともいくつかがその危機によって損なわれる恐れがあり，しかも，それらは修復したり取り替えたりすることが不可能ではないにしろ，困難であることが今後判明するであろうという主張がなされるだろう．この応答への中には，ここで脅威にさらされているのは私たちの身体的幸福だけではない，とさらに強調する立場もある．それは私たちの文化的・精神的な生活は地球の生体組織と完全に絡み合っている，と主張するであろう．そして，それが深刻なダメージを受けた場合，私たちの身体のみならず，精神までもが取り返しのつかない被害を被るかもしれない，と．

　こうした2種類の応答はどちらも，地球上の生物種が激減することによって人間がいかに損害を被るかという視点からのみ，問題を把えている．こうした人間本位の，あるいは，「人間志向的」(human-being-oriented) な応答のうち最良のが先の段落で言及した第二の応答に含まれる立場である．しかしながら，これでさえも，この「絶滅」危機の何が問題なのか，ということについての私自身の見解を表すまで十分なものだとは言えない．

この見解は私独自のものではなく，すでに他の多くの人々が多岐にわたる表現方法で，さまざまな理由から明確に表現してきたものである。その趣旨は，人間以外の自然は，それが人間の幸福に貢献しているかどうか（あるいは，さらに言えば，人間の幸福を損なっているかどうか）に関係なく，それ自体として価値をもつ，というものである。人類がもたらす絶滅の被害を被るのは絶滅した種，ならびに，その個々の成員である。ここで道徳的不正が行われているとすれば，それはその生物の消滅が生み出す連鎖反応によって自らの利益も深刻に損なわれてしまう，そうした人間を含む他の生物に対してだけでなく，その生物に対しても行われているのである。
　少なくとも，これこそが，本書で「エコロジズム」という考え方が擁護されている思想的な立場である。この立場は「生物多様性の保存」という問題を政治哲学の主題に関連づける一つの試みとして出発した。というのも，そもそもその問題が一貫性をもった形で政治哲学と結びつけられるようになったのはごく最近のことしかないからである。私はこれに関する自分の考えをまとめようと試みていた時に，政治哲学が扱わなくてはならない形而上学的，道徳的，政治学的，経済学的，ならびに，文化的な諸問題をすべて考慮する必要があることに気がついた。したがって，本書は「エコロジズム」という新しい政治的イデオロギーを解説し，擁護するものになったのである。
　この諸問題の「相互連関性」（interconnectedness）はイデオロギー的な構築要素の検討に関心をもつ人にとっては驚くほどのことではない。まして，エコロジズムを擁護する人々にとってはなおさら驚くにあたらない。というのも，そうした人々は生態学から着想を得ているので，イデオロギーとしてのエコロジズムの主要テーマの一つである，「相互連関性」という現実こそがある一つの生物圏内には生物にとっての現実なのである，と真っ先に強調するからである。
　しかしながら，環境に関心をもつ思想家のすべてが環境イデオロギーの発展を望ましいことだと考えているわけではない，ということをここで述べておく必要がある。例えば，ボブ・ペッパーマン・テイラー（Bob Pepperman Taylor）は最近，多くの環境倫理の発展に関心のある人々，特に人類を道徳的関心の中

心から除外し，その後釜に地球の生物圏を据えようとする「生命中心主義的な」(biocentric) 倫理を提唱している人々のイデオロギー志向に反対してきた。テイラーは彼らの見解の内容を明確に批判しており，その批判のいくつかは確かに妥当である。だが，彼は本書の視点からすると，もっと挑戦的に，環境問題を扱う政策は学者らによる哲学的理論の構築からではなく，彼が「プラグマティックな民主政治」(pragmatic democratic politics) と呼ぶものの実践から発展したものではなくてはならない，と論じている。

そうしたイデオロギーの発展に関して彼が主に批判しているのはその観念論的側面と排他性である。つまり，人々の世界観，ひいては，人々の行動を変革するためにはイデオロギーが必要だと信じている人々は人間の行動を生み出すさまざまな要因についての理解が絶望的なまでに不適切なのである。彼はこうした要因が正確に何であるかを説明していないが，世界観を変えることができたとしても，世界観を変えるだけでは，人々の現実の行動は全く変わらないままであろう，ということについては明確に示している。第二に，イデオロギーは本質的に排他的である。イデオロギーは人々を「信じる者」と「信じない者」とに分け，必然的に前者は後者を無知蒙昧だとして見下す。それはまた，「信じる者」を純粋主義者と現実主義者に分け，前者は後者を裏切り者と非難し，後者は前者を世間知らずだと非難する。特定のイデオロギーを支持する人々は最終的には暴力によって，自らの敵を無差別に転向させようと努める。こういったことすべてがイデオロギー政治を本質的に反民主的なものにし，イデオロギー支持者を政治の不毛地帯へと追いやるのである。

これに対して，プラグマティックな民主政治は人々を排除するのではなく，包含することをめざしている。したがって，テイラーによれば，『民主政治は共通の基盤を探すこと，できるだけ多くの人々がたとえ不承不承ではあっても受け入れられるような政治的問題への解決法を見つけることを求める』のである。だが，テイラーは誤った診断を下しているようにみえる。彼が異議を唱え

---

(4) Taylor, Bob Pepperman (1996) 'Democracy and environmental ethics'.
(5) Taylor (1996), p. 101.

ているのは民主的な議論や説得を特に重視しているわけではない，特定の種類のイデオロギー的立場——それ自体，さまざまな変種をもつが——である。イデオロギーというものそれ自体がそのような見解を重視する立場をとっているというわけではない。事実，民主的な議論や説得を政治の中心に置くことは自由主義イデオロギーの中核を成していることになる。後ほど詳しくみていくことになるが，エコロジズムが民主主義に関してとっていると称する見解を考えると，このイデオロギーもまた，民主的な議論を重視する立場をとっているのである。

　しかしまた，プラグマティックな民主政治がそれ自体として可能になるのは，それに参加する人々が価値，問題，容認可能な解決法などについて一定の見解，おそらくは強固に支持する一定の見解をもっている場合だけである。ここからイデオロギー的立場を排除する理由はない。そうでなければ，テイラーの立場はどんな事柄についてであれ，特定の価値観や信条をもたない人々だけがそのような政治に参加し，成功を収めることができる，という結論を下す危険性がある。もちろん，イデオロギーには，彼が指摘する排他性という危険性がある。しかし，そのような危険性があるということがイデオロギーとの一切の接触を避けることの理由には断じてならない。

　最後に，イデオロギーは絶望的なまでに世間知らずの観念論であるという批判は彼が示すほどには有効ではない。人々の考えを変えれば人々の行動も変わるという見解は彼が考えているほど擁護不可能なわけではない。そもそも社会変革の理論としての観念論は，社会変革（ならびに，意識の変革）は物質生産のシステム，つまり，経済の変革によってもたらされるという見方をする唯物論とはおそらく対比されているであろう。しかし，経済がどのように機能するのか考えてみれば，観念を生み出すことが経済活動の成功にいかに重要であるかわかるだろう。特に市場経済においては，広告，メディアの操作，他の観念形成の手段によって，人々の価値観，信条，欲望などを変えることに多大な努力

---

(6) Taylor (1996), p. 101.

が費やされている。したがって，人々が抱く観念を取り扱っていることが確実なイデオロギーが社会変革をもたらすことと全く無関係であるという指摘は少なくとも，一見したところ，明白ではないのである。観念の変革は人々の行動の変革の十分条件ではない，と指摘することは確かに妥当である。しかし，それは必要条件であると指摘することもまた，同様に妥当だと思われる。とにかく，本書はそうした前提の下に著わしている。[7]

しかしながら，本書はエコロジズムの一つの型を提示しているにすぎない。本書でこれから述べる事柄と重要な点で異なっている他の型も存在する。第一に，ドブソンはこのイデオロギーの特徴を記述する際，その中核を成すものとして前述の道徳的権利を挙げていたが，地球はいくつかの重要な点で有限であるために，人口や物質生産の果てしない拡大は不可能だと考えられている，という主張もエコロジズムの中心に据えていた。したがって，ドブソンの説明によれば，そのような限界を超えずに生活する必要があるということがエコロジズムの基本的主張である，と考えられる。

このような主張が本書の記述にないわけではない。だが，それは決定的に従属的な立場にある。その主な理由は，とりわけ，人間の物質的幸福だけを考慮する場合に，分別のある人々が依然として本当かどうか疑っているようなさらなる一連の経験的主張がそれに伴っているからである。このため，エコロジズムは「限界テーゼ」(limits theses) を強調しすぎない方が賢明だと私は考えている。もし「限界テーゼ」が真実であるならば，当然のことながら，それは，現在の私たちの生活様式を根本的に再考する強力な根拠を与えることになろう。しかし，それが真実ではない可能性もあり，それが反駁されれば，その結果エコロジズムの立場も反駁されると考えざるをえないだろう。

だが，そうはならない。少なくとも，本書で提示されているエコロジズムは

---

[7] テイラー自身，この問題について相反する態度をとっているようにみえる。彼は生命中心主義者たちを自らの道徳的見解を普及させようとしていないという理由で厳しく非難し，その点で，彼らはロマン主義的な資本主義の批判者たちと比べて見劣りするとしている。彼の主張はもっともだが，彼がそのように彼らを痛烈に非難しておきながら，それと同時に「観念の変革」という概念全体も酷評しているのは理解に苦しむ。

そうした挫折を切り抜けることができる。というのは，それは主に，非経験的なもの，すなわち，道徳的な事柄についての私たちの考え方を徹底的に再考しようとする立場だと言っていいからである。本書では，エコロジズムは基本的に，人間以外の生物が道徳的配慮の対象となる可能性に関するテーゼとして提示されている。したがって，たとえ「限界テーゼ」とは反対に，私たちが安価で無尽蔵のエネルギー供給源を発見し，「ナノテクノロジー（超微細技術）」(Nanotechnology) のような豊かさをもたらす新しい技術を発明し，私たちが排出する（最小限に抑えられた）廃棄物の独創的な処理方法を見つけ，私たちの生活空間が無限に拡大するように地下，空中，宇宙，海中などへ私たちの生存範囲を拡張する方法を発見したとしても，それでも人間以外の生物の基本的な道徳的資格は何の影響も受けないであろう。そのような資格は道徳的であるので，無視したり，先延ばししたりすることはできない。それゆえに，「限界テーゼ」が環境理論に与えている緊急性は失われるというよりも，むしろ新たな根拠を与えられるのである。道徳的資格の性質もまた，私たちが行ってもよい行為に厳しい道徳的制約を課すこととなる。

　したがって，道徳的制約は物理的制約よりも強力である。しかし，それを確定するのは多くの点で困難である。道徳哲学の分野では，圧倒的に強力な主張というものはあまり存在しない。説得力のある道徳的立場はむしろ長期にわたる論証と考察を経て達成される。そうした道徳的立場が道徳理論の殿堂入りを果たすには，人々がそれについて考察した時に彼らが納得するような主張を盛り込んでいるだけでなく，有効な論拠をもつ必要がある。

　エコロジズムに固有の道徳的資格はその立場に達している，と言ってよいであろう。少なくとも，それと競合する道徳的立場を熱烈に信奉する人々が人間以外の存在もまた，道徳的配慮の対象となる可能性をもつ，という主張を弱体化させたり，反駁したりするためには，今では何らかの論証をしなくてはならない。それを無視し，なおも自分の立場が妥当にみえるようにすることなどで

---

(8)　「ナノテクノロジー」とは，原子を直接操作することによって素材を作ることである。

きない。しかしながら，本書にも圧倒的に強力な主張はない。他のあらゆる道徳的立場と同様に，エコロジズムの道徳的立場には，問題点やジレンマが依然として残っている。

　前述の「道徳的」テーゼ（moral theses），および，「限界」テーゼに加えて，エコロジズムのイデオロギーにおける第三の要素は，すでに若干触れたものであるが，地球の生物圏と人間との相互連関性という主張である。ブライアン・ノートン（Bryan Norton）の研究にみられるように，環境哲学の中には，この要素を最も強調しているものがある。[9] この見解によると，私たちがこの関係を断ち切ってこなかったということ，少なくとも私たちが地球で存続している間はそれを断ち切ることはできないだろうということ，こうしたことを私たちが理解していないことこそ，今日，私たちの環境が陥っている苦境の第一の原因である。

　そのような主張にはさまざまな構成要素がある。というのは，私たちと私たちを取り巻く生命界との相互関係は物理的なだけでなく，文化的・精神的でもあるからである。ひとたび私たちがこれを理解し，自らを適切な文脈に位置づけて理解するようになれば，人間の生活の向上のために今後も頼らなくてはならない科学的，かつ，技術的な創意工夫を生物圏の「全体性」（integrity）（訳註：この integrity という言葉，アメリカの野生生物生態学者であり，環境倫理学者であるアルド・レオポルドの『砂の国の暦（A Sand County Almanac）』（1949）の「土地倫理」（land ethic）の章で登場するが，日本では，「全体性」「統合性」「統合的全体性」といった訳語が使用されている。Integrity は holism（全体性），すなわち，すべての生物は同じ生命共同体に属している考え方からでてきたものだとすると，ここでも holism と同じ意味と解釈して，「全体性」という訳語を採用している）を脅かさないような方法で用い始めることができるだろう。この見解が支持するのは，私たちに最も必要なのは，私たちの本当のニーズはどこにあるのかを見る「啓蒙された人間中心主義」（Enlightened Anthropocentrism）である，という主張である。この

---

(9) Norton, Bryan (1991), *Toward Unity among Environmentalists*.

主張は人間以外の存在も道徳的配慮の対象となる可能性についての主張は認めないか,もしくは,それと一定の距離を置くかのどちらかである。この型のエコロジズムについては,第4章で詳しく論ずることにしている。

　本書が提示しているエコロジズムは「相互連関性」のテーゼを認めてはいるが,道徳的権利を中心的地位から外すことは認めていない。私たちと自然の相互関連性という事実はエコロジズムにとって重要である。というのも,それは,環境破壊が人間や人間以外の存在の幸福にいかに悪影響をもたらすかを示し,それによって,私たちの道徳的責任の範囲を明確にするからである。しかし,人間以外の存在にも道徳的配慮の対象となる可能性を付与することの意味の一つは,たとえ私たちがそうした存在との間に相互関係を持っていなくても,あるいは,それらとの現在の結びつきを断つことができたとしても,私たちはいくつかの点でそうした存在のために行動しなければならない,ということである。

　一つのイデオロギーの内部にこうした複数の変種があるということは,ティム・ヘイワード(Tim Hayward)が主張しているように,常に予想されることである。イデオロギー的立場はすべて,どの特色が保持されどれが拒絶されるか,また,どの特徴が強調されどれが軽視されるかによって,多様な形態で存在する。こうしたことはより限定して言えば,エコロジズムに,さらに一般化して言えば,「緑の政治理論」(green political theory)と呼ばれるより広範なカテゴリーに当てはまる。

　したがって,先述したように,「啓蒙された」人間中心主義に基づく諸見解が存在している。それは,人間の幸福と人間以外の存在の幸福との間の相互関係を強調するものであり,人間以外の存在に完全な意味での道徳的価値を付与することにはきわめて慎重である。ヘイワード自身や大抵のエコ社会主義者一般が表明している見解は,緑のイデオロギーの中のこの一翼に属している。そ

---

(10) Hayward, Tim (1996), 'What is green political theory?'.
(11) 例えば,Pepper, David (1993), *Eco-Socialism* を参照のこと。Eckersley, Robyn (1992), *Environmentalism and Political Theory* は,社会主義思想と環境配慮に関するすぐれた議

れは，とりわけ，生物学的領域における相互連関性を主に強調しているために，即座に人々の心に訴えかけると予想されるような見解である。したがって，この見解は科学的に十分証明されているにみえる。また，この見解を受け入れるには，さまざまな道徳的立場を徹底的に再検討することよりも，むしろ多くの人々がもっていると思われる「啓蒙された自己利益」や人間以外の自然に対する感受性さえあればよいと考えられる。

　宗教的基盤をもつ「神の信託管理人」(stewardship) の立場は多くの人々の心に訴えかける魅力を備えた，緑の政治理論の別の形態である。というのも，それは歴史的に妥当とされてきた宗教的信条の解釈を拠り所とし，この場合もまた，根本的な道徳的立場を再考することよりも，むしろ拡大することが必要とされているからである[12]。

　したがって，本書が提示するタイプのエコロジズムのライバルは「緑の政治理論」の外部だけではなく，その内部にも存在するのである。本書の「エコロジズム」は道徳的権利の要求を最も強調している。それはまた，相互連関テーゼを強力に支持している。それは「限界」テーゼを依然として完全に受け入れているわけではないけれども，それに対して好意的である。さらに，このエコロジズムは，科学志向で自然主義的である。自然科学上の発見をきわめて重視しており，それというのも，そうした発見が人間以外の存在の道徳的地位を明らかにし，さらに，いかにして人間が自然の一部であるのか，いかにして人間の活動が環境にダメージを与えているのか，といったことを明らかにするからである。このエコロジズムの「自然主義」(naturalism)——人間の価値を自然的，生物学的過程によって生み出されるものとして理解し，説明しようとする試み——は，人間を研究する方法には，自然科学的なアプローチと社会科学的なアプローチがあるという二元論の放棄をもたらすのである。

　　　論を行っている。
[12]　宗教的な「神の信託管理人」の立場は，Daly, Herman and John Cobb (1991), *For the Common Good*; (1990) と，Robin Attfield, *Ethics of Environmental Concern* の中で提示されている。

このような理由から，このエコロジズムは人間の理性に対して，ヘイワードが提唱したものと類似した態度をとる[13]。すなわち，人間以外の世界に対する私たちの行動には，理性の放棄ではなく，理性の必要性があることを強調する態度である。しかし，この理性は人間以外の世界が道徳的権利をもつこと，私たちとその世界との間にある相互連関性があること，道具的価値のみを考慮して私たちがその世界を作り変えることには限界的な可能性があること，これらの観点から用いられる理性である。

私たちがエコロジズムの属性として挙げてきた3つのテーゼはすべて，3種類の人間の傲慢さが内包する邪悪な含意を示している。すなわち，それは次のような信念である。第一に，人間以外の存在には道徳的価値はないという信念，第二に，私たちは結局のところ，人間以外の自然がなくてもやっていけるという信念，第三に，人間の活動が達成可能なことには何ら限界はないという信念，である。しかし，エコロジズムが確かに全力で戦いを挑んでいるこうした形態の傲慢さは理性の本質的な所産ではない。それどころか，実際には，こうした見解のどこに傲慢さがあるのかを正確に理解するためにも，特に科学的領域における，理性の使用が必要なのである。

エコロジズムは科学志向であるために，その目的の一つは特定の科学観を復権させることである。ノートンはジョン・ミューア（John Muir）の科学観を論じる際に，そのような科学観を雄弁に描き出している[14]。それは科学を純然たる道具的・技術的な思考に奉仕するものとしてではなく，世界の素晴らしさを明らかにする驚異の一様式とみなしているからである。したがって，本書が提示するエコロジズムの見解は啓蒙主義，とりわけ，特に批判的理性の役割を打倒することをめざすものではない。むしろ，道徳的にも科学的にもより適切な方向へと啓蒙主義を転換することをめざすのである。

本書が提示する「エコロジズム」の見解に関して，簡潔にその特徴を述べてきた。ジョン・ドライゼック（John Dryzek）が最近展開している区別を用いる

---

[13] Hayward, Tim (1995), *Ecological Thought* を参照のこと。
[14] Norton (1991), pp. 32-35.

ことによって，それを要約することができる。彼は緑の急進派の言説(ディスコース)（本書はその見本となることを目的としている）を，「緑のロマン主義」(green romanticism)と「緑の合理主義」(green rationalism)とに区別している。「緑のロマン主義」は人間一人一人の態度や価値観，信念の変化をもたらし，その結果，各人が自然の文脈との間に従来とは違う関係を結び始めることによって，環境を救うことを目的とする。ドライゼックによれば，「緑の合理主義」は，

> 啓蒙主義的価値観は選択的に，かつ，生態学を踏まえた形で急進化するという観点から定義されるであろう……合理性とは価値観や原則，生活様式を絶え間なく批判的に疑問視するということでもある。それは批判的な生態学的問いかけを可能にするのである。

「緑の合理主義」が社会における社会的・政治的・経済的な諸制度を生態学的により一層適切な方向へ変える方法を探求することに専念しているのも，このことに由来する。

本書で提示されている「エコロジズム」の形態は「緑の合理主義」の領域に含まれる。もっとも，それは前述した3つの要素の理解の仕方，位置づけ方において，「緑の合理主義」の領域の他の形態とは異なっている。それは本書の第4章における，「驚異性」(wonderfulness)の道徳的重要性に関する議論のように，むしろ「緑のロマン主義」と呼ぶ方が妥当と思われるような議論を時に用いていることも，指摘しておかなくてはならない。「緑の合理主義」は依然として新興の言説(ディスコース)である，とドライゼックは記している。本書の議論はその言説(ディスコース)の登場に寄与するものとして，理解することができるであろう。

この段階で，これから展開される立場の要点をまとめておくことは有益であ

---

(15) Dryzek, John (1997), *The Politics of the Earth*, p. 172（訳註：翻訳は第2版のため該当箇所なし。注16，17も同様である）。

(16) Dryzek (1997), p. 172.

(17) Dryzek (1997), p. 173.

る。その要点とは，次のようなものである。

① 人間以外の存在にも道徳的配慮の対象となる可能性を認めるが，その程度はさまざまである。
② 人間には最高の道徳的配慮を受ける可能性が与えられるが，人間には人間以外の存在も道徳的に配慮することが要求される。
③ 人間の幸福を中心的関心事とするが，その幸福を文脈的観点で理解することを強調する。
④ 人間以外の存在との間に，物理的・文化的・精神的に高度な相互連関性を有するものとして人間を理解するが，人間以外の存在の道徳的地位はこの事実に由来するという見解は拒絶する。
⑤ 人間以外の存在が道徳的配慮の対象となる可能性はそれらと人間との間の正義の問題を扱う新しい政治哲学を必要とする（本書の第8章と第9章で，「エコロジズム」と「主流」の政治哲学を直接，批判的に比較検討している）。
⑥ これを成し遂げるためには，政治的構造や他の社会的慣行，とりわけ，経済的慣行を広範囲にわたって修正することが必要であることを示す。
⑦ 生態学的危機の予測を拒絶するわけではないが，それを重視することよりも，むしろ道徳的考察を強調する。
⑧ 人間の活動には限界がある，という主張と両立可能な見解を述べるけれども，そのような限界について大々的に主張するようなことはしない。

　本書は環境に関する議論の最前線に登場して然るべきであったのだが，これまで俎上に載せられてこなかったいくつかの問題にも取り組んでいる。第一に，人間は自然と切り離されているのではなく，むしろその一部であるという見解の影響を探り，この見解が人間の自己理解と幸福にどのような影響を与えるのかを探究することに努めている。第二に，自然主義的立場の中でも最も劇的な

社会生物学をエコロジズムは自ら進んで支持すべきなのかどうか，あるいは，エコロジズムの視点からすれば，この自然主義的立場を少なくとも自己理解の理論的可能性のリストから外すべきなのかどうか，といったことを評価している。

　目次をみてわかるように，本書の構成は「エコロジズム」というイデオロギーを首尾一貫した，連関性のあるような方法で説明しようと企てるものである。そのために，概略的にしか扱われないテーマがいくつかあるのは避けられない。その多くはそれぞれ書籍一冊分の説明を必要とするくらいになるだろう。しかしながら，本書の目的は限りなく複雑な問題に対する解決法をどのような理論的・実践的な方向性の下で，エコロジズムは探し求めるべきか，ということを確かめることである。イデオロギーとは，限りなく詳細な世界を通る時に道案内をしてくれる地図のようなものである。どの地図を使うべきかは旅の目的次第である。本書が提示する地図は全体的な方向づけのために，個々の領域の主要な特色，ならびに，それらの相互関係の概観を示すことをめざしている。

　最後に，用語について一言述べておきたい。本書で扱うイデオロギーは，「エコロジズム」と呼ばれている。それは，「生態学」（Ecology）という科学的な学問分野との関連性を有益に暗示しつつ，他方で，他のイデオロギーの「主義」（ism）と比較可能なものであることを示している。しかしながら，その支持者を「エコロジスト」（Ecologist）と呼ぶことは，当然のことながらできない。というのも，この用語はすでに「生態学」という科学的な学問分野の専門家を指すために使用されているからである。「エコロジズム」の支持者は時に，「政治的エコロジスト」（Political Ecologist）と呼ばれることがあり，このことはこのイデオロギーを時折用いられている「政治的エコロジー」（Political Ecology）という名称で呼ぶべきではないか，ということを示している。こうした用法は道理に適ってはいるものの，たまたま政治にも関心があり，その上，個人としてこの新しいイデオロギーに強く反対しているような「科学的エコロジスト」（Scientific Ecologist）と，このイデオロギーの支持者とを混同する危険がある。

　それゆえに，以上の混乱をなるべく招かないように，本書では終始，このイ

デオロギーの支持者，すなわち，「政治的エコロジスト」が信じていることは，といった言い方ではなく，(例えば，「エコロジズムが支持している見解は……」というように) 必ずと言っていいほどこのイデオロギーの名称を用いている。

第 I 部

理論的考察

第2章
形而上学

　本章と次章では，私は意識的に説明的な記述を行うつもりである。「エコロジズム」(Ecologism)と「形而上学」(Metaphysics)の関係，および，「エコロジズム」と「自然科学」との関係について，私はいくつかの結論に到達すると思うけれども，分析から導き出すことのできる結論の多くは必然的に暫定的なものとなるだろう。私の目的は，(1)エコロジズムの形而上学的・科学的な基盤に適したいくつかの選択肢について考察すること，(2)さらに可能な場合には，エコロジズムは，どのような選択肢を快く受け入れるべきか，あるいは，どのような選択肢を避けた方がよいのか，について提案することである。

　この2つの章が試験的で，説明的な性格のものであることは重大な欠点とはならないだろう。序論で示されたように，エコロジズムは特定の形而上学的・科学的な傾向を受け入れてはいるけれども，基本は道徳的な学説なのである。理想的な理論というものは形而上学的学説として始まり，科学理論の構築や道徳的・政治的な処方箋を経て，人間の地位と「生」(life)の意味の両方について明確に述べる総合的な世界観へと途切れることなく移行するものだとしても，私の主張はエコロジズムは科学的・形而上学的な事柄について柔軟に対応することができる，というものである。そのような種類の理想的な理論はまだ登場していないので，われこそは理想的な理論であると主張する他の学説が実際にはそうではないということを証明するのはさほど難しいことではない。そのように主張する理論の各領域の内部にもそれらの領域の間にも，緊張や矛盾が数多く存在しているからである。それゆえに，少なくとも，エコロジズムは他の有力な政治哲学以上に，この点で問題を抱えている訳ではない。

　それでは，こうした問題のうちの最初の問題，すなわち，エコロジズムは自らの関心事のすべてを支えることができるような何らかの形而上学的理論を手

に入れることができるのか，というこの問題について考察してみよう。前述した種類の「理想的な」理論の提供を目的とする形而上学理論の構築のすぐれた例として，フレイヤ・マシューズ（Freya Mathews）の見事な著作『エコロジー的自己』（*The Ecological Self*）を挙げることができる。まもなく明らかになるように，私はこの著作の主要な主張に納得してはいない。アルネ・ネス（Arne Naess）のような哲学者たちと関連づけられているある種の「ディープ・エコロジー（深遠なエコロジー）」（deep ecology）的見解のような他の理論的視座からの同様の主張にも，私は納得していない。とは言え，マシューズの著作はきわめて示唆に富んでいるのに加えて，ある意味で，この分野で仕事をする人なら誰であれ，考察した方がよいと思われる重要な問題を提起している。

　まず，エコロジズムが少なくともある一つの形而上学的立場，すなわち，原子論の拒絶にコミットしていることはきわめて明白である。マシューズが決定的な論証をしているように，原子論は現実の究極的な形態に関する形而上学的理論としてであれ，ニュートン物理学や個体主義的社会科学といった科学的に表明されたものとしてであれ，エコロジズムにとっては許容できない含意を持つ。こうした議論を詳述するまでもなく言えることは，原子論の問題点は人間界，ならびに，人間以外の存在の世界を，「事物」（things）の相互連関性を視野に入れずに記述することである。特に原子論は自らをいくつかの重要な側面で周囲の自然界から断絶した存在とみなすように人間を促すので，自然界と人間自身の双方に悲惨な結果をもたらす。

　それゆえに，論理的に相互に決定し合うような仕方で部分は全体と関連して

---

(1) Mathews, Freya (1991), *The Ecological Self*.
(2) ここで私が考えているのは，Naess, Arne (1989), *Ecology, Community and Lifestyle*（斎藤直輔・開龍美訳『ディープ・エコロジーとは何か——エコロジー・共同体・ライフスタイル』文化書房博文社，1997年）や Devall, Bill and George Sessions (1985), *Deep Ecology*, Fox, Warwick (1990), *Toward a Transpersonal Ecology*（星川淳訳『トランスパーソナル・エコロジー——環境主義を超えて』平凡社，1994年）にみられるような人間の自己と自然のより大きな「全体」，もしくは，「自己」との同一性に関する理論である。
(3) Mathews (1991)，第1章，特に pp. 31-40。

いると考える「全体論」(Holism) がエコロジズムの恒常的な主題となる。つまり，一方では，全体がそれを構成する部分の性質を決定するので，部分を正確に記述するには，それらによって構成される全体に言及しなくてはならない。J・C・スマッツ (J. C. Smuts) の言葉を借りれば，部分は「全体に対して機能する」ので，この機能は部分を記述する上で必要不可欠な一部である。[4]

その一方で，全体は部分の性質によって決定される総体的性格をもっているが，部分の性質といっても，それは全体から分離して考察されたものではない。したがって，全体はそのように分離して考察された部分の単なる総計ではないのである。全体の特性を単に各部分の個別的効果の総計に還元して分析することはできない。というのも，これは先に触れた部分の機能的役割を無視しているからである。

これとは対照的に，原子論的分析では，全体は各部分の個別的効果の総計によって完全に決定される。したがって，部分をそれらが構成する全体から分離して特徴づけることが可能であり，全体はそうした部分を加算したものにすぎない。

マシューズが説明しているように，全体論的な見方は主として現実をシステムの観点から分析を行っている。[5] システム理論は外部からもたらされる破壊的なものとなりかねない影響を受けた場合に，システムを維持するためのさまざまなプロセスという観点から，システムを分析する際に役立つものである。生物学的有機体の理論は，システム理論がどのように機能するかの一例である。有機体はさまざまなフィードバックのメカニズムに基づいて作動する身体的システムであり，そのメカニズムを使って，体温や化学的組成などの一定の主要な内的状態を一定の範囲内に維持することによって，自身を存続させるのである。そのような過程を指す一般的名称が，〈同一の状態〉という意味をもつ，「ホメオスタシス」(homeostasis) である。

---

[4] Smuts, J. C. (1926), *Holism and Evolution*, New York, pp. 86-87. これは，Mathews (1991), p. 94において引用されている。

[5] Mathews (1991), pp. 93-97.

第Ⅰ部　理論的考察

　機械のようなシステムの中には，サーモスタットのような「ホメオスタシス」を生み出すためのフィードバック装置を含むものがある。しかし，こうしたシステムは自己を維持するわけではない。すなわち，それらはフィードバック・メカニズムを作動させるために，外的な力——大抵は人間——によって操作される必要があるのだ。ありふれた例を用いるならば，ガソリンのなくなった自動車は自ら能動的に燃料源を探すということはせず，その代わりにドライバーである人間が探さなくてはならない。それとは対照的に，動物は空腹になれば，自ら能動的に食物を探し求める。

　システムはきわめて多様な状況の中に位置づけることができる。全体論的アプローチは物理的・生物的・社会的な現象の研究に利用できる。全体論的アプローチの一つである「システム理論」(systems theory)は研究対象としているシステムに現実性を与える。システムは各部分の単なる総計ではないので，それを構成している素材を超越した実在性を有する。また，システムはそれ自身の歴史をもっているので，他のシステムやシステムではない事物と幅広い因果関係を結ぶことができる。

　いくつかの分野では，現実の一部に原子論的アプローチを適用することに固執している理論家たちがシステムの実在性に対して熱心に異議を唱えている。例えば，マシューズは人間社会の研究に原子論的アプローチを適用することによって生じる影響を分析している。ロック（J. Locke）のような哲学者たちの研究を典型的な例とする「古典的自由主義」(classical liberalism)は人間社会に対する非全体論的な見方を支持しているようにみえる。所属する社会から切り離して分析することが可能であるとして，個人は原子論的観点から解釈され，人間社会はそうした個人の単なる集合にすぎないものとみなされる。したがって，この見解に基づけば，社会に言及することはそれを構成する個人に言及する簡略化された方法でしかないのだ。

　社会主義者らがたびたび主張してきたように，概して，「原子論的個人主義」

---

(6)　自己維持と自己実現については，Mathews (1991), pp. 98-104を参照のこと。
(7)　Mathews (1991), pp. 25-29.

(atomic individualism)を支持する自由主義者らは社会的領域におけるシステムの存在に気づかず，それゆえに，そうしたシステムが個人にもたらす影響に気づかない傾向にある。その一方で，自由主義者たちの側は個人の失敗を経済システム，階級抑圧システム，家父長制システムなどといった何らかのシステムの悪影響のせいにしようとする非自由主義的な傾向をたびたび風刺してきた。全体論はシステムなど存在しない場所にシステムを見出そうとする傾向を実際には助長してもいるだろう。しかしながら，エコロジズムはシステム・アプローチを強く志向しており，自らの哲学上のライバル，すなわち，システム志向の社会主義者でさえもある重要なシステム——一般的には生態系，また，その中でも特に地球の生物圏——の存在や重要性に着目してこなかった，と主張する傾向にある。

　このような志向性こそ，マシューズが擁護しようと努めているものである。彼女はそのために，全体としての宇宙のレベルから最も単純な有機体のレベルに至るまで，システムの特徴を突き止めるような「全体論的形而上学」(holistic metaphysics)を一貫して発展させることが可能であることを論証している。さらに，こうしたシステムは前述したように，動態的なものである。すなわち，機械と違って，それらは，自らの生存を確保し，自らの繁栄を達成することを能動的にめざすことによって，自己実現能力をもっているのである。したがって，宇宙のどの部分も，それを巻き上げるのに外的な力を必要とする巨大な時計仕掛けの一部ではない。マシューズはそのような自己実現のための諸システムに言及するために，「自己」(selves)という語を用いている。[8] そうしたシステムが人間や他の複雑な哺乳動物のような有機体に存在する意識や自己意識をもっているかどうかに関係なくである。

　この立場の確立に努める際，マシューズは相対性理論や量子力学にみられる見解に基づいて，現代の科学的宇宙論を支持する，と主張している。すなわち，自然科学の中でも最もすぐれたものは原子論など早くから放棄していることを

---

[8] Mathews (1991), p. 108.

彼女は説得力のある方法で示している。彼女の分析に基づけば，アインシュタイン（A. Einstein）が考える世界は一元論的で全体論的である。単一の宇宙的現実，すなわち，「時空」(spacetime) が存在しており，それは自らの内的本性にしたがって展開し，個別の実在物へと自己を分化することを通じて自己実現を行う。とりわけ，銀河からクオーク（訳註：ハドロンを構成する素粒子）に至るまで，私たちが慣れ親しんでいる個別の物理的実在物はアインシュタインの一般相対性理論における重力の分析が示唆するような方法で，幾何学的な歪みを作り出す過程によって時空から創造されている。そのような歪み，すなわち，時空が強く湾曲している領域は先に概説した全体論的なあり方で，時空と関連している。それらの幾何学的性質によって，必然的にそれらの歪みはそれらを小区域としてもつ時空と結びつく。したがって，歪みの間の相互連関性や宇宙的時空とその一部である歪みとの相互連関性は物理的現実の最も基本的なレベルで確立されるのである[9]。

したがって，ここで言及されている科学理論，すなわち，マシューズが用いている言葉を使うならば，「幾何力学」(geometrodynamics) はスピノザ（B. Spinoza）の研究の中に見出される一元論を媒介として，形而上学と関連することになる[10]。マシューズは現代物理学の「宇宙的時空」(cosmic spacetime) を実体という地位をもつ唯一の実在物として特徴づけている[11]。ところで，実体は属性の担い手として認識されている。私たちがそのような現象を仮定しなければ，属性は何か「の」属性であるということなしに存在することができると仮定しなくてはならなくなるであろう。この仮定によって，私たちは純粋に抽象的な宇宙と現実に存在する宇宙との間の違いを説明することができないという苦境に私たちを陥らせている，とマシューズは論じている[12]。したがって，私たちには少なくとも一つの実体が必要である。しかしながら，現代物理学の宇宙論か

---

[9] Mathews (1991), pp. 60-70.
[10] Mathews (1991), pp. 77-90.
[11] Mathews (1991), pp. 88-90.
[12] Mathews (1991), pp. 57-58.

ら、私たちは今や、実体は一つだけで十分であるということがわかるのである。存在する個別の事物はすべて、原子論が仮定しがちであるような、それ自体が実体であるのではなく、宇宙的時空という全体と全体論的に関連した、宇宙的時空の属性なのである。

　「実体」（substance）という論理的範疇に焦点を当てたこのきわめて簡素な宇宙像は、宇宙的時空が「自己」としての資格をもつ動的なシステムであって、「自己維持」（self-maintaining）と「自己実現」（self-realising）を行うという主張によって、豊かなものとなり、道徳的・精神的次元に移動する。[13]自己維持を行うという性質は外部の創造者を必要としないことを意味する。また、自己実現を行うという性質は、宇宙的時空がその多くもまた、「自己」であるような個別の実在物へと能動的に内的に分化することを意味する。この時点で、私たちは地球の生物圏（それ自体、ラヴロック（J. Lovelock）の「ガイア」仮説が提唱しているように、自己維持する自己として分析可能である）[14]の内部において、生物多様性を重要視するための形而上学的根拠を発見する。というのも、宇宙的自己が自己実現するということは、それができるだけ多くの個別の形態に内的に分化するということだからである。

　私たちが自己に遭遇する段階で、価値が登場する。というのも、マシューズの主張によれば、自己は必然的に自己保存に専念するということが証明するように、自己は必ず自らの存在に価値を与えるからである。この存在は自己によって、自己自身のために価値を与えられている。これを言い表す別の言葉が「内在的」（intrinsic）価値である。したがって、自己は必ず内在的価値をもっている。そのような実在物は他の事情が同じであれば（ceteris paribus）、この価値を認識することができる生物、すなわち、私たち自身のような道徳性をもった生物によって、保存されるべきである。それは「内在的価値」（intrinsic value）の意味から分析的に引き出される事柄である。[15]これはマシューズの主張

---

[13] Mathews (1991), pp. 115-116.
[14] Lovelock, James (1979), *Gaia: A New Look at life on Earth*（スワミ・プレム・プラブッタ訳『地球生命圏——ガイアの科学』工作舎、1984年）。

の中でも重要な要素であるために，第4章で，再び考察することにしている。

この分析から導き出される人間にとっての結論は当然のことながら，次のようなものである。すなわち，物理学や生物学に由来し，「一元論的形而上学」（a monistic metaphysic）の中に確かに位置づけられる最も正確な宇宙像はあらゆる分析のレベルにおいて，私たちを私たち以外の宇宙と相互連結したものとして描き出す，そうした宇宙像であるというものだ。したがって，私たちの存在と繁栄は私たち以外の宇宙の存在と繁栄から，概念的にも道徳的にも切り離せない。とりわけ，地球上では，私たちの存在や幸福は，生態学が分析対象とする他の有機体，種，実在物──生態系と生物圏全体──の存在や幸福との間に高度な相互連関性を有する。道徳も打算も，私たちに次のように忠告する。私たちと関連している他のさまざまな自己から構成される世界に対しては，そうした自己の一部がどれだけ下等にみえたとしても，配慮し，保存する態度をとるように，と。

最後に，宇宙的自己を含む他の自己実現する自己と私たちとの間の相互連関性から推論できる人間の生きる意味について，マシューズは自らの理論から，次のような結論を導き出している。「私たちが宇宙的自己の自己実現に参加するだけでも，私たちの生の精神的・宗教的側面において私たちが長い間探し求めてきたような意味が私たちの生に与えられるのである[16]」と。

まもなく明らかになることだが，この理論は前述の「理想的な」理論を生み出そうという大胆で，包括的な試みである。その理論が採用するアプローチの顕著な特徴は現代科学に依拠している点にある。マシューズが述べているように，彼女が到達している結論の多くは他の思想的伝統，特に，東洋の古代宗教の一部によって支持されるかもしれないが，自由主義的資本主義の下で生活している大部分の人々にとっては，そうした結論は私たち自身の文化の重要な要素から得られたものでなくてはならない。そして，自然科学以上に中心的ですぐれたものは他にないのである[17]。

---

[15] Mathews (1991), pp. 117-119.
[16] Mathews (1991), pp. 147-163.

彼女は現代物理学とスピノザの形而上学の見事な融合を提示しているが，この企ての随所に問題が潜んでいる。第一に，一元論の形而上学はあらゆる形而上学と同様に難解であり，その妥当性を決定的に確定することが難しい原理や主張に依拠している。公平を期すために，以下の点も指摘しておきたい。この形而上学は私たちの文化的伝統の中心から程遠いものであり，したがって，私たちの文化の中で暮らす大部分の人々がそれを受容するには，かなり難解な理論化を理解することが必要であり，さらに，新しい思想的転換をすることも必要であろう。というのも，彼らが有する「常識」的形而上学は原子論の要素とユダヤ・キリスト教的世界観の諸要素を融合させたものだと考えられるからである。

　第二に，アインシュタインの科学は論証よりもむしろ連想によって形而上学と結びついている。私たちが「実体」に基づくアプローチをとるのであれ，「自己」に基づくアプローチをとるのであれ，アインシュタインの時空を一元論が仮定する唯一の実体と同一視することはアナロジーに基づいたものとしかみえず，そのために論理的な説得力がないように思われる。アインシュタインのパラダイムの中で研究している自然科学者たちが自らの研究において，一元論の形而上学を利用する必要がないことは確かである。属性にはそれを保有する存在が必要だ，という主張にたとえ彼らが同意したとしても，彼らが関心をもっているのは時空の属性であり，また，そうした属性を正確に理解しているかどうかという問題である。

　一部の科学者は，宇宙は私たちが仮定しなくてはならない唯一の実体的現実である，という見解をもっている点で，実は一元論者なのかもしれない。しかし，少なくともそれとは別の実体的現実，すなわち，宇宙の外部に存在している創造神を仮定しなくてはならないと信じている有能な科学者も確かに数多くいるようにみえる。そうした科学者たちの中には，科学が遭遇した特定の自然法則の実在性を十分に説明する唯一のものとして，そのような仮説が科学的な

---

(17)　Mathews (1991), pp. 48-49.

見地からみて必要だと主張する人さえいる。[18]一方で，宇宙はこの点では自立可能だ，と主張する科学者もいる。したがって，宇宙をどう概念化するかという問題に関して，科学者たち自身が分裂しているのである。

　実体があるとすれば——また，属性を保有するものが少なくとも一つ存在しなくてはならないとすれば——必然的に実体は一つしか存在しえないと考える，スピノザの主張のような完全に形而上学的な性格の主張は当然のことながら存在している。[19]すなわち，実体多元主義は矛盾しているということである。ただ，前の段落で言及した問題を議論する科学者たちがそのような形而上学的考察を用いているのかどうかは明白ではない。とにかく，たとえ博識の科学者一人一人が宇宙の形而上学的地位について断固たる意見をもっていたとしても，その問題について科学者のコンセンサスがまだ得られていないことは確かである。科学者たち一人一人が正しいと信じている主張と科学によって実際に立証されてきたことの違いを記憶しておくことは他の場合と同様にここでも重要である。

　第三に，多くの人々が即座に指摘してきた事柄がある。すなわち，エコロジズムの科学的説明への執着は科学的に説明されていなければ，エコロジズムを単なる「ニューエイジ」(New Age)的な流行りものにすぎないとみなすような西洋の人々にとって，それを即座に魅力あるものにしてくれる反面，科学への依存度が高い思想体系全般に付随する重大な欠点をもっている。その欠点とは，当然のことながら，科学理論は反駁されたり，より正確だとみなされた理論に取って代わられる可能性を常にもっているという事実である。[20]やがてアインシュタインの理論でさえもが拒絶されるようになり，全体論とは程遠い，重要な点で原子論的だと言えるような何か新しい包括的な理論が支持されるよう

---

[18]　例えば，Davies, Paul (1983), *God and the New Physics* を参照のこと。
[19]　Mathews (1991), p. 82において説明されているように，スピノザはその著書『エチカ』(*Ethics*)の第一部で，実体は単一性という形相的属性を必然的に呈する，すなわち，実体は一つしか存在しえないということを証明しようと試みている。
[20]　スティーヴン・イヤーリー (Stephen Yearly) は，*Green Case* (1992)の第4章において，環境主義が科学的研究に依存することによって提起される他の問題を解き明かすような説明を行っている。

になるかもしれない。また、ダーウィン（C. Darwin）が間違っていたことがわかり、生物科学においてきわめて支配的である相互連関性の理論やシステム理論を支持しないような別の見解を生物学が探求しなければならなくなるかもしれない。

しかしながら、こうした問題は十分現実的なものではあるが、マシューズの全般的なアプローチを無効にするものではない。とりわけ、環境に対する最も深刻な脅威の多くを生み出している西洋においては、エコロジズムが行動と思考の両面における根源的な転換を必然的に伴うことは明らかである。一元論は私たちの思想的伝統の中心にはないが、だからといって未知のものではない。したがって、そのような形而上学を十分に説明し、それが私たちの苦境についての理解を促すものであることを証明すれば、それはあまりに異質で難解なために、私たちの文化に属する大多数の人々にとっては説得力に欠けるものという理由で、一蹴することはできなくなるだろう。

科学の可謬性もまた、科学がエコロジズムの諸目的にとって重要であることを無視する決定的理由にはならない。現在、科学は、生命システムがどのように機能しているのか、それらは物理的な力とどう関係しているのか、それらはどのようにして損なわれる可能性があるのか、また、そうした損害の結果はどのようなものになるのか、といった点に関するエコロジズムの主張を多くの場合、相当程度裏づけている。遠い未来のどこかで、こうした科学的主張やそれを支える理論が反証される可能性があるからといって、現在、それらが十分な根拠に基いていると考えられるならば、それに拠り所を求めることは擁護不可能なことではない。そのことはエコロジズムも可謬主義的でなくてはならないことを意味する。つまり、エコロジズムは主に科学的根拠に依存している主張に関して、それが間違っているかもしれないということを認めなければならないのである。[21]

---

[21] マイケル・サワード（Michael Saward）は、Andrew Dobson and Paul Lucardie, (eds.) (1993), *The Politics of Nature* 所収の'Green Democracy?', p. 77において、エコロジズムは可謬主義的であることの必要性を強調している。これがエコロジズムの民主主義観に及ぼす影

しかしながら，本章の冒頭で述べたように，エコロジズムは何よりもまず，「道徳理論」(moral theory) である。科学的事実と道徳的価値の関係は単純ではないので，道徳的判断はそれとたびたび関連づけられてきた事実に基づく主張が崩壊した後でも生き延びることができる。一例を挙げると，たとえ地球上の生物がダーウィン理論の仮説とは反対に，共通の起源をもたず，そのために，この理論が仮定している人間と他の生命体との間の相互連関性の諸形態が実際には通用しないとしても，私たちはそうした他の生命体を尊重すべきである，という道徳的判断はおそらく何の影響も受けないであろう。たとえその判断を支える特定の主張を捨てなくてはならないとしても。

さて，今度はマシューズの議論の過程で登場する，より具体的な主張の一部を考察する。というのも，こうした主張は擁護可能な種類のエコロジズムの内容を明らかにできるからだ。特に，彼女の議論の中には，考察しておくと役に立つ可能性のある4つの分野がある。それは，(1)生の有意味性，(2)存在の充満性と生物多様性，(3)内在的価値，(4)平等主義である。本章では，これら4つのテーマのうち，最も端的に形而上学的である最初の2つのテーマについて考察する。自己の内在的価値に関する理論と自己の道徳的平等性に関する理論は，エコロジズムの道徳理論，あるいは，少なくともその道徳の形而上学と関係しているので，第Ⅱ部の当該箇所で論じられている。

「生」の意味

マシューズによる科学と形而上学の融合はエコロジズムの中心にある全体論を証明する根拠を提供する可能性をもつ。同時に，科学的世界観を批判する人々がそのような世界観の根本的欠陥とみなす問題，すなわち，科学的世界観には，宇宙がいかにして意味をもちうるのかについての説得力のある説明が明らかに欠如しているという問題，これに対処することも可能にする。有意味性

響は本書の第7章で論じられている。

の追求は，人々が「精神的な」（spiritual）事柄を語る時に言及されるものである。科学は知性を満足させるものの，精神を満足させることはないと言われている。科学は事物(モノ)がいかに機能しているかを説明するが，事物(モノ)の真意や目的は説明しない。しかしながら，マシューズは，宇宙は単に一つの実体であるとか，属性を帯びている唯一の存在であるというだけでなく，人間や他のすべての生物が自己であるのとまさに同じ意味で自己でもあると主張することによって，この問題に対処している。したがって，宇宙はそれ自身の内部に真意や目的を，すなわち，自らの生存と繁栄を有しているのである。その上，この理論が有する全体論は自己維持的システムであるすべての個別的自己をそれらから構成される全体と関連づける。したがって，宇宙的自己がもつ目的，つまり，「目的因」（telos）全体は人間を含む個々の自己の生存や目的にとって不可欠なものとなる。[22]

　私たちがこの点を意識的に把握し，自らが宇宙的自己や他のあらゆる特定の自己と相互連関していることを認識し，それを受け入れるならば，私たちは自らの意味や目的を喜んで見つけることができるだろう。私たちの活動の影響を受ける他のあらゆる自己の繁栄の条件を維持することによって，私たちは宇宙の意味に意識的に関与しようと試みている。私たちと私たちの周囲に存在する他の自己との間の内在的関係，また，その結果として生ずるそれらに対する私たちの配慮はその具体的な現れなのである。エコロジズムが説く「生」は有意味なものであり，したがって，精神的に報われるものである。

　この枠組の中で，地球の生物圏に関する私たちの知識が随所で明らかにしている破壊と死の意味を私たちは理解することができる。自然選択の作用の中で生じる死は自己を形成するものとして不可欠なものである。死がなければ，私たち自身のような，より複雑な生物の発達や創造は起こらないであろう。[23] 私たちの周囲で起こるこうした死や破壊のすべてが建設的な傾向をもっていること

---

[22] Mathews, (1991), p. 155.
[23] Mathews, (1991), pp. 153-154. 同様の主張がさまざまな著作家によって提出されているが，その一例がRolston, Holmes (1988), *Environmental Ethics*, pp. 239-243である。

を私たちは今や理解することができる。東洋の宗教の一部が説くように，生と死は互いに打ち消しあい，全体の状況を純粋な循環という中立的な状況にするわけではない。むしろ，多様性や複雑性を増した自己が次々と誕生するという形で現れる，明確な方向性が存在する。創造が至る所で破壊を圧倒している。私たちがこの点を理解しなければ，死は無意味なものの典型となる。むしろ，宇宙的自己が現実へと内的に分化する自らの潜在能力を高めることによって，自分自身を開示する際に従うメカニズムとして，死を把握すべきである。

　以上の点から，次のような主張がなされるかもしれない。すなわち，複雑度の低い生物が複雑度の高い生物と同じ「生態学的地位」(ecological niche) の中で容易に共存することはできないと私たちが仮定するならば，また，複雑度の高い生物が複雑度の低い生物を駆逐すると仮定するならば，宇宙的自己が可能な限りすべての個別の自己へと十分に分化するには，こうした方向性というものは必要不可欠である，と。もしそうであるならば，より単純な生物とより複雑な生物の両方が出現できる唯一の方法は同一の原因の継続的な作用によって複雑度の低い存在から複雑度の高い存在が形成される遷移という方法であり，この方法であるならば，個別的な創造がなされる必要はない。

　また，こうした主張によって，地球上の生命がこれまで被ってきた大規模な絶滅の記録を私たちが肯定的にみることが可能となるのは明白だ。これらの絶滅——人類の登場に先立つ直近のものは恐竜や地球上の他の多くの生物を滅ぼした小惑星の衝突によるものであるが——はその後，より多様な生物圏やより複雑な生物群を生み出す進化の爆発をもたらしているのだ。こうした絶滅は突発的であるために，それらを導く意図が存在するようにはみえないという意味で，無意味であることは事実である。しかし，その事実は，それらが一層複雑な自己を発達させる上で重要な役割を果たしているという事実を損なうものではない。したがって，そうした絶滅はたとえそれらを導く英知に端を発するものではないとしても，十分に意味があるといえる（現代の人間によって引き起こされている，絶滅をこの観点からみることの難しさについては，次節で扱うことにする）。

　本質的に無意味なシステムに人間の「生」を従属させ，その結果，自らの

「生」に十分な意味を見出す可能性を人間から奪うことなしに，エコロジズムはそのヴィジョンの中核をなす全体論的宇宙観を提示することができるということをマシューズはうまく証明できたのだろうか？

マシューズの「一元論的全体論」（metaphysical theory of monistic holism）という形而上学理論は独創性と魅力にあふれているにもかかわらず，エコロジズムの視点からすれば，この点で重大な欠陥をもっている。宇宙が単なる実体ではなく，自己だとすれば，一元論的全体論は意味の文脈を提供するはずである。しかしながら，マシューズが理解するものとしての自己は自己意識や討議的知性（discursive intelligence）をもつ必要がないばかりか，意識すらもつ必要がない。[24]とはいえ，たとえ宇宙が自己であるとしても，それが自己意識をもつだけでなく，伝統的な神のように人間の繁栄の条件を意識し，それらに配慮するというのでない限り，宇宙との全体論的な関係が人間の「生」に意味を授けるということはないだろう。意識をもたず，配慮もしない自己と全体論的に関係しているということは，たとえその自己の自己発展の一要素として関係しているにしても，意味を与えるというより，むしろ悪夢とみなした方が理解できるような状況である。

当然，マシューズが記述している宇宙的自己は人間的自己との類似点が全くないわけではない。両者は共に自己保存し，自己発展するシステムである。しかしながら，人間は単に自己であるというだけでなく，自己意識をもつ自己でもあり，感情や文化，道徳観念や美的感覚を備えた人格でもある。宇宙的自己はそうした人格に付随するものを何一つもっていないようにみえる。また，宇宙的自己が人格をもつには何が必要なのか，あるいは，そうした特性をもつことを私たちはどのようにして認識できるのか，ということも明らかではない。このことは，人格は本質的に複数性を前提とするという根本的な点につながる。人格は他の人格と相互作用することで初めて人格となり，人格として発展するのだ。[25] もし宇宙的自己が人格であるというのならば，それは他のいかなる人格

---

[24] Mathews, (1991), p. 104.
[25] 人格の性質と重要性について，私は 'Ecocentrism and persons,' (1996) においてより詳細に論じている。

と相互作用しているのだろうか？

　こうした問題を扱う試みは人間の人格と宇宙的自己を同一視することにつながるだろう。その結果として，宇宙的自己が意識をもつ人格であるかどうかという問いへの解答は，人間の人格（ならびに，おそらくは宇宙の他の地域にいると思われる他の人格）が出現するまさにその時に，宇宙的自己が意識をもつようになるのだ，と述べることである。しかしながら，この見解がどんなに魅力的であろうとも，それが人間の「生」の意味という問題にどのように役立つのかは明らかではない。なぜならば，問題はまさに私たちが意味を探しているということだからだ。伝統的な神学の回答はなぜ，私たちがこのような問題を抱えているのかを説明している。その意味は神の御心の中にあるので，すべてが明らかになる異なる存在レベルに私たちが移行するまで，当分の間，それは私たちにとって不可解なままでなくてはならないのである。この説明は，「意味とは何か」についての答えを現世の彼方の時点にまで先延ばしする一方で，有意味性を私たちに手際よく保証している。しかし，私たちが意味を探しているのだとすれば，私たちは意識をもつようになった宇宙的自己であるから，私たちの意識の中に意味があるはずだと言われても，私たちは安心できないし，私たちの疑問が解消するわけでもない。

　また，この説明をその問いに対する伝統的なヒューマニズムへの回答と区別することも難しい。その回答とは，次のようなものである。生と人間の存在には単一の意味などない。しかし，私たちは（少なくとも運がよければ）それぞれ自らの意味を自分の人生の中に見出すのである。たとえその人生が共通の人間性に由来する一定の共通の特徴をもっているとしても，である。「真の」（true）意味が見出される，「彼方」（beyond）とか，「背後」（behind）など存在しないということである。

　したがって，宇宙的自己の形而上学が果たす役割は，その自己の意識は人間や他の人格の意識と同一であるという仮説に基づく時，非常に問題を孕んだものとなる。この解釈に基づけば，マシューズの形而上学は科学的ヒューマニスト（scientific humanist）の見解に堕してしまうようにみえる。すなわち，全体

としての宇宙は無意味で無目的であり、したがって、意味は人間の「生」の中にしか見出せないものであり、私たち個々の性質に由来するものである、という見解である。意味は少なくとも暗黙の内に初めから宇宙に存在し、現実全体に浸透しているような基底的現象ではない。むしろ、意味はその範囲が限定されていて、普遍的妥当性を何らもたない創発的現象なのである。

　大規模な絶滅のような事象における生命体の全面的破壊といった現象を通じて、宇宙的自己は前進し発展しているという見解はエコロジズムを一層の危険にさらす。たとえ間欠的にであれ、より複雑度を増す方向に動いているという意味で、進化が進んでいるとしよう。また、人間は宇宙的自己の自覚的な自己意識への創発を表しているのだとしよう。そう仮定するならば、人間がその本性の諸傾向を追求し、計算された破壊行為から文化を創造し、地球上で生物の新たな大規模絶滅さえも引き起こしたとしても、それに対して異議を唱えることはできないだろう。

　おそらく、このようにして、「超人格」(super-persons) という新たな種がいつか登場し、宇宙的自己はあと一段階か二段階ほど発展するのだろう。因みに、このような見解の一つであるイースターブルック (G. Easterbrook) の見解に、ここで触れておこう。彼は意識をもたない自然の欠陥を矯正するために、人間は出現したのではないか、と推測する。すなわち、病気や小惑星の衝突などに終止符を打つこと、他の生物の遺伝子への知的干渉によって、捕食のような他の欠陥を矯正すること、私たちが超人格へと発展するために、自然選択という無駄の多い、無秩序で、暴力的で、しかも予測不可能なメカニズムに代わるものを見つけること、こうしたことを行うために人間は出現したのではないか。つまり、私たちの役割は自然を完全なものにすることなのである。[26]

　エコロジズムは全体論的一元論に関して、さらに宇宙を自己と解釈すること

---

[26] Easterbrook, Greg (1996), *A Moment on Earth* 第10章。ジョン・バリーが私に指摘したところによれば、Passmore, John (1980), *Man's Responsibility for Nature* （ジョン・パスモア、間瀬啓允訳『自然に対する人間の責任』岩波書店、1979年）の第2章で説明されているように、この考えには古来から先例があるという。

に関してさえも，多くの問題を抱えているということをこれまでみてきた。人間は地球上の他の生物や生態系と相互連関をもつという基本的な主張をエコロジズムが必要としていることは確かである。というのも，これは自然主義的な哲学の営為にとって，その中心に位置するものだからである。また，エコロジズムは次のような一連の主張を擁護する必要がある。第一の主張は，この相互連関はこれまで正しく認識されてこなかった一定の重要な道徳的義務を私たちが負うということと固く結びついている，というものである。第二の主張は，私たちはより広い世界に関して謙虚な気持を新たにもつ必要がある，あるいは，そうした気持を再び取り戻す必要があるというものだ。第三の主張は，私たちができることの量や種類には制限があることを私たちは受け入れなくてはならないというものである。しかしながら，こうしたことすべてが人間の生の意味とどのように関係しているのかという問題はきわめて厄介である。宇宙と人間の「生」との結びつき方が不十分であれば，意味を獲得することは不可能となる。逆に，それらをあまりに緊密に結びつけると，人間の現在の活動は非難されるどころか，妥当なものとみなされてしまうようにみえる。

　こうした点を考慮すれば，エコロジズムにとって，意味を宇宙の基盤そのものに書き込まれたものとみなすのではなく，創発的属性とみなすことが最善の選択であろう。言い換えれば，意味は「人格」(persons)という意識的自己とそれらが活動する場である環境——マシューズが考える意味での環境は他の人格や他の自己を含む——との間の相互作用の過程で，無意味から出現してくるものとして理解されるべきなのである。しかしながら，エコロジズムは人間とその隣接する環境である地球の生物圏との間の相互連関に関して，人々の意識を高めなくてはならない。そのためには，まず，なおも否定できないことと思われる人間の物質的幸福にとって，その相互連関が重要であることを示さなくてはならない。さらにそれだけでなく，人間が自らの「生」の中に意味を見出すために必要不可欠な構成要素のすべて，その中でも，特に，道徳的，美的，感情的な要素（とりわけ，あらゆる形の愛という感情）にとっても相互連関が重要であることを示さなくてはならないのである。

第2章　形而上学

　本書の中心的主題を繰り返すならば，それは，エコロジズムは主として，道徳哲学であるということだ。現実の性質と科学理論は道徳理論には全く無関係の事柄であるとまでは言えないが，両者の間の関係が示す適合関係はゆるやかなものである。それが意味していることは，どのような形而上学的理論や科学理論が自らの見解を最も支えてくれるのか，あるいは，最も調和するのかということに関して，政治的エコロジストは進んで柔軟な態度をとる必要があるということである。

　このような見解をもつ人々が伝統的宗教の視点，とりわけ，ここ数世紀の間は軽視されたけれども，世界的大宗教の見解の重要な一部であると多くの人々が主張する多様な「神の信託管理人」(stewardship) の立場（最も，そのような立場は宗教の独占領域ではないが）を必ずしも拒絶したり，批判したりするわけではないだろう。しかしながら，エコロジズムの支持者はこうした宗教的視座が環境に関して，啓蒙された世界観の基盤として，妥当なものかどうかについて，当然のことながら常に一定の疑念をもつであろう。こうした宗教の大半，特に，ユダヤ・キリスト教とイスラム教の焦点は結局のところ，来世である。このことは，私たちの主な関心は常に来世にあるべきだとすれば，自然界への関心はそれ自体として一種の冒瀆行為である，という見解を育む余地を信者に常に与えてしまうことになる。例えば，ジョン・ミューアの父親がその典型的な例であるように[28]（訳註：ジョン・ミューアの父親はダニエル・ミューア〔1803～1885〕でスコットランド移民）。

---

[27] ここで到達した結論は，Rolston (1988) の第9章の結論とやや類似している。ロールストンはそこで，有意味性は人が物語の解釈 (narrative) に参加することから生じるという考えを述べている。したがって，宇宙の自然史について，創造された実在物に価値を与えるような自然の力や過程といった文脈で，私たち自身は出現したことについて，今私たちが語ることのできる物語 (story) は私たち自身の存在の有意味性という感覚をもたらす物語を提供する。私たちの出現がその物語によれば本質的必然性をもっていないとしても，これに変わりはないだろう，と彼は指摘している (p. 345)。理解可能性と有意味性が緊密に結びついているのは明らかである。

[28] ミューアの父親が抱いていたこの見解は，Turner, Frederick (1997), *John Muir: From Scotland to the Sierra* p. 69 において詳述されている。

第Ⅰ部　理論的考察

存在の充満性と生物多様性

　生物多様性を維持するために，人間はできることを何でもすべきだということに対して，マシューズは形而上学的理由を与えている。これは，宇宙的自己が自己実現するには，その自己発展の中で個々の生命体を最大数実現させる必要がある，という主張である。言い換えれば，それは存在の「豊富さ」（plenitude），ないし，「充満性」（fullness）を追求するのである[29]。したがって，人間がこのような宇宙の目的に協力するためには，地球の生物圏に存在する多様な生命体の数を減少させるような活動を回避する必要がある。この「豊富さ」という目的をエコロジズムの哲学に取り入れるべきなのだろうか？　人間はこれまで地球上の他の生物に絶滅をもたらしてきたし，現在でもこれまで以上にもたらしているという，この疑う余地のない事実をエコロジズムはこうした目的に基づいて批判すべきなのだろうか？

　宇宙的自己の形而上学に付随する問題を前節で検討したが，それを前提とすれば，エコロジズムはそのような形而上学的基礎に基づいて，「豊富さ」という概念を即座に支持することはできないことは明らかだ。しかし，より一般的に言っても，生物多様性への配慮を立証するために，「豊富さ」という理想を用いることには大きな難点がある。「豊富さ」という理想は最大化するという理想である。したがって，私たちは可能な限り最大の数の多様な生物を存在させることをめざすべきだとされる。しかし，このような見解を理解しようと努める際，いくつかの複雑な問題を認識しておく必要がある。第一の点は，存在可能な相異なる生物が同一の生態学的地位をめぐって競争するのであるが，一度にその生態学的地位を首尾よく占めることができるのは，一つの生物だけであるということである。したがって，宇宙的時空が展開する間に2種類の生物が出現する予定だとすると，それらは異なる時期に出現しなくてはならない。

---

[29]　Mathews (1991), pp. 127-128.

つまり，ある生物が誕生して，しばらくの間繁栄した後絶滅し，それが占めていた生態学的地位を異なる新たな生物に譲るといったように。

　生態系特有のきわめて相互作用的な仕方で，新しい生態学的地位が特定の生物の活動によって誕生するという事実が当然のことながら，問題を一層複雑にする。逆に，現存している生態学的地位が破壊され，それによって，生じる可能性はあるけれども，まだ実際に存在してはいない生物がその地位を占める機会を奪う場合もあるだろう。

　こうした現象すべてが，人類が登場する以前に長期にわたって，地球上の生命に作用してきたのである。自然の過程は，私たち人間が出現する以前に長期にわたって，存在可能な最大数の生物を生み出すことに成功してきたということを証明することは不可能である。それが起きたことを証明するためには，ある特定の「クレード（分岐群）」(clade)[30]から出現しうる生物の数———例えば，カエルによって占められている遺伝子空間から出現しうる存在可能な相異なる生命体の数———を，まず算出しなくてはならないだろう。この算出作業は，その「クレード」が占める生態学的地位が変化しないという前提で行われる。その次に，他の種の出現，ないし，絶滅の結果として生態学的地位に起こることを理解し，その上で，生態学的地位がさまざまに変化した時，カエルの分岐に起こりうる結果を割り出さなくてはならないだろう。私たちは（不完全な）知識しか持っていないすべての「クレード」に関して，こうしたことを行わなくてはならない。実際には，生命の木がとりうる信じられないほど膨大な数の存在可能な形態をすべて確定し，その上で，現実に存在する木が最も多くの枝を生み出している（また，将来生み出すであろう）ものだということを示さなくてはならない。ある存在可能な木の小さな領域が別の存在可能な木の同様に小さな領域に比べて枝の数が少ないとしても，前者の方が今後より多くの枝を生じさせるのであれば，そちらの方が「豊富さ」という理想を実現するということになる。

　これは不可能な仕事である。つまり，人間がいなくても作用してきた現実の

---

[30]　「クレード」とは種の系統のことで，あるグレードに属する生物は先行する生物から進化したものである。

自然の過程こそが「豊富さ」という理想を実現するのに最も適している，と私たちが主張する立場にはない。したがって，私たちは，人間が地球の生物圏に対して行っていることはその理想の実現を損なっている，と主張することもできない。そのような理由で，その理想はエコロジズムの哲学において，何の役割を果たすこともできない。人為起源の絶滅を回避すべきだ，という主張は「豊富さ」という理想とは異なる基盤に依拠しなくてはならないのだ。

　当然のことながら，他の種の絶滅や生態系のごとき全体論的実在物の破壊を回避すべきだ，という本質的に打算に基づく主張が存在する。純粋に資源とみなされている，種や生態系といった事象から私たちが獲得可能な利益がそれらを十分に管理するための理由として，よく引き合いに出されている[31]。現在，および，未来において，それらが人間にとってもつ美的，精神的，レクリエーション的な価値はこの打算的なアプローチの中に包含されている。産業革命以来表面化している人間の活動は進化の分岐の新しい可能性を切り拓くというよりも，むしろ生物圏を貧弱にして地球における生命の過程を完全に停止させることになりそうである，という説得力のある主張をすることもできる。私たちの活動は恒常的なものであり，一層侵略的なものである。この点で，私たちはかつて地球上の大規模な絶滅の原因だとされていたものとは異なっている。というのも，それらはどんなに破壊的であろうとも，限定的な影響しか与えなかったために，進化の再開を可能にしてきたからである[32]。

　これらは強力な主張である。もっとも，それは科学的な理論の構築に基づいているとはいえ，そうした論拠を非難する人がいないわけではない。その中の一部の人々は，エコロジズムの支持者や多くの生態学者は人間が及ぼしている有害な影響に絶えず言及しているが，それが事実だという証拠はない，と主張している[33]。しかしながら，現実に存在する種や生態系の多様性を保存するべき

---

[31] Wilson（1992）の第13章は，こうした要因について雄弁に語っている。
[32] この論点を発展させたものについては，Aitken（1996）を参照のこと。
[33] グレッグ・イースターブルックはこうした主張に関して，特に疑念を示している。
　Easterbrook, Greg (1996), *A Moment on Earth* の第30章を参照のこと。

だ，というエコロジズムの主張は道徳的なものであり，個別の種や生態系は道徳的配慮に値するということに由来する。すなわち，エコロジズムの視点からみて道徳的に重要なのは多様性それ自体ではない。というのも，それを道徳的目標とみなすことは，新しい種をより多く生み出すために人間が自然選択に干渉することを原則として正当化するかもしれないからである（当然のことながら，自然選択への干渉によって，私たちが創造する種や生態系よりも，絶滅させた種や生態系の方が多くなり，その結果，多様性を減少させるなどということがない場合に限り，であるが）。

したがって，人為起源の絶滅から，現存する種や生態系を守ることは現時点でのそれらの総体を未来の同じだけ多様な種や生態系よりも，恣意的に選好することではない。それは，現存する人間を保存しようと努めることが現時点での人間の総体をその代わりに生まれてくると思われる未来の人間の総体よりも，恣意的に選好することではないのと同じことである。それは道徳的配慮の対象たるにふさわしい事物(モノ)に適切な道徳的配慮を与えるということなのである。

多様性自体に，一定の種類の価値がないわけではない。おそらく，地球の生物圏における種や生態系の多様性が増せば増すほど，生物圏は堅固で安定したものになるであろう。これは多様性を支持する打算的な根拠として，潜在的に強力な根拠となる(34)。生命体や生態系の完全なる多様性は人間の「生」の多様性，すなわち，格言にあるように，人生の「風味」(spice)を増すのである。自然界が可能な限り多様であれば，人間が自らの生活活動を自然界と絡み合わせる選択肢がより多く開かれる。これらは人間の幸福を促進する重要な要因であるために，可能な限り最大の自然の多様性を維持することに，重要な道徳的根拠を与える。しかしながら，このことは多様性それ自体に独立した道徳的重要性を与えるというよりも，むしろ多様性に関して，人間に道徳的責任を与えるということである。

次のような結論を提示して，本章を締め括ることができるだろう。すなわち，

---

(34) しかしながら，多様性と安定性の関係は依然として，環境科学において論争の的である。Allaby, Michael (1996). *Basics of Environmental Science*, pp. 169-173を参照のこと。

地球の生物圏やそこに生息する生物に関するエコロジズムの主要な目的は明白な形而上学的根拠に基づくというよりも，むしろ道徳的な根拠に基づいている。人間以外の世界に道徳的地位が与えられる場合に，その道徳理論の内容は人間と他の生命体の間の相互連関性に関する諸事実に強く依拠している。この相互連関性は主として物理的なものだが，文化的，心理的なものでもある。科学，とりわけ，生物学は人間以外の世界に対して人間が負う特定の道徳的義務を具体化する上で必要不可欠な，多くの経験的基盤を提供する。しかし，この道徳的根拠は，私たちの科学理論の構築が変化しても，生き残ることができる。例えば，現在，私たちが存在すると想定している相互連関性の諸形態の一部が結局のところ有効ではないことが判明したとしても，生き残ることができるだろう。

冒頭で，エコロジズムは長きにわたり，私たちの文化にあまねく浸透してきた原子論的形而上学に強く反対するものである，と強調した。全体論と相互連関性は私たちを人間以外の世界と再び結びつけるために必要なものとして処方された，代替的な形而上学的前提である。本章が進むにつれて，次の点が判明してきた。相互連関性それ自体は原子論に比べて，人間以外の世界が私たちに要求する道徳的権利を私たちが認めることをより容易にするだろうが，それが実現するかどうかは，私たちがその相互連関性をどう理解するかということに大いに依存しているのである。

それは人間以外の存在の道徳的地位を少なくとも損なわず，むしろそれを支えるような形で，私たちと人間以外の存在との連関を理解する方法に違いない。このことは全体論は結局のところ，エコロジズムに絶対必要というわけではないことを示唆している。全体論を受け入れることは，人間以外の存在が私たちに要求する道徳的権利に私たちの注意を向けさせるという点で，重要な役割を果たしてきただろう。しかし，それが達成されれば，万が一原子論が形而上学理論や科学理論の構築において，再び確立されるようなことがあったとしても，その結果，人間以外の世界の道徳的地位が危うくなることはないということが今の私たちにはわかるのである。

第3章

生物学とエコロジズム──社会生物学の場合

　エコロジズムの中心的教義は，人間は他の動物種と同様に何よりもまず，自然界の一部として理解されるべきである，というものである。「社会生物学」（Sociobiology）として知られている新興の科学分野も，理論的観点からホモ・サピエンスを自然界の構成部分とみなした上で，社会性昆虫，オオカミのような社会性哺乳類，社会性霊長類といった他の多くの事例を有する社会性動物の一種として理解すべきであることを強調している。有名なことであるのか，あるいは，悪名高いことであるのかは各人の好みに応じて分かれるところだが，こうした立場に立って，社会生物学の主唱者であるエドワード・ウィルソン（Edward Wilson）は次のように主張した。すなわち，私たちは原則として，社会学・人類学・心理学・地理学・政治学・経済学・歴史学といった社会科学を人間の社会行動の生物学的基盤を解明しようと努める社会生物学の構成要素として，把握し直さなければならない，と。(1)ウィルソンによるこのような見解は本書の第Ⅲ部で提示される考察によって多少なりとも裏づけられるだろう。

　社会生物学の基本的主張は道徳・宗教・政治・経済・社会構造にかかわる人間の社会行動のおおよその特徴を「ネオダーウィニズム」（Neo-Darwinism）の観点から理解し，説明することができるというものである。すなわち，それらは，「後成規則」（epigenetic rules）──この規則のための遺伝子が自然選択が人類に正常に作用した結果として，出現してきた──の影響の下で生み出されてきたものとみなされるべきだ，ということだ。(2)したがって，現実の人間の社

---

(1) Wilson, Edward (1980), *Sociobiology*, p. 271.
(2) ウィルソンの説明によれば，「後成規則」とは，「後成期に，解剖学上，生理学上，認識上，あるいは，行動上の特徴をある特定の方向に発達させる規則性のことである。「後成規則」は，それ特有の性質がDNA発生の設計図に基づいているという意味で，究極的には遺伝的基盤をもつ」（Ruse (1986), p. 143における，Lumsden, C. and E. Wilson (1981), *Genes,*

会行動の多くは直接の遺伝的基盤を何らもたないような文化的構造によって媒介されている、とウィルソンと同様に仮定したとしても、ホモ・サピエンスという種にとって可能な社会行動の範囲を少なくとも決定することは原則としてできるはずである。

この人間における社会性の後成的基盤という説明がもつ重要な含意は次のようなものだ。人間を支配している後成規則を前提とすれば、人間が暮らせないような社会生活形態であるために、実現不可能な社会生活形態であっても、人間は自らの知的能力を用いることによって、その処方箋を作り出すことができるだろう、というものである。ウィルソンは十分に検討してはいないものの、プラトンの理想共和政国家、初期のキブツ（訳註：イスラエルの集産主義的な生活共同体のこと）の育児習慣の一部、純粋な「自由放任主義」社会、無政府主義的自治組織のような構想は可能だが、実践不可能な社会制度のいくつかの例に言及している。

エコロジズムにとってこうした主張から浮上する問題は、エコロジズムが議題にのせる社会組織の好ましい形態は人間にとって理解可能だけれども、実現不可能な社会生活形態に分類されるのか、ということである。ここには、2つ

Minds and Culture, Cambridge: Harvard University Press, p. 370の引用より）。

(3) Wilson, Edward (1978), *On Human Nature*, p. 18（E・O・ウィルソン、岸由二訳『人間の本性について』筑摩学芸文庫、1997年、46、47ページ）で、ウィルソンは次のように説明している。「進化は、文化に全能性を与えはしなかった。社会行動が事実上、どんな形態にも形成可能だ……というのは……誤った見解である。世界には数百種に及ぶ文化が存在しており、それらのただ中にいる人間から見れば、文化とは確かに著しく可変的なものにみえるだろう。しかし、人間の社会行動のあらゆる形を全てかき集めたところで、地球上の社会性のある種が実際に実現している各種の組織のごく一部にしか当たらないのである。社会生物学の理論を採用すれば、さらに多くの社会組織が想像できる。これらと比較すれば、人間のあらゆる社会行動の占める部分は、さらに小さなものに局限されてしまうのである」と。

(4) 例えば、Wilson, Edward (1978), *On Human Nature*, p. 208（邦訳379、380ページ）で、彼は次のように述べている。「人間の本性に関する我々の知識がさらに増加して、我々がもっと客観的な基礎の下に価値体系を打ち立てるようになり、そして最終的に我々の精神が我々の感情と同調するようになれば、［社会の進化が辿りうる］経路の範囲はいっそう狭められるであろう。徹底的な社会ダーウィニストであったり、無政府主義者が描いた……世界を選ぶことは、生物学的に不可能であることを……我々はすでに知っている」と。

の問題が含まれている。第一に，根本的なものとして，人間以外の存在は道徳的配慮の対象となる可能性をもつ，というエコロジズムの重要な主張を人間が受け入れることができるかどうか，という問題である。これが人間にとって不可能な理想であることを社会生物学理論が証明できるとすれば，エコロジズムは一見したところ，エコロジズムの自然主義的立場を最も正当に評価している理論的視座がエコロジズムの道徳的・生態学的な主張が処方する人間の社会生活形態を明らかに除外してしまうという皮肉に直面するだろう。[5]

第一の問題ほど根本的でない第二の問題は，社会生物学が政治的エコロジストが擁護したいと考えている特定の社会組織形態を人間にとって実現不可能なものとして排除しているのかどうか，ということである。ウィルソンが純粋な「自由放任主義」(laissez-faire)を拒絶していることは大部分の政治的エコロジストにとっては心地よいであろう。しかし，彼が無政府主義に反対していることは多くの政治的エコロジストには歓迎できないものであるだろう。というのも，彼らは国家が消滅し，何らかの形態の無政府主義的自治組織がそれに取って代わることをエコロジズムの目的達成に必要不可欠なものとみなしているからである。[6] 本章では，第一の根本的問題に集中して考察することにしている。エコロジズムの目的達成にとって好ましい社会的・経済的・政治的な組織の様式は何であるかという問題は第Ⅲ部と第Ⅳ部で論じることにする。

環境倫理学者の中でも，J・B・キャリコット (J. B. Callicott) は，社会生物学は「道徳哲学全般に，特に環境倫理学に，途方もなく豊富な資源を提供する[7]」と主張している点で注目に値する。他の環境倫理学者にとっては，社会生

---

[5] 当然のことながら，これはエコロジズムが利用できる唯一の自然主義的立場ではない。例えば，Dickens, Peter (1992), *Society and Nature* において，(イギリス哲学者の) バスカー (Roy Bhaskar) の批判的実在論に基づく自然主義的立場が略述されている。ここで社会生物学が考察されているのは，それがネオダーウィニズムの標題の下で，人間に対する理論的な理解と他の種に対する理解とを最も明白に関連づけているからである。したがって，それは，エコロジズムのような科学志向のイデオロギーが自然主義に関する諸問題に明確に焦点を合わせるのに役立つ。

[6] そのような見解の具体例は，Carter, Alan (1993), 'Towards a green political theory,' の中にみられる。

物学は思想的に支持できないし，また，道徳的にも反対すべき試みなのである。社会生物学は競争的で，ほぼ完全に利己的な人間像に基づいて，社会生活の反動的な処方箋を提出することに本質的に専念するものだ，と多くの人々が考えるようになってきている。とりわけ，テッド・ベントン (Ted Benton) は生物学として，また，人間の文化や社会を理解する方法として，社会生物学は重大な欠陥をもつと批判している[8]。

　生物学的に言えば，ゲノムの例にみられるように，ネオダーウィニズムの自然選択理論の観点から，有機体に関するどんなことでも還元主義的に説明しようとする社会生物学の試みは細胞構造の発生的分化といった多様な生物学的現象を原理的レベルにおいてすら説明することができないと言われている。そのような現象はゲノムの直接的影響だけに還元できない説明レベルをとり入れた，全体論的な，あるいは，「場に基づく」説明を必要とすると言われている。「遺伝的浮動」(genetic drift) は有機体の遺伝子構造ですらネオダーウィニズムの説明パラダイムでは十分に説明できないことを示すと言われているが，そうした他の複雑化の要因も存在している[9]。

　人間に適用された場合には，この理論はさらに深刻な原理上の反論に直面する。人間という有機体と相互作用している環境は長きにわたり，まさに人間の社会活動によって変更されてきたために，人間の生物学的進化を説明する試みにおいては，人間の社会活動が説明要因としての役目を果たさなくてはならない。そのような社会的環境は純粋な生物学的領域から次第に独立してきた。それゆえに，人間のゲノムに選択的圧力をかけていると考えられる生息環境それ自体が，人間の社会活動の自律的産物としての度合いを強めている。したがって，人間の文化は人間の生物学と人間の行動を媒介するだけでなく，生物学に還元できない，また，人間の行動を説明する際に重要な説明的役割を果たすような，そうした自律的水準を形成しているのである[10]。

---

(7) Callicott, J. Baird (1989), *In Defense of the Land Ethic*, p. 11.
(8) Benton, Ted (1991), 'Biology and Social Science' を参照のこと。
(9) Benton (1991) と Dickens (1992) の第4章を参照のこと。

第3章　生物学とエコロジズム──社会生物学の場合

　社会生物学を批判する人々の多くが断言しているように，人間の社会生活は遺伝的な現象というよりもむしろ圧倒的に文化的な現象なので，いかなる生物学の部門も人間が自己理解に達する過程で取り組む事実問題や規範問題を原理的レベルにおいてすら解明できないであろう。しかしながら，エコロジズムが社会生物学批判を可能な限りどこまでも追求し，その結果，人間と人間以外の自然界との二元論を支持するに至るならば，それは明らかに危険である。というのも，本章の冒頭で触れたように，その種の二元論を否定することこそ，エコロジズムの主要な，そして，決定的な主張の一つであるからだ。

　結局，エコロジズムが人間社会にもつ独自の意味はエコロジズムの自然主義的視座の結果として生ずるものと考えられている。私たちが人間社会を自然環境からあまりに自律したものにしてしまえば，私たちが他の動物種と同様に一つの動物種であるという否定できない事実から，何も，あるいは，少なくとも重要なことは何も生じてこないように思われる。その一方で，人間の生物学的性質と人間の文化との間の緩やかな適合関係を立証しようと努めることは，エコロジズムが自らの規範的な目標を追求する中で多様な形態の社会的・経済的・政治的な構造を検討するための概念空間をエコロジズムに与えるという利点をもつ。それとは対照的に，文化を生物学に還元し，生物学をネオダーウィニズムに還元し，ネオダーウィニズムが私たちを攻撃的で自己中心的な種として描くのであるならば，エコロジズムの道徳理論，ならびに，社会理論の構築は全くのたわ言と化すという重大な危険に直面する。当然のことながら，ネオダーウィニズムはそのような暗い人間像を支持しているわけではないのかもしれないが，ネオダーウィニズムにすべてを賭けるのは危険な戦略であると思われるであろう。

　しかしながら，今では生物学的観点からの人間行動の研究が数多くある。また，人間以外の生物，とりわけ，私たちの最も近縁な種である大型類人猿に関する多くの研究も利用できる。そうした研究は倫理的な，あるいは，原基倫理^{プロト}

---

(10)　Benton (1991) pp. 19-23を参照のこと。

的な行動形態の存在を求めて，彼らの社会生活を調査している。こうした研究は私たちの倫理的・社会的な規範には同定可能な遺伝的基盤があるという考えを強力に支えるものである。ピーター・シンガー（Peter Singer）が強調してきたように，これは，どの人間社会の間にも明白な文化的差異があるにもかかわらず，そうした人間社会の根底には何種類かの道徳的規則がある，という事実に明示されている。さらに，同様の種類の規範が他の種，とりわけ，チンパンジーの社会生活の中に発見できるようにみえる。こうした規範には，次のようなものが含まれる。

① 家族の構成員がその親類を扶養する義務
② 世話を受けたり，贈り物をもらったりした場合，それに対して，お返しをするという互恵性の義務
③ 性的関係の制限

　本章では，社会生物学がすぐれた生物学なのかという問題については考察しない。また，有害な二元論を廃するには十分だが，人間社会の諸制度を設計する際に自由な発想を不可能にするほど緊密ではないような，生物学的理解と社会科学的理解の間の「和解」（rapproachement）を確立することができるのかという問題についても考察しない。むしろ，1970年代以降発展を遂げてきた社会生物学がエコロジズムの道徳的・社会的・政治的な処方箋を排除するのかどうかという問題に取り組むのである。このことは，エコロジズムは社会生物学の

---

(11) エコロジズムの主要な倫理的，ならびに，政治的な諸問題と密接に関係がある。ここで述べたことの一部の最近の典拠として有益なものは，Singer, Peter (eds.) *Ethics* 所収の 'Common themes in primate ethics' という節である。バラッシュ（D. Barash），トライヴァーズ（R. Trivers），シモンズ（D. Symons），アクセルロッド（J. Axelrod）といった生物学志向の人間行動学者たちやグドール（J. Goodall）やドゥ・ヴァール（F. Dewaal）のような霊長類学者たちの著作の中にも，人類の研究には自然主義的アプローチが有望であることを示すものがある。
(12) Singer (1994), p. 56.

第3章 生物学とエコロジズム——社会生物学の場合

失敗に影響を受けるのか，それとも，人間社会の思想全般，特にその独自の処方箋に安定した自然主義的な根拠を与えるような，適切に洗練された何らかの形の社会生物学理論が誕生し，成功を収めること，こうしたことをエコロジズムが今なお，期待してよいのかを明らかにするだろう。

したがって，社会生物学の後成的規則が果たして，エコロジズムの政治的処方箋を排除するのかどうかという問題を考察しよう。『ダーウィンを真剣に考える』(*Taking Darwin Seriously*) や『進化的自然主義』(*Evolutionary Naturalism*) といった著作において，社会生物学の諸概念を人間に直接適用させてその発展を試みている理論家，すなわち，マイケル・ルース（Michael Ruse）の思想をまず考察することが有益だろう。ルースはこれらの著作において，人間の道徳という現象について，社会生物学的な解釈を提示している。この解釈は明らかに，排他的な人間中心主義を拒絶するというエコロジズムの主要な倫理的立場が実行可能かどうかを疑問視し，政治倫理に直接の影響を与えている。

私は彼の思弁的主張をエドワード・ウィルソンのそれと関連させるつもりである。ウィルソンが提唱する，ホモ・サピエンスに属する個体の遺伝的素質としての「バイオフィリア（生物愛）」(biophilia) の概念は人間以外の存在に道徳的価値を与える倫理が人間にとって全く役に立たないわけでもないという希望をいくらか与えてくれるように思われるからだ。ウィルソンは，自然選択は人類のような種に内在するバイオフィリア的衝動を選択できただろうと仮定する根拠は十分にあると主張しており，私はこのウィルソンの主張を発展させようと思う。また，ルースが発展させた後成規則理論の枠内においてさえ，人間は強い動機づけの性質をもつ非人間中心主義的倫理を信奉できると想定する根拠はあるということ，これを証明するつもりだ。

人間の現象としての道徳に関するルースの基本的主張は次のようなものである。すなわち，道徳は，道徳をもつ人間がそれをもたない人間よりも繁殖に成

---
(13) Ruse (1986) と Ruse (1993).
(14) Wilson (1984).

功するのを実際に可能にするような,遺伝的基盤にもとづく行動の傾向である[15]。道徳には,これ以外の目的はない。道徳が人間の間で果たす具体的な機能は人間同士の協調的行動を確保し,その結果,個人の繁殖機会を増進させることである。その中心にあるのは利他主義という現象だが,この現象は自己利益よりも他者の利益を優先させることを伴うために,ダーウィニズムにとってそれを説明することは常に難問であった。道徳における利他主義的要素は主に「血縁選択(血縁淘汰)」(kin selection)(それは,社会性昆虫の自己犠牲的活動をネオダーウィニズムの観点から説明するために,幅広く用いられてきた)という現象と,互いの利益を図りながら行動するという「互恵的利他主義」(reciprocal altruism)——人間の明敏で社会に適応した脳は進化を遂げてそれに関わるようになってきたという側面がある——といった現象に基づいている[16]。

しかしながら,この2つの現象が人間における道徳の基本的構成要素であるとしても,ルース(Michael Ruse)は,人間が道徳規則について通常経験する典型的な感覚,すなわち,強制と客観性の感覚も必要だ,と主張する。協調の恩恵を確実に得るために個人の自己利益を克服し,その結果繁殖の成功率を高めるという,進化によって定められた任務を道徳が果たすには,そうした感覚が必要である。しかしながら,強制と客観性の感覚は幻想なのであるが[17]。

---

[15] ルースの主張の次の要約は,Ruse (1986) の第6章からの引用である。

[16] 人間間の道徳の進化論的起源を社会生物学的に説明したものとして,Callicott (1989) の特に第4章も示唆に富んでいる。彼はそこで,有益にも,社会性をもつ他の種にも原型倫理が存在する可能性を強調し,その結果,道徳は地球上では人間に特有のものであるという信念に異議を唱えることに寄与している。

[17] Ruse (1986), p. 221. しかしながら,人間の価値体系の客観性を損なうとルースが主張する諸事実そのものをそれどころか,その逆であると解釈することによって,このようなルースの結論を退けることは可能である。Rolston, Holmes (1983) *Environmental Ethics* の特に第6章は,そのような立場の重要な解説である。それは価値を自然主義的に説明しており,なぜ,人間は現在,自らが認識している価値体系を容認するに至ったのかを証明するために進化の物語を援用している。自然は自然選択によって,生物が各々の生において意識的にせよ,無意識的にせよ,容認するような,そうした価値体系を創造しているのだ,というのが彼の主張である。したがって,彼らの価値づけは彼ら自身の外部に存在するものと一致している。当然のことながら,「客観的」という言葉が自然を超えたところに存在するものを指すとみ

第3章　生物学とエコロジズム——社会生物学の場合

　このことは明らかに，人間の道徳を適用できるのは他の人間，あるいは，少なくとも道徳的配慮によって媒介された協調関係を人間と結ぶことのできる他の存在だけであるということを意味している。人間以外の有機体はこの要件を満たさない。また，このことは，ルースが苦心しながら強調していること，すなわち，たとえ人間同士であっても，道徳的動機に基づく行動の動機づけの力はきわめて限定的な可能性が高いということも暗示している。動機づけの力が最も強く現れるのは，血縁関係が作用している個人に対して，また，それより劣るが，「互恵的利他主義」が協力による利益を生むと期待されるような非血族に対してである。こうした力のどちらも及ばない個人に対する道徳的義務感は非常に弱いものとなると考えられる。その義務感はせいぜい人間の道徳生活において不安定で気まぐれな役割しか果たさないような，純粋に理知的な立場でしかないと考えられる。このことは人間の道徳的行動を観察することで得られる諸事実によって，また，私たちが自分に正直であれば内省を通じて容易に感じることができることによって，実証されている，とルースは主張する。[18]

　ルースはこの理論にはさまざまな利点がある，と主張する。それはいかなる道徳的正当化もある段階で必ず終わりを迎えるのはなぜかを説明し，その段階で，仮定された「後成規則」とみなされているものを説明概念として援用することができるということを明らかにしている。それは相対主義の陥穽——それは，人間という種に特有の，かつ，種全体に共通する「後成規則」である——を私たちが回避することを可能にし，また，まさにこの社会生物学理論に対する私たちの理解を基にして道徳的懐疑主義の立場をとる試みがなぜ，実存的立場ではなく，せいぜい観念的な立場にしかすぎないのかということを論証する。というのも，私たちは後成規則の影響の根底にあるメカニズムを理解し，道徳には客観的根拠がないとわかっている時でさえ，そうした規則の影響から逃れ

　　なされるのであれば，この主張は機能しないであろう。しかし，ルースの自然主義的倫理を批判したものとして，それは，そのような倫理的立場が客観的価値という概念を用いる余地はまだある，ということを証明する上で有効である。

[18] Ruse (1986), p. 240.

られないからである[19]。

　しかしながら、エコロジズムの視点からすれば、この理論は非人間中心主義的な道徳理論がある程度、人間に動機づけの影響を与えるという可能性を排除しているようにみえる、という大きな欠点をもつ。したがって、それは、人間以外の存在に道徳的配慮の対象となる可能性を与えることに基づくエコロジズムの数々の政治的処方箋が直面する可能性のある他のより実際的な問題が何であれ、最初から全く実行不可能なものにしてしまうのである。

　しかしながら、人間に適用される後成規則に関するルース自身の考察の中に、何のつながりもない人間や人間以外の存在に対する道徳的義務感が適度に強力な動機づけの力をもつこともありうることを示す代替的な立場を構築するための資源を見出すことができるかもしれない。

　ルース自身が苦心しながら指摘しているように、人間の道徳は人間の文化の影響の下では生物学を「凌駕する」ことができる[20]。このことは、人間の場合の「血縁選択」と「互恵的利他主義」は人間の利他主義の全容ではなく、その土台にすぎないということを暗示する。「割に合うかどうかにかかわらず、他者の利益をそれ自身のために尊重する」という考えがひとたび人間の心に組み込まれれば、人間の知性は利他主義という概念のより多くの含意を与えるための出発点として、その考えを利用することができるだろう。しかしながら、ルースの議論はそのような純粋な思想的構築物が私たちに与える動機づけの影響は限定的なものとなるだろうという印象を私たちに与えるだろう。他者に対する利他主義や地球環境への配慮は、親類（ならびに、おそらくは同郷人）、あるいは、私たちが暮らす地域環境への配慮に比べて、より小さな「魅力」しかもたないに違いない。ルースの主張はある面でこれらの領域における私たちの限定的な利他主義に焦点を絞り説明し、それによって、人間の道徳的配慮をそうした領域に拡大するためには、なぜ、特別の努力が必要となるのかを私たちに明確に理解させることをめざしている[21]。しかしながら、彼が後成規則の理論に依存し

---

[19]　Ruse (1986), p. 252.
[20]　Ruse (1986), p. 223.

第3章　生物学とエコロジズム——社会生物学の場合

ているという事実はそのような拡大の見通しはかなり暗いことを暗示している。

　ルースの理論の別の部分に目を向ければ，私たちはこの問題についてのより楽観的な見方を適切に獲得できるであろう。この別の部分はダーウィンの認識論の主題を扱ったもので，それについて彼が主張しているところによれば，私たちは論理規則や一貫性のような理性の常識的要件に具現化されている認識論的な後成的規則によって，支配されている。[22] 彼自身はそう述べてはいないが，人間の倫理の例を用いて類推すれば，こうした主張を支えているのは，これらの規則はそれを保有する者の生殖の成功率を改善するので，強力な動機づけの要素を伴っているということのようにみえる。

　結局，科学的思考の諸原理は大規模に拡大された常識であるので，私たちがそれらに従うよう動機づけられているのでなければ——おそらく，私たちの中に「知識への意志」が存在しなければ——役に立たないものである。論理規則に従い整然と秩序だった仕方で思考することは，道徳の要件という観点から思考することほど難しくはないにしろ，それと同等に難しいことが多い。通常の道徳の場合と異なり，思考することに差し迫った実際的重要性がない場合には，特にそうである。そうなると，好奇心，知識欲，探究や論証，ならびに，議論を楽しむ気持ち，自分自身や他者における矛盾への嫌悪，「理性の普遍的見地」（universal standpoint of reason）への愛といった，人間特有の認識論的諸感情を後成的根拠に基づいて仮定する必要があるようだ。そのような感情と後成的な認識論的規則をもつ個体はそれらをもたない個体より成功する可能性が高い。

　客観的知識に具現化される普遍的見地への衝動はほとんどの人間の場合，純

---

[21] 人間以外の存在に道徳的配慮を拡大することをどれほど人間に期待してもよいのかという問題に対するキャリコットの回答はヒュームやダーウィンに由来する見解に依拠している。すなわち，私たちは進化によって生み出された，「社会それ自体を当然の対象とする天性の道徳的感情」（Callicott (1989), p. 85）をもっているというものだ。人間と人間以外の存在がまさに「社会」を構成していることを証明する生態学を私たちがひとたび理解すれば，人間の道徳観念が生物圏を道徳的配慮の対象とみなすことを期待できるだろう。「したがって，土地倫理が登場するために，生態学的知識があまねく普及しさえすればよい」（p. 82）。ルースの記述には，私たちにこれを当然視させないという長所がある。

[22] Ruse (1986), 第5章。

粋に道徳的な後成規則——ルースの分析が正しければ，普遍的というよりもむしろ局所的な方向に向かいがちな——の動機づけの力に対抗するのに十分なだけの動機づけの力をもつであろう，と言うことができるだろう。矛盾の回避は明らかに理論理性，および，実践理性の要件である。したがって，ルースが人間の場合には必要不可欠だと認めている道徳的思考の「訓練」の一つは，まさに，合理的思考の規準を道徳的文脈で用いることであるだろう。これは道徳的進歩と思想的進歩を同時にもたらし，認識論的な後成規則に付随すると考えられる強力な動機づけの力を道徳的思考の諸目的に利用するであろう。

　したがって，このことはダーウィニズム的な道徳的思考の説明方法をエコロジズムだけの環境倫理と調和させる可能性について，楽観的であること——ただし，慎重さは必要だが——を示唆している。

　最後に，ダーウィニズムの観点から説明可能で，エコロジズムにおける環境倫理を支えてくれるような，動機づけの力のさらなる源泉となりそうなもの，すなわち，エドワード・ウィルソンの言う「バイオフィリア」について考察しよう。ウィルソンは社会生物学の視点から人間性について論ずる中で，私たちの遺伝子によってあらかじめ与えられているさまざまな価値があることを指摘している[23]。彼は（社会性昆虫の滅私性とは対照的な）「哺乳類の」個人主義に基づいた，人間は高貴であるという感覚や人間の遺伝子プール全体の保護への専心，そして，普遍的な人権を，「一次的」（primary）価値と名づけている。このリストにおいて，明らかに道徳志向で，なおかつ，普遍的な範囲にまで及ぶと考えられるような価値が提示されていることは注目に値する。ここには，人間の間の道徳的思考の基礎となる血縁的・互恵的な利他主義に固有のものだとルースが指摘している偏狭さが表れていない。結局のところ，血縁的・互恵的な利他主義の理論の創始者の一人であるウィルソンはとにかくこの点では，人間における道徳的思考は普遍へと向かう強い傾向をもつという前述の説明と類似したものを仮定しているようだ。

---

[23]　Wilson (1978), pp. 198-199（邦訳362-365ページ）。

第3章　生物学とエコロジズム——社会生物学の場合

「二次的」(secondary) 価値には，探求への情熱や発見がもたらす喜び（認識論的感情の具体例か？），戦闘・競争における勝利，「利他的行為」のもたらす満足感，民族・人種への誇り，家族の絆がもたらす心強さ，他の生命体に対するバイオフィリアといったものが含まれる。したがって，バイオフィリアは二次的価値にすぎず，しかも，その範疇における数多くの価値の中の一つにすぎないのである。

　ウィルソンがこうした主張をするのには，十分な理由があると仮定しよう。このことは人間以外の存在の道徳的地位を最重要と考えるような，エコロジズムにとって好ましい社会生活の形態が受容される可能性をもっと示唆するのだろうか？　列挙された10個の価値のうち，バイオフィリアだけが人間以外の存在の利益を道徳的に配慮するという方向へ人間を動機づける基盤を形成するように思われる。他の価値はこの目標に関して中立的であるか，さもなければ，純粋に人間中心主義的な世界観を支持する傾向があるようだ。

　ウィルソンがバイオフィリアの実例としてよく挙げている具体例がその名称を不適切なものに見せてしまうくらいかなり奇妙な寄せ集めであるということも，さらなる戸惑いの種である[24]。例えば，蛇や蜘蛛に対するいわれのない恐怖はバイオフィリアの具体例だと言われているが，それはむしろ「バイオフォビア（生物嫌悪）」(biophobia) を示唆している。ウィルソンの説明に基づけば，このような恐怖は自然選択の観点から説明しうるものであり，それらは自然現象に対して向けられているとされる。しかし，それらがバイオフィリアの実例として挙げられるのは奇妙としか言いようがない。おそらく，他の種が私たちに深い心理的，ひいては文化的な痕跡を残すような仕方で，私たちはそれらと共進化してきたという基本的な考えを示すものとしては，「生命体の相互連関」(bioconnection) といった用語がより適切であろう[25]。

---

[24]　例えば，Wilson, Edward (1992), *The Diversity of Life*, p. 333（大貫昌子・牧野俊一訳『生命の多様性（下）』岩波現代文庫，2004年，234ページ）を参照のこと。

[25]　ウィルソンは，*The Diversity of Life* の p. 334（邦訳（下）237ページ）で，バイオフィリアを，「人間が潜在意識的に他の生物との間に求めている結びつき」だと特徴づけており，その記述はこの見解に最も近い。

他の実例は名称という点からするとより理解可能であるが，自然選択の観点からなされているそれらの説明は曖昧である。例えば，人間が生活の場として好む自然環境は，水が見える高台に構えた住居からのサバンナの景観であるという彼の主張がそうである。これはある種の「愛」(love) であり，その「愛」は私たちが進化を遂げる過程でかつて居住していた環境に向けられるということは理解できる。しかし，生息環境に関する限りではほぼすべての場所に住んでいることを主たる強みとしているような動物がなぜ，この特定の種類の景観の愛好を内面化してきたのかということが明らかではない。それは，ウィルソンが後成的価値の一つと考えられるものとして「探求への情熱」と両立しない，と誰しも思うだろう。

エコロジズムが社会生物学的なバイオフィリアの説明から得たいのは次の主張を基礎づける根拠である。その主張とは，人間以外の自然界の少なくとも一部の重要な側面を大切にし，それらに対して道徳的配慮をみせる傾向を自然選択によって人間が獲得するならば，バイオフィリアは人間の生殖適応度を向上させる，という主張である。

ウィルソンは以下のように，この点でいくらか有益な主張を次のように述べている。

> バイオフィリアはその性質に関するわずかな証拠から判断すると，単一の本能ではなくて，細分化し，個別に分析することのできる学習規則の複合体である。学習規則によって形成される感情は，魅了されることから嫌悪することへ，畏怖することから無関心であることへ，平穏であることから恐怖に駆られた不安へ，と至るような複数の感情のスペクトルに沿って展開する。

---

[26] Wilson (1992), p. 334（邦訳（下）236ページ）。
[27] 次の説明は，彼がバイオフィリアの道徳的重要性を直接考察している最近の論文，Wilson (1997) 所収の 'Biophilia and the environmental ethic'（廣野喜幸訳『生き物たちの神秘生活』徳間書店，1999年）に言及したものである。
[28] Wilson (1997), p. 165.

彼の主張によれば，そのような学習規則は現代人においては弱体化しているとしても，今もなお根強く残っており，しかも，それらは私たちのあらゆる文化に浸透している。しかし，現代人の経験は，人間が登場して以来，支配的な経験のごく小さな断片にすぎない。

　　　人類史の99パーセント以上もの間，人間は狩猟採集民の一団として他の有機体と緊密に関わりながら生きてきた。この長い歴史の中で，いやそれどころか，さらにさかのぼって人類が登場する以前の時代から，人間は博物誌の重要な側面について学んだ正確な知識を頼りとしていたのである。[29]

しかしながら，たとえ十分な根拠に基づいているとしても，こうした考察が示しているのは，いかにして環境を自らの便益のために搾取するのか，いかにして「環境の中で目的地に辿り着くのか」，何を追い求め何から逃れるか，といったことを知ることこそ人間には重要であるという考えである。世話をしたり，愛情を向けたり，慈しんだりする態度がバイオフィリアの不可欠な要素である，と述べるための明白な根拠は今のところ存在しない。彼は，私たちと他の種とのつながりは「私たちにとって計り知れない美的・精神的な価値」をもつという考えを示す考察をさらにいくつか行っている。[30]しかし，次に彼が行っていることは生物多様性に満ちた世界の重要性を宗教的，文化的，また，より一般的に心理学的な理由で力説することである。エコロジズムは彼の助言を受け入れる気にはなるだろう。しかし，論理的に言えば，ここでそうした助言について述べるのは適切ではない。必要なのは，次のような社会生物学的な主張である。すなわち，人間以外の世界に関心・ケア・配慮を向けるこうした非道具的態度はある程度，後成的性格をもっているために，エコロジズムの倫理は人間性に確固たる根拠，ひいては動機づけの基礎をもつことを証明できる，というものだ。

---

[29]　Wilson (1997), p. 166.
[30]　Wilson (1997), p. 176.

第 I 部　理論的考察

　次の仮説はウィルソンの主張の全般的な趣旨と一致する反面，明白にエコロジズムの倫理に遺伝的基礎を見出そうと努めるものである[31]。私たちが環境の探求者，ならびに，環境の抜本的な変革者として進化してきたことを前提とすれば，私たちが短期的な利益を得るために，自然環境を傷つけ，ひいては私たち自身をも傷つけるかもしれないような方法でそれを扱うことは明らかに私たちの繁殖の成功を脅かす。おそらく人間以外の生物を神格化することによって，それらは尊敬とケアに値するという見解をもつに至った人間集団は前にもましてそれらのケアをするようになり，その結果，同様に行動を抑制されていない集団よりも生存と繁殖の手段を首尾よく手に入れるだろう。当然のことながら，この仮説は，人間が自然を短期間略奪することは一般的に引き合わない，という仮定に基づいている。しかし，それは妥当な仮説だと考えられる。地理的障害によって，あるいは，隣接地域をすでに占有している他の人間集団によって，自然の略奪者が新たな牧草地に移動することができない場合には，特にそうである。

　したがって，人間以外の自然に対して，後成的な敬意のようなものをもつ個人で構成される人間集団は自然を完全に手段とみなすような態度しかとらない個人で構成される集団に比べて，少なくともある程度は繁殖に成功するだろう。後者の集団の問題点は人間集団においてそうした態度が唯一の支配的な態度であるならば，また，自然界がどのように機能するのかということについての包括的な理解が欠如している場合には，とりわけ，それを止める明白な停止点が組み込まれていないという点である。この仮説と共存できる証拠はシルヴァン（R. Sylvan）とベネット（D. Bennett）によって強調され，よく引用される主張[32]，すなわち，人間は常に，畏怖と敬意の対象――ケアされ，なだめられ，崇拝さ

---

[31] この分野全体が立証された事実や理論よりも推測で満ちている。ネオダーウィニズムが被説明項と説明項が簡単な実験による検証にさえ抵抗するような高水準の説明的仮説であることを考えれば，これは避け難いことである。しかし，本書の観点からすれば，まさに重要な問題は，ダーウィニズムが許容している推測は何か，また逆に，それが初めから除外しているものは何か，ということである。

[32] Sylvan, Richard and David Bennett (1994), *The Greening of Ethics*, pp. 29-30.

第3章　生物学とエコロジズム――社会生物学の場合

れるべき対象――として人間以外の存在の一面を包含するような仕方で，世界の道徳的境界線を引いてきたようにみえる，という主張によって与えられる。[33]

　その証拠は，個人がほぼ完全に人工的な環境で全生涯を過ごすかもしれない現代の人為的な世界においてさえ，人々は人間以外の自然に対して憧れや道徳的な態度を見せる，という事実からも得られるだろう。人々は庭を造り，室内用の鉢植え植物やペットの世話をし，田舎を散策し，自然現象を記録した映画を見るなどしている。これは，こうした行動には後成的基盤がある，という仮定に一定の根拠を与えている。[34]

　前述の態度は純粋な文化的構築物であり，「文化伝承」(cultural transmission) という通常の方法によって集団から集団へと伝えられ，しかもそれを採用する集団にとって機能上，有益であるという理由だけで存続しているにすぎない，という主張がなされるかもしれない。そうなれば，バイオフィリアを前述の態度の後成的基盤として挙げる理由などなくなるだろう。しかしながら，地球上の「先進」社会を支配しているほぼ人工的な世界では，人々がそうした好みをもつことが一部の集団――庭園設備，ペット，カントリーツアーなどを供給する人々――の経済的利益になるという場合を除けば，前述の種類の行動へと構成員を社会化する人間集団にどのような利益が生ずるかは明白ではない。前述の行動を全く見せず，人間以外の自然界に無関心な人々も存在するが，こうした人々については，遺伝的差異や不完全な社会化といった仮説で説明できるかもしれない。しかしながら，そのような人々は前述のより「バイオフィリア」的な人々と同様に豊かな製品市場を提供しているようにみえる。自然界に無関

---

[33]　これは，Sachs, W. (ed.) (1993), *The Global Ecology* へのさまざまな寄稿者たちが強調している主題であり，それについては，本書第11章で論じられている。彼らはインドやその他の地域における自治組織の伝統的慣行，例えば，聖なる森の創設と維持や宗教的な理由で一定期間休耕するなどといった宗教的慣行の中に健全な地域環境を維持することへの関心の現れとみなしている。

[34]　ウィルソンは，Wilson, E. O. (1992), *The Diversity of Life*, p. 334（邦訳（下）237ページ）において，「生命体の相互連関」としての「バイオフィリア」という概念を裏づけるために，同様の主張を行っている。

心な人々だけで構成された社会がその事実から経済的不利益を被るのかどうかは明らかではない。

　したがって，結論として，環境を少なくともいくつかの点でそれ自身のためにケアをするという人間の態度には遺伝的基盤があることを示唆する，信頼できる仮説を提出することは可能であると述べておきたい。もしそうであるならば，エコロジズムが提唱しているような人間社会の形態，すなわち，人間が熟慮する際に人間以外の世界にも道徳的配慮を与えるような社会形態を裏づけるような生得的な動機づけの基盤が存在することについて，私たちはもっと楽観的になれるだろう。

　したがって，いつの日かエコロジズムと社会生物学は敵というよりも盟友になるだろう。社会生物学がエコロジズムの処方箋に論拠を与え，人間性の分析に対するそのダーウィン的アプローチを擁護できるのであれば，このことは，エコロジズムの基本思想──人間は自然界の一部である──の徹底的で一貫した，記述的，かつ，規範的な発展を促すという点で，エコロジズムにとって大きな利点となるであろう。

第Ⅱ部

道徳的考察

第4章

エコロジズムの道徳理論

　1970年代以降，エコロジズムの発展に貢献してきた人々が展開してきた道徳思想はこのイデオロギーの最も特徴的な側面の一つである。エコロジズムによる道徳理論の転換を導く基本思想は，(1)人間以外の生物は道徳的配慮に値するということ，(2)その根拠の一つは，人間以外の生物が非道具的な価値を有すること，すなわち，人間の幸福への寄与に基づかない価値を有することである。

　この「基本思想」の一つがいくつかの困難に直面している。これは「強硬な生態系中心主義」的な見解に基づいて，生物圏を道徳的配慮の中心に置き，人間を含む特定の生物には二次的価値しか与えないというものである。そのような生態系中心主義は一見したところ，次のような可能性を支持しているように思われる。すなわち，私たち人間が地球にとって癌のような病気と同等であることが判明した場合には，生物圏の全体性を守るために人間は集団自殺することを道徳的に要求されるという可能性である。

　このような結論を回避したい生態系中心主義者たちはそのために，人間と人間以外の生物との間には相互連関性がある，という主張を強調することに努めるだろう。生物圏にとっての利益は人間にとっての利益でもある，というわけだ。この主張を支える多くの論拠が存在するが，それらは次の基本思想の変種である。すなわち，人間の自己はそれを包含する生物圏と物理的，生物的，文化的，精神的に結びついているという考えを発展させる理論こそが人間とは何か，ということについての十分適切な理論だろうというものである。

　この見解の中でも，ネス（A. Naess），セッションズ（G. Sessions），デヴァール（B. Devall），フォックス（S. Fox）といった理論家たちの「より拡大的な自己」（wider self）の見解のような立場においては，自己と世界を同一化することによって，生物圏が個人の自己意識に完全に統合されている。確かに，この

ような方法は前述の不快な含意を避けるために必要なだけでなく，実際に生物圏の幸福に留意するように，多くの人間を動機づけるためにも必要である。というのも，自分の幸福は生物圏の他の構成員を保護するかどうかにかかっていると信じることができる場合にのみ，人々は生物圏の保護に尽力するのは当然だと思うようになるからだ。

　私たちがこの種のアプローチを受け入れるのであるならば，私たちは生物圏を自らの道徳的配慮の中心に置くことによって，結局のところ，自分自身も常に道徳的配慮の中心に置いているということになる。ティム・ヘイワード（Tim Hayward）は，このことが示す含意を最近明らかにしている。人間だけが道徳的に重要であるという見解を指す場合には「人間至上主義」（human chauvinism）や「種差別主義」（speciesism）といった言葉を用い，人間は道徳的配慮の中心にあるという見解を指す場合には，「人間中心主義」（anthropocentrism）という語を用いることを彼は提案している。

　「人間中心主義」は擁護可能な見解であり，それどころか，人間にとって不可避のものでもあるのだが，「人間至上主義」や「種差別主義」はそうではない，と彼は論じている。「人間中心主義」の見解は生物圏，他の種，他の生物も道徳的に配慮することが可能であるという主張と両立可能である。したがって，人間が道徳的熟慮を行う際には生物圏，他の種，他の生物を考慮に入れなくてはならず，時にはそれらの利益や幸福が人間のそれに勝ることもありうる。しかし，だからといって，人間の関心事や利害を人間以外の生物のそれと全く同等なものとみなすわけではない。道徳的配慮の対象となる可能性という概念は程度の差を許容するために，人間以外の生物へと容易に拡張することができる。したがって，まさにこの見解こそ，道徳に対するエコロジズムのアプローチの特徴であり，人間の道徳的地位を他の種の道徳的地位の両方，または，い

---

(1) Naess (1989), *Ecology, Community and Lifestyle*（斎藤直輔・開龍美訳『ディープ・エコロジーとは何か——エコロジー・共同体・ライフスタイル』文化書房博文社，1997年），Devall and Sessions (1985), *Deep Ecology*, Fox (1990), *Toward a Transpersonal Ecology*（星川淳訳『トランスパーソナル・エコロジー——環境主義を超えて』平凡社，1994年）を参照のこと。

ずれか一方が生物圏の道徳的地位に従属する地位へと引き下げることではない，ということを私たちは今こそ主張すべきである。

　この見解は人間の幸福と人間以外の生物の幸福との間には相互連関があるという主張の展開を可能にするが，この主張はこれまで触れてきたように，エコロジズムの道徳的立場の重要な一部である。また，この見解は「強硬な」生態系中心主義の主唱者たちが生物圏を道徳的配慮の中心に置くためには実際に何をすべきかについて明らかにしようと試みる際に浮上する，克服しがたい問題を回避している。この問題とは，ヘイワードが言うように，生物圏の「善」（good）という概念の根本的な不確定性である[2]。生物圏にとってどのような構造がよりよいものなのか，私たちは明確に述べることはできない。特定の種にとってどのような構造がよりよいものであるのかということは簡単に述べることができるが，私たちが最も簡単に言えることは，人間にとってよりよいものは何であるかということである。こうした点が示唆しているのは生物圏に割り当てるべき正確な価値は道具的価値であり，そのことは当然のことながら，生物圏を道徳的配慮の中心から外すという結果をもたらすことである，と彼は結論づけている（だからといって，生物圏を道徳の適用範囲から完全に外してしまうということにはならないのだが）。

　これこそが本書でこれから擁護されるエコロジズムの道徳的立場である。しかしながら，ヘイワードは内在的価値の概念を人間以外の生物に適用することには懐疑的であり，むしろ，道徳的配慮を人間以外の生物に拡大する方法として，人間の幸福と人間以外の生物のそれとの間の相互連関性というテーゼを強調する方を選んでいる。この見解を採用することにより，彼はブライアン・ノートン（Bryan Norton）のような理論家の仲間となっているわけだが，そのノートン自身はどのような新しい道徳的立場にも依拠することなく，エコロジズム（彼はこの言葉を用いてはいないのだが）をも明らかに包含するような規範的な環境理論が目的とする事柄を達成できるのかどうか，という問題を強調して

---

(2) Hayward, Tim (1997), 'Anthropocentrism: a misunderstood problem', p. 61.

きた。したがって、ノートンの立場を検討してみよう(3)。

エコロジズムには新しい道徳理論が本当に必要なのか？

「相互連関性」(interconnectedness) という重要概念は他の種、生態系、生物圏にそれらが必要とするあらゆる保護を与えるのに十分な理論的基盤を提供する、というのがノートンの主な見解である。そのような「相互連関性」の認識はまさに生態学が生み出しているものである。ある種の人間の傲慢さ、すなわち、人間が人間の発展を阻害するような相互連関から自由になり、もっぱら人間のニーズや欲望の観点から世界を全面的に作り変えることができるという信念の分析こそ、私たちが生態学的理解から得るべきものである(4)。

ひとたび私たちがそのような傲慢さの愚かしさを理解し、人間の生活を可能にしている人間以外の世界という文脈を正しく評価できるようになれば、私たちは次の点を即座に理解できるようになるだろう。すなわち、そのような文脈の観点から思考することが決定的に重要であること、また、自然の生態系や生物圏全体の生存能力を私たち自身と、私たちが道徳的に配慮することを求められる後世の人々のために保存することが決定的に重要であるということである。ひとたび私たちが正しい方針に沿った思考を始めれば、私たちは生態学的管理によって、自然環境を保護すると同時に、人間の物質的、文化的、精神的な幸福の源泉の両方を保護するために、人間の活動をその環境に統合するさまざまな方法を実践できるだろう。

ノートンの主張によれば、実際には、人間以外の生物が道徳的配慮の対象となる可能性について独自の主張を展開したからといって、その主張を支持する

---

(3) 次節の議論は、Norton, Bryan (1991), *Toward Unity among Environmentalists* に焦点を当てている。

(4) Norton (1991) の p. 237 で彼が述べているように、「標的は傲慢さであるのならば、私たちをより大きな、畏敬の念を起こさせるほどに驚異的な全体の一部として、そこから派生した、それに寄生すらしている一つの動物種とみなすような、科学的知見に基づく文脈主義が私たちに身のほどを思い知らせるべきである」。

人々がそれを拒否する環境主義者が唱える提言と異なる政策提言を提示するわけではない。しかしながら，その主張に含まれている道徳理論が多くの人々に滑稽であるとか，不愉快であるとかその両方であるというような印象を与えるために，その主張がそうした政策提言を容認不可能なものにするだろう，と彼が考えているのは明らかだ。したがって，（彼がよく使う言葉を用いれば）「文脈に基づいて」思考するよう促しさえすればその政策の支持者がきっと現れるはずなのに，そのような道徳理論を強調することによって，そうした人々の支持までも得られなくなる恐れがある。

　また，人間以外の生物の道徳的地位と推定されるものに焦点を当てたアプローチよりも，科学によって解明された人間と人間以外の生物との「相互連関性」に焦点を当てたアプローチの方が多様な価値観――その中には，緑の運動の価値観と表面上は対立するものもある――をもつ人々が文脈的アプローチを受け入れることに基づいて政策規定に合意することを可能にする，というそうした大きな利点がある。これについて，彼が挙げている簡単な例は野鳥の群れの生存を脅かす開発から湿地帯を守るために闘う，というハンターとバード・ウォッチャーの間でなされた合意である。各集団は互いに敵対すらしている異なる価値前提を出発点としているが，生態学的（文脈的）理解を共有することによって，同一の政策結果に歩み寄っている。[5]

　ノートンは環境問題を論じる際，現実の結果の方がそれらを支える規範理論の構築よりも重要である，という政策志向のプラグマティックなアプローチをとっている。しかし，合意した環境保護政策を支えるものであるならば，どんな価値立場であれ，「独断的にならずに」認めようとする英国国教会の「広教会派」（broad church）的アプローチと結びついた場合に，この見解に若干の問題が生じる（訳註：「広教会派」とは，19世紀後半の英国教会の儀式・規則等に対して，自由主義的な解釈で行動した宗教的な一派のことである）。というのは，そうすることはエコロジズムのような道徳主義的立場が無批判に提出されるのを可能にす

---

(5) Norton (1991), p. 202.

ると思われるからだ。しかし，これまでみてきたように，ノートンはこうした道徳主義的立場をより大きな環境運動の障害のようなものとみなしているのである。

その結果として，ノートンの議論における奇妙な混成的立場が生じている。彼は人間以外の生物に内在的価値を付与する道徳理論は哲学的反論を受けやすいことを証明しようとしており，その理由として，そのような道徳理論は内的矛盾を抱えているとともに，環境哲学者たちが常に提出してきた反二元論的立場と両立しない，という点を挙げている。しかし，彼は結局はプラグマティストを装い，そのような問題を議論することに関心をもつものは哲学者だけだとして，そうした議論を事実上，退けているのである。

実際，エコロジズムに特有の道徳理論の適切さを明らかにしようとするノートンの試みは哲学的な副次的問題というわけではない。確かに，エコロジズムは自らと競合するイデオロギー的立場や価値的立場の支持者たちが自らの政策規定に歩み寄るのを歓迎するであろう。しかし，こうしたプラグマティックな考察はエコロジズムの支持者を十分に満足させるものではない。というのも，エコロジズムの支持者たちはノートンが焦点を当てているものよりも深い所にあり，重要な可能性のある，人間の傲慢さという別の要素を発見したと考えているからである。まさにこれこそが，人間だけが道徳的に重要である，という考えである。エコロジズムは人間以外の生物も道徳的に重要であるという見解の形で真実を表現していると考えているのだ。

この考えを受け入れたからといって，具体的な政策規定は異なる道徳的見解をもつ人々が提出したものと事実上，何の違いもないとしても，これが正しい見解なのだという主張が相変わらずなされている。現在の状況では意見が一致しているにしても，今後もずっとそうである，と信ずるだけの先験的な（*a priori*）理由はないのである。ノートン自身が触れているように，異なる立場の間の同盟関係は新しい状況において，根本的な価値観の違いが表面化した途端に決裂するだろう。例えば，ノートンが科学に基づく相互連関性を強調しているのに対して，私たちが私たちと何の関係もない生物圏を有する惑星に遭遇し

たらどうすればよいのかを決める上でこれは役に立たないのではないか，という指摘がなされるかもしれない。私たちはこれを無限に利用してよいのだろうか。

この種の理由から，政治的イデオロギーの唱道者たちの大部分は単に特定の政策が遂行されることを望んでいるのではなく，彼らが正しいとみなす理由，すなわち，彼ら自身が支持する理由でその政策が遂行されることを望んでいる。というのも，こうすることによってのみ，競合するイデオロギーと偶然重複する部分や全く違う方向に脱線する恐れのある部分ではなく，イデオロギーの全体的企図の成就が保証されるからである。

だからこそ，エコロジズムの道徳的主張に取り組まなければならないのだ。それでは，これらの議論に対するノートンの批判はどのようなものなのだろうか。彼が批判の対象とするのは，人間以外の自然は人間にとっての道具的価値の有無にかかわらず，内在的に価値をもつ，すなわち，それ自体として価値をもつという主張である。まず，ノートンは，価値判断者がいなくても価値が存在しうると仮定している点に矛盾があるとして，この主張を批判する。もし生物圏が内在的価値をもつのだとすれば，この価値はそれを認識できる価値判断者が現れるまでの何十億年もの間存在してきたと仮定しなくてはならないだろう。そのような価値は世界に客観的に存在しているとみなされなくてはならず，それが存在するという認識は一つの発見とみなされる必要がある。このような考え方はそうした価値と人間の文化との間のどんな関係も断ち切ってしまう。そのような価値の存在はそうした直観的行為によってのみ認識されるものであり，ある特質をいかなる理論とも相関させずに直接認識したものとみなされるだろう。というのも，あらゆる理論は（科学理論も含めて）文化的構築物であり，一定の仮説に従がった場合（ex hypothesi），こうした価値は文化から独立して存在するからである。

同様に，そうした直観的行為はデカルト（R. Descartes）のパラダイムにした

---

(6) Norton (1991), pp. 234-237.

がって，人間の知性には自明の真理と直接遭遇する能力があると仮定する，二元論的な人間知性論の観点からしか理解できないものである。というのも，両方とも非物質的な領域に存在すると考えられているからである。客観的価値の概念に対するこの二元論的・直観主義的アプローチは擁護不可能であることがすでに証明された認識論的基盤に基づいているだけでなく，道徳的独断主義をもたらす方法でもある，とノートンは指摘する。直観を働かせることによって，そのような客観的価値の存在を「発見」するか，それとも，「発見」しないかのいずれかでしかないからだ。どちらにしても，議論は不可能である。

　しかしながら，内在的価値の概念を完全に拒絶することもまた問題を孕んでいる。その問題とは，この概念は「道具的価値」(instrumental value)の概念と対立関係にあるということである。私たちが「道具的価値」の概念だけを用いなくてはならないとすれば，私たちは「悪しき無限後退」(vicious infinite regress)に陥ってしまうだろう（訳註：「無限後退」とは哲学用語で，ある事柄の成立条件を無限に求めていくことを意味している）。事物の価値を何か別の事物を達成するための手段として説明することしかできなくなり，その別の事物の価値も同様の観点から説明することしかできなくなる。もしそうであったならば，私たちが事物の価値をうまく確定することなどなかったであろう。というのも，事物が所与の目的の手段としての価値をもつということはその所与の目的に価値がある場合にのみ，その事物の価値を確定するからである。無価値な目的の手段はそれ自体として無価値なのだ。それに加えて，当然のことであるが，人間が「それ自体として」，価値をもつということは，長きにわたり道徳理論の構築の要であった。人間は道具的価値をもつものとしてのみ扱われるだけでなく（最も，そのような価値をもつことは否定できないのだが），常に内在的価値をもつものとして扱われるべきなのだ。

　したがって，そうした理由から，内在的価値という概念を保持しておく必要があると思われる。では，ノートンが明らかにしている認識論的・形而上学的な窮地に陥ることなく，その概念を保持するにはどうすればよいのだろうか？彼が提示している解決法は，価値判断者がいなければ価値は生じえないという

主張を繰り返すことであり，また，私たちが価値について述べるためには私たちが参照しなくてはならない非道具的価値に，「固有の価値」(inherent value)という語を用いることである。しかし，そのような概念が所与のものではなく，人間の文化によって構築されたものとみなされるべきであることは明らかだ。[7]ひとたび私たちがこの点を理解すれば，価値についての自らの立場を表現する際に，私たちはその概念を用いることができる。その際，あらかじめ存在していて，人間の生や文化が仮に消滅した後でも存在し続けるような客観的に実在する属性にコミットする必要もなく，あるいは，私たちが文化を超越したそれらの属性の発見を説明するために仮定しなくてはならない精神の二元論にコミットする必要もないのである。

　しかし，明らかに，この問題に対するノートンの解決法は実際には内在的価値を批判しているというより，人間以外の生物に内在的価値があると考えたい人々の立場を明確にしている。そうした人々にとって重要なことは，ヒューマニズム的な「道徳言説」(moral discourse)に特有の特権を与えるような道徳用語を，たとえそれらが認識論的に説明されるべきであるとしても，人間以外の生物の特徴を記述することにも利用することである。エコロジズムは，ノートンが好む言葉を用いて，人間以外の生物の「固有の価値」を語るだろう。また，それは「固有の価値」という概念が文化的に構築，展開されたものであることを容認するかもしれない。その結果，自らその主張を認めさせるという仕事は文化を超越した直観行為に基づいているために，ただそれを独断的に宣言すれば済む，という問題ではないことをエコロジズムは認めるだろう。しかし，エコロジズムの道徳理論がもつ，根本的な方向転換を促す性格は何の影響も受けないだろう。

　さらに，その主張の内容はノートンが記述したこととほぼ同じ，すなわち，人間以外の自然は人間にとっての道具的価値の有無とは関係なく，それ自体で価値をもち，したがって，過去，または，未来に人間が存在しなくても，それ

---

(7) Norton (1991), p. 236.

はこの価値を保有しているというものであるだろう。人間にも固有価値が与えられるのならば，結局のところ，ヒューマニズム的倫理は人間に関してこれに類似した見解を受け入れなくてはならない。例えば，唯一生き残っている人間は，たとえ仮説によって (ex hypothesi)，他の人間にとっての道具的価値をもつことができず，彼らが是認するような固有の価値をもつこともできないとしても，その生存者はそれ自体で価値をもつ[8]。これはすでに述べたように不可欠な固有の価値という概念の論理の問題である。

　これに対して，前述の例においては，その最後に生き残った人間自身が自らに固有の価値を与えるではないか，と言えるかもしれず，それにより，私たちがこの状況を理解し，「価値判断者なくして，価値はなし」(no value without a valuer) の原則を保持することは可能になるかもしれない——もっともエコロジズムが提出する仮説について人間や他の適切な価値判断者が周辺にいなければ，固有の価値などありえないのだが。しかし，これは間違った見解である。最後の人間が自己嫌悪に苦しんでいるとしたらどうだろう。その人の目には，固有の価値など全く見えないかもしれない。しかし，そのような存在が問題をどうみているにせよ，それは固有の価値をもつ，というのがヒューマニズム的倫理の含意である。自らに固有の価値があると考えない人間がその問題について最終決定権をもつという見解を私たちは通常受け入れない。個人が自らをどうみるにせよ，人間にそのような価値を帰属させることには十分な根拠が必要である，と私たちは考える。

　したがって，ノートンの主張とは反対に，人間以外の自然は内在的価値をも

---

[8] ジョン・バリーが私に気づかせてくれたことだが，ジョン・オニール (John O'Neill) は，*Ecology, Policy and Politics* (1993)（金谷佳一訳『エコロジーの政策と政治』みすず書房，2011年）の第3章で，生きている人間は死者の評判や未完の事業を適切に扱わないことによって，死者に損害を与える可能性がある，と論じている。したがって，唯一生き残っている人間は死者にとって道具的価値をもつのかもしれない。しかしながら，私はこの考えに疑いをもっている。その人間が道具的価値をもつかどうかは，その人が自らの子孫に何かを伝えるかどうかにかかっており，この事例にはそれが欠けている。オニールのこの主張については，次章でより直接的に扱うことになるだろう。

つという主張は批判されていない，と結論づけるべきである。当然のことながら，「これは自明である」と述べるだけで済ませるようなことはしたくない――そのようなことをしないのが望ましいと思われるのだが――のであれば，その場合には，そのような立場をどう立証するのかという大きな問題はある。少し後で，「自己」の概念に基づいた内在的価値の証明に努めているフレイヤ・マシューズ（Freya Mathews）の主張を検討する。

　何かに内在的価値を帰属させることには認識論上の問題がある，と述べている点でノートンは正しい。しかし，たとえ私たちがそのような考えを文化的構築物とみなし，「固有の価値」という言葉を用いるとしても，その問題が解決されるわけではない。ノートンは，「固有の価値」という語が用いられるような価値判断を自らの理論の観点からどう正当化すべきかについては説明していない。発見されるのを待っている「客観的価値」（objective values）の概念を否定する場合に，固有の価値，ないし，内在的価値を付与するという判断がいかにして相互主観的な妥当性をもつようになるのか，ということの説明が必要となる。

　事実，客観的価値に伴う問題は形而上学的なものであり，認識論的なものではない。大雑把に言えば，価値判断は論理上，何かを攻撃するとか何かを守るというような行為を含意する。それゆえに，客観的価値は決定されるものというよりは発見可能なものでなくてはならないにもかかわらず，論理上，それは発見者の側の行為を含意する。こうなると客観的価値はとても奇妙なものになる。形而上学的に奇妙だからといって，そのことがその概念を決定的に容認不可能なものにするわけではない。というのも，形而上学，ならびに，フレイヤ・マシューズが探究しているような近代科学のより形而上学的な領域は日常的思考からすれば，理解し難いような概念で満ちているからである。しかし，可能であれば，そのような奇妙さを避けることが最善である。[9]

　ノートンの議論の考察から導き出される結論は，第一に，エコロジズムは人

---

[9] 客観的価値の形而上学的な「奇妙さ」をさらに論じたものとしては，Mackie, J. L. (1977), *Ethics: Inventing Right and Wrong*, pp. 38-42 を参照のこと。

間以外の生物の内在的価値，ないし，固有の価値を支持することによって，倫理学における客観主義的な立場を取っているわけではないということ，第二に，エコロジズムが提起する主な問題はエコロジズムの誕生以来，道徳理論を構築する際に悩みの種となってきた認識論，ないし，形而上学的難問に関するものではない，ということである。むしろ主な問題は人間以外の生物は何らかの道徳的地位をもつとみなされるべきなのかどうか，また，もしそうだとして，その道徳的地位は私たちが人間に帰属させてきた地位と同じものなのかどうか，といったことに関する根本的な道徳的問題である。

　それでは，人間以外の生物には道徳的配慮の対象となる可能性があることを認めさせるために，エコロジズムが利用しようとしてきた論争上の戦略を考察することにしよう。

一貫性論

　ここで用いるべき明白な第一の戦略は，まず，人間が道徳的配慮の対象となる可能性をもつことの根拠となる特徴を分析し，次にその特徴が人間以外の領域にも見出されることを証明することである。その段階に至ると，議論は人間，ならびに，人間以外の生物に関する，取り扱いの「一貫性」(consistency) を訴えるものに変わる。そうなれば，そのように「一貫性」を訴えることに抵抗することは特定の種だけを恣意的に選好することの現れだとして適切に批判することが可能となる。これは，すでに述べた「人間至上主義」，もしくは，「種差別主義」に対する批判である。

　第一の戦略が機能するためには，いくつかの点を明確にしなくてはならない。

① まず，人間が道徳的配慮の対象となる可能性をもつことの根拠を正確に，あるいは，少なくとも擁護可能な形で述べる必要がある。
② この文脈において，人間以外の生物の領域には何が含まれるのかをより正確に特定する必要がある。他の個体すべてなのか。感覚を有する

生物といった一部の集団に属する個体だけなのか。種や生態系のような全体論的存在なのか。
③ 一貫性は道徳的思考の必要条件であることを証明することによって、「一貫性論」（consistency arguments）を擁護する必要がある。それがそうした道徳的文脈において適切な論拠なのかどうか、疑問視する人々がいるためである。[10]

この一般的領域において、2種類の一貫性アプローチが、道徳的配慮を人間以外の生物に拡大しようと努めてきた。これらのアプローチは互いに異なる衝動に端を発しており、一部の人々はこれらを相互に矛盾するものとみなしてきた。しかしながら、それらを共通の基盤に収斂するものとみなす方がより正確である。

第一のアプローチは、「動物解放」（animal liberation）の思想と関連している。ピーター・シンガー（Peter Singer）、トム・レーガン（Tom Regan）、その他の人々の仕事に示されているように、これは快や苦を経験する能力、もしくは、「生命の主体」（subject of a life）である能力、あるいは、何らかの意味で自律的である能力といった、人間的な生命、および、人間以外の生命が有する特徴を選び出す。[11]次に、こうした能力のどれかをもつことは人間であろうとなかろうと、個々の有機体に道徳的行為者の配慮を受ける資格、あるいは、もっと強い言葉で言えば、そうした行為者から一定の種類の取り扱いを受ける権利を与えるのだ、と主張する。

このアプローチは、シンガーの功利主義が例証しているように、人間以外の生物が個体として道徳的熟慮の法廷に入ることを許す。ただし、そのアプローチは人間以外の存在すべてを対象としているわけではない。というのも、必ずしも人間以外のすべての存在が道徳的配慮の対象となる可能性を授けられるよ

---

[10] 例えば、Cooper, David (1995), 'Other species and moral reason' を参照のこと。
[11] Regan, Tom (1983), *The Case for Animal Rights* と Singer, Peter (1995), *Animal Liberation*（戸田清訳『動物の解放』技術と人間、2002年）を参照のこと。

うな特性をもっているわけではないからである。一般的に，道徳的配慮の主たる幸福に対して道具的重要性をもつことが証明できる場合にのみ，特定の生息環境といった人間以外の存在は重要性を与えられている。

　第二のアプローチは，例えば，ローレンス・ジョンソン（Lawrence Jonson）のアプローチが挙げられるが，幸福の能力のように，明らかに個々の有機体のみならず，種や生態系のような全体論的存在にも適用されうる特性に焦点を当てている。したがって，そのような理論は人間中心主義的倫理に典型的であるように，個々の（人間）存在にのみ関心をもつのではなく，それを遙かに超えて拡張されているのだ。この第二のアプローチは種，生態系（「土地」），生物圏全体といった全体論的存在物の生存と幸福の持続を主たる関心とする，生態系中心主義者たちに特有のものでもある。

　この分野におけるいくつかの生態系中心主義的見解（例えば，「ガイア仮説」（Gaia hypothesis）に触発された見解）においては，こうした実在物のどれかがそれ自体として「超有機体」（superorganism），もしくは，「疑似有機体」（quasi-organism）とみなされ，それゆえに，このアプローチは第一のアプローチの方向へ向かうのである。そのような見解の正しさは生態系のような実在物をどのように個体化すべきかという問題のみならず，生態系のような実在物がホメオスタシスといった自己組織化能力をどの程度もっているのかという問題に左右される。

　しかしながら，第二のアプローチの主要な考え方は自己組織化能力とそれに関連した幸福の能力は人間のような有機体が道徳的配慮の対象となる可能性を得る要因となるような重要な特性であるというものである。人間以外の存在がそうした能力を実際にもつということがひとたび受け入れられれば，次のような一貫性論を展開することが可能になる。すなわち，そうした能力をもつという理由で人間に道徳的配慮を受ける可能性を与えるのであれば，感覚をもたない有機体や前述の「超有機体」と推定されるものも含め，人間以外の生物にも人間と同様の地位を与えなくてはならない，という主張である。

---

(12)　Johnson, Lawrence (1993), *A Morally Deep World*.
(13)　例えば，Callicott, J. B. (1989), *In Defense of the Land Ethic* を参照のこと。

第4章　エコロジズムの道徳理論

　この2種類のアプローチは単一のスペクトル上のさまざまな立場を代表するものと考えるのが最もよいのであるが、それらは共に「道徳的ジレンマ」（moral dilemmas）と「道徳的トレードオフ」（moral trade-offs）に直面している。シンガーとレーガンのアプローチは、（道具的考慮によって）道徳的に優先される生物の利益を保護する上で必要ならば、おそらく犠牲にされるおそれのあるすべての生物については、直接留意することはない。生態系中心主義的アプローチは種、生態系、生物圏の幸福（全体性、美など）のため、感覚を有する多くの有機体の死や苦痛を黙認しているようにみえる。両方とも、人間と人間以外の生物との間の利益の衝突をうまく処理できない。もっとも、すでに触れたように、厳密に言って、人間の利益になるとはどういうことかをより十分に、より深く理解することが明白な衝突をいくらかでも予防する、と期待されているのだが。

　しかしながら、そうした理論家たちの間にみられる、どのようにして道徳的配慮を人間以外の生物に拡大するのかをめぐる相違や彼らのアプローチが導入するさまざまな道徳的配慮の間のバランスをどのようにとるのか、に関する相違は彼らと「人間に限定された」（あるいは、よりカント的な表現を用いるならば、「合理性的存在に限定された」）道徳観を固く信奉する人々との間にある相違ほど重要ではない[14]。また、道徳的配慮の対象となる可能性を快楽や苦痛を感じることのできるすべての生物に拡大したベンサムの功利主義的アプローチが示すように、最初は人間中心主義的な理論であったものが、緑のアジェンダが関心や論争の対象となる随分前に、このような方向へ向かい始めていたことも明らかである。当然のことながら、これが一貫性アプローチから期待されることである。人間の影響下にある人間以外の生物の現実の幸福に関する懸念とは無関係に、人間が一貫性をもって、自らの道徳的関心を人類だけに限定することができるかどうかということを問う理論家が遅かれ早かれ、現れるであろう。

　一貫性論の重要な要素は当然、次のような考えに抵抗することである。すな

---

[14]　こうした相違を研究した標準的論考は、Goodpaster, Kenneth (1978), 'On being morally considerable' である。

わち，人間が道徳的配慮の対象となることの根拠は，人類のすべての構成員がもち，しかも，人類の構成員のみがもつ，そうした何らかの特性を人間がもっていることである，という考えだ。このようなものと推定される特性は2つの範疇に分類される。第一に，不滅の魂の保有というような，それが存在することを既知の経験的手段によって立証することができない属性がある。道徳的配慮の対象となる可能性を人間以外の存在へ拡大することに抵抗したい人々が道徳的配慮の焦点を人間の場合に限定することの根拠として，常にそうした属性を引き合いに出すことができるのは明らかだ。当然のことながら，この見解を支持する人は誰もがそのような排他性も主張するというわけではない。宗教的な「神の信託管理人」(stewardship) の伝統は今なお，経験的に検証可能ではないにしても，人間以外の存在は道徳的配慮の対象になるだろう，という結論への別のルートを可能にするだろう。しかしながら，こうした見解の正否は神学的な問題であり，特にそのような問題の解決には論理だけでなく，聖書の解釈も必要とされるために，その解決が難しいことは大変よく知られている。

　第二の範疇には理性，言語使用，自己意識などのように，それが存在することを経験的に確かめることができる特性が含まれるが，それらは道徳的配慮の対象となる可能性の根拠とみなされ，人類だけがもつ特性と考えられている。これらに関して，エコロジズムの戦略は次の点を示すことであった。これらの特性はすべての人間を特徴づけているというわけではなく，また，全生涯を通じて一人の人間を特徴づけているというわけでもないということ。それらは人類だけの特性ではないので，道徳的配慮を人間以外の存在にまで少なくとも多少は拡大することが必要であること。それらは程度の差を許容する複雑な属性なので，それらを用いることによって明確な道徳的境界線が引けるわけではないこと。そうした特性と道徳的配慮の対象となる可能性の関連性には，疑問の余地があるということ，などである。

　したがって，これらの主張が導く結論は次のようなものである。道徳的配慮の対象となる可能性に関係しており，また，人間だけが保有しているものとして引き合いに出される特性は，第一に，すべての人間が保有するものだとは限

らず，また，人間が常に保有しているものでもないことがわかる。第二に，仮にすべての人間がそれを常に保有しているとしても，それは人間だけがもつ特性ではないことがわかる。この第一の特性を選ぶならば，すべての人間に関してはある一定期間，一部の人間に関しては全生涯にわたって，道徳的配慮の対象となる可能性を否定しなくてはならない。第二の特性を選ぶならば，人間以外の存在は道徳的配慮の対象となる可能性を与えられる。前者の可能性は道徳的に不快であるので，私たちは後者を選択し，人間以外の存在に道徳的配慮の対象となる可能性を拡大することを認めなくてはならない。

　もちろん，すべての人間が保有していることを保証され，なおかつ，人間だけが保有している特性がある。すなわち，それは人間であるという特性である。しかしながら，これは道徳とは無関係な特性であるに違いない，と政治的エコロジストたちは主張する。なぜ，特定の種に属することがある有機体に道徳的配慮の対象となる可能性を授けるのにそれ自体として十分なものとされるべきなのか。十分であると考えることは特定の種を他の種よりも恣意的に道徳的に選好するという，「種差別主義」（speciesism）の罪を犯している。トニー・リンチ（Tony Lynch），および，デービッド・ウェルズ（David Wells）による最近の主張はそのような選好は恣意的なものではなく，人間であるということは道徳的配慮の対象となる可能性にとって必要，かつ，十分な条件であるということを証明しようと努めている。この主張に基づいて，人間と人間以外の存在との間には道徳的トレードオフの問題などありえないという結論が出されているので，それについての考察はそうした道徳的トレードオフについて直接，論じている次章で検討したいと思う。[15]

　一貫性論は道徳的批判の強力な道具であるので，それを用いる環境哲学者たちはこれまで次のような点を示すことに成功してきた。すなわち，人間中心主義的な立場はいかに努力しようとも，人間のみが道徳的に重要であるということを論理と経験的に検証可能な仮説のみによって証明することはできないので

---

[15] Lynch, Tony and David Wells (1998), 'Non-anthropocentrism? A killing objection'.

ある。しかし，必然的に，そのような主張は決定的なものとはなりえない。すべての人間が保有し，しかも，人間だけが保有するような道徳に関連した特性，一貫性アプローチに抵抗するような属性が発見される可能性は常に存在する。しかし，これはあまり効果的な異論ではない。人間の倫理思想史からみて明らかなことが一つあるとすれば，それは，最終的な主張はおそらく道徳理論のどこにも見つからないということだ。

しかしながら，この点は人間以外の世界のできるだけ多くに内在的価値を付与することを主張しようとする，第二の戦略を魅力的なものにする。妥当な論拠によってそのような価値を立証できれば，「内在的価値」が何を意味するかを前提として，人間以外の存在に道徳的配慮の対象となる可能性をそれ以上論証をすることなく，付与することができるだろう。それでは，内在的価値をどのように擁護できるのか，について考察することにしよう。

内在的価値

あるものは，それ自身のために価値があるとみなされる限り，「内在的価値」（intrinsic value）をもつ。第2章で述べたように，マシューズは自己保存と自己実現を行うシステム，すなわち，自己は内在的価値をもつ，と論じている。では，彼女の主張について考えてみよう。[16] 論証の基本的な手順は，以下の通りである。

① いかなる自己（S）も，自己保存と繁栄をめざしている。
② したがって，必然的に，Sは自分自身のために自分自身に価値を与える。
③ したがって，Sは必然的に内在的価値をもつ。
④ 道徳的主体は，Sの内在的価値を認識する能力をもつ。

---
[16] これから紹介するマシューズの主張は，Mathews (1991), *The Ecological Self* の pp. 118-119 で述べられている見解を筆者が要約したものである。

⑤ 道徳的主体がSの内在的価値を認識した時点で、彼らは、他の事情が同じならば（ceteris paribus）、Sを保存・保護する義務を負う。

　この主張は本章で先述した客観的な方法で自己の内在的価値を立証することを目的としている。すなわち、Sとは別の、意識をもつ道徳的存在がSは内在的価値をもつと判断する際に行っていることは、彼らが行った発見を記録することであり、Sをそれ自身のために価値をもつものとして分類するために行った選択を示すものではない。後者は可能ではあり、マシューズはSとは別の「価値判断者」（valuer）がSに内在的価値を付与することを選んだという問題であることを示すために、ノートンのようにそれを「固有」の価値という現象に分類している[17]。

　しかしながら、この主張はまた、これまでみてきたように、多くの人々が論理的に必要なものだと主張してきた、価値と価値判断者との間の結びつきを維持してもいる。したがって、それはノートンが突き止めた問題の回避を約束する。だが、必要な結果を得るためには、「価値判断」（valuing）には何が含まれているかを正しく解釈しなくてはならない。当然のことながら、価値判断者はS自身である。この見解に基づけば、Sは価値判断者とみなされるために、自己意識どころか感覚能力すらもつ必要はない、とマシューズは言う。自己保存と自らの繁栄の条件を追求するSの内在的傾向が「価値判断」の一例だとみなされているのだ[18]。したがって、そのような自己はここでもまた、完全に客観的な観点から特定可能な「善」ももつ[19]。すなわち、人間の観察者は原理上、観察対象である自己の「善」、つまり、自己の保存と繁栄に貢献するものを認識できるようになる[20]。

---

[17] Mathews (1991), p. 178.
[18] Mathews (1991), p. 104.
[19] Mathews (1991), p. 103.
[20] 人間以外の有機体が道徳的配慮の対象となる可能性について、ポール・テイラー（Paul Taylor）が *Respect for Nature* の p. 75 で同様のことを述べている。私たちは人間によって内在的価値や道具的価値が与えられているかどうかに関係なく、また、他の実在物の善とは

前述の主張における重要なステップが③から④への移行であることは明らかだ。しかしながら、これは次に挙げる反論を受けやすい。前の段落で述べた内在的価値と「自己自身のために価値判断をする」ことに関する解釈を受け入れるならば、人間の観察者は、SはSにとって内在的価値をもつことを理解できるように気になる。これは、「価値判断者なくして、価値はなし」という原則が示唆していることである[21]。しかし、一体、どうしてそのことが人間の観察者のようなS以外の存在にとってSは内在的価値をもつということを証明するのだろうか。SがSにとってもつ内在的価値がどうしてS以外の存在にとっても意義をもたなくてはならないのだろうか。

この問題を避けるために、②の段階を完全に取り除こうとするかもしれない。そうなると、直接①から③へ移行することは、自己であり、それゆえに、自己性を定義する特性をもつという理由だけで、自己に内在的価値が備わっているとみなすことに等しい。「価値判断者なくして、価値はなし」という前提を捨てた場合には、この移行をSには他の特性に加えて、ある客観的特性が存在することを記録しているものとして解釈することが可能である。しかし、そのような価値属性は前述したように、形而上学的に奇妙なものとたびたび考えられてきた。

より基本的な問題はそのような客観的、付随的な属性が存在するという主張が根拠のない断定を伴っているようにしかみえず、それを否定しても論理的矛盾は全く生じないようにみえるということである。したがって、このことはマシューズの主張が当初もっていたような論理的説得力を私たちが失い始めてい

関係なく、それ自身の善をもつ実在物に「固有の価値」を与えなくてはならない、と彼は主張している。何らかの実在がこの種の固有の価値をもつという命題には、その存在が道徳的に配慮可能であること、したがって、すべての道徳的行為者はその実在の善それ自体を目的として、また、その実在自身のために、その善を保存し、推進する明白な義務を負うということが必然的に伴う、とテイラーは主張する。

これにより有機体の道徳的地位と機械のように相互作用する部分から構成される複雑な生命をもたない道徳的地位を区別できるようになる。というのも、後者はそれ自身の善をもたないからである。

[21] この原則は Mathews (1991) の p. 105 で支持されている。

ることを意味している。

　さらに、「価値判断者なくして、価値はなし」という前提を逆に復活させたとしても、①から③への移行は、事実上、自己をどう価値づけるかということについての人間の選択を示すことになるだろう。そうなると、それはマシューズの言葉で言うと「固有の価値の一例である。これによって『奇妙さ』の問題は避けられるが、その主張は主観主義という非難を受けやすくなる。すなわち、『自己』に内在的価値が備わっているというあなたの考えに他の人々に同意させるのに利用できる明白な議論上の戦略などないという主張がなされるだろう。私たちがそのような価値づけをするのは自由だが、その場合、そうした価値づけは自由主義思想家が即座に「ライフスタイル」(lifestyle) の選択と呼ぶようなものを実際表明しているのであり、そうなればエコロジズムのプロジェクトは「善き生活」に関する多くの見解のうちの一つにすぎなくなる。

　ここで留意すべきことは、自己に内在的価値があることを他の人々に認めさせるようなある種の主張は明らかに功を奏さないようにみえるということである。その主張は、人間は自己であるということから出発し、それゆえに、（少なくとも正常で成熟した）人間は自らに内在的価値を必ず与えると強く主張することは理に適ったことであるようにみえる、とまず、述べるだろう。その上で、人間は一貫性という観点から最も単純な有機体を含む他の自己にも価値を与えなくてはならない、という主張しようとする。

　こうした試みには次のような問題がある。すなわち、自分自身に内在的価値があることを受け入れている人間に、他の自己、他の人間にさえも内在的価値があることを認めるよう論理的に強制するものがないのは明らかだという問題である。これは道徳哲学における、「かの有名な問題」、すなわち、一人称の場合における前提（自分自身をどうみなくてはならないか）から二人称・三人称の場合における結論（他者をどうみなくてはならないか）へといかにして移行するか、ということに関する問題の一種である。カント (I. Kant) は考察を理性的存在者に限定し、理性的存在者は必然的に自らの理性に価値を付与するということを証明し、理性は一貫性を必要とすることを示し、そして、理性的存在者は理

性に価値を付与する限り，他の理性的存在者にも価値を付与しなければならない，と結論づけることによって，この問題を解決した。[22]

　この解決法がうまくいくのも，理性という概念が特異なものであるからにすぎない。それは理性的でない存在者には当てはまらないために，エコロジズムの目的に適うものではない。しかし，マシューズが特徴づけたような自己の概念は，自己である人間の価値判断者に自己矛盾に陥るのを覚悟の上で，自分以外の他の自己にも内在的価値を与えることを強制させるような同様の特異性を何一つもっていないように思われる。マシューズや他の人々が人間以外の自己は自己保存，および，自己実現をする実在物として，カントの言う理性的存在者と同じ「目的それ自体」(ends-in-themselves)の範疇に含まれる，と主張することを望んできたことは事実である。[23] しかし，カントが理性をその範疇に入れるための必須の特徴とみなしていることは明らかだ。そうすることで，カントは論理的誤謬を犯していると断ずる理由は全くないと思われるし，彼が道徳的に近視眼的だと断ずることは全く論点のすり替えだと思われる。

　ジョン・オニールが独自に提唱するさらなる議論上の戦略は実際には，前述のマシューズの主張の①，②，③を提示し，それから次に述べることを提案したものである。「道徳的行為者」(moral agents)ではない他の自己も善を有すること，それゆえに，道徳的行為者はそうした他の自己の善を促進するために行動すべきであることを道徳的行為者が受け入れると仮定しよう（訳註：moral agentsは一般的には，道徳的主体者，道徳的主体，道徳的行為者といった形で訳出されているが，ここでは，道徳的行為者として訳出している。この用語と類似したものとしては，moral actorsがあるが，これも道徳的行為者として訳出している。この二つの用語は道徳的行為者として統一して訳出していることに留意していただきたい。その他，第6章の註10では，moral subjectsを道徳的主体として訳出している）。これは道徳的

---

[22] Kant, Immanuel (1948), *Groundwork of the Metaphysic of Morals*, trans. by H. Paton as *The Moral Law*, p. 91 （土岐邦夫・観山雪陽・野田又夫訳『人倫の形而上学の基礎づけ』中央公論新社，2005年，298ページ）。

[23] Mathews (1991), p. 119.

行為者であるかどうかにかかわらず、内在的価値をもつ他の存在の善を道徳的行為者の善と同等なものとみることができるような、より高度で普遍的な観点に道徳的行為者が立つことができるようになることである。私たち自身のような道徳的行為者に特有の能力であるそうした客観的、普遍的観点をとることはそれ自体、そうした存在者にとっての善の重要な一部である。アリストテレス（Aristotelēs）が論じたように、人間の友情において、相手のために相手を思いやることが私たちの善の一部であることを私たちが知るのとちょうど同じように、他の自己の善を考慮に入れることもまた、私たちの善の一部なのである。[24]

　当然のことながら、この主張は人間の自己利益に基づく主張の一種とみなされるだろうし、それゆえに、エコロジズムの視点からすると、容認不可能なほどに人間中心主義的だとみなされるだろう。しかしながら、すでにみたように、何らかの形の人間中心主義を避けることは困難であり、その理由は完全に人間中心主義的な道徳理論全般において、「なぜ、私は道徳的であるべきなのか？」という懐疑的な問いに対して、「そうあることが最もあなたのためになるからだ」と何らかの形で言うこともせずに答えるのは非常に難しいのと同じである。これは利他主義を標榜する道徳が支持すると考えられているものとは明らかに正反対である、利己主義の一種とみなされるだろう。

　道徳的議論一般の場合と同様に、このオニールの返答の現実的な問題は、自らの行動原理として他者の善を受け入れることは適切に理解すれば実際には、自らの「善」の一部であるということを懐疑的な人々にいかにして納得させるかという点にある。その主張は特に人間だけに適用される（というのは、人間は互いを是認することができるからであるが）打算的な主張として書き直される時、懐疑的な精神にもよりたやすく受け入れられるものとなる。しかし、一般の道徳理論家は、特に、エコロジズムの支持者はそれを適切な戦略として受け入れることはできない。とはいえ、そうした主張は道徳的主張としては圧倒的に強力というわけではないことは明らかであり、それを拒否したからといって思想

---

[24] O'Neill, John (1993), pp. 23-25（邦訳38-41ページ）を参照のこと。

的に不品行を働いたことにはならない。もっとも，その主張を受け入れた人々はそれを受け入れた方がそれを拒否した場合よりもよい人生を送ることができる，と固く信じるだろう。

したがって，マシューズは人格ではなく，それゆえに，道徳的行為者ではない自己の内在的価値を道徳的行為者である他の自己がその価値を受け入れざるをえなくなるような仕方で証明することができなかった，と結論づけてもよいだろう。しかし，エコロジズムは依然として，何らかの，そうした主張を必要としているのである。

内在的価値と「驚異性」

人間以外の存在の内在的価値を擁護できるような，もう一つの主張を考察することにする。まず，多くの人々が他の有機体や種について感じていることはおおむね次のようなものである，ということを指摘しよう。異なる生物——動物，植物，バクテリアやその他何でも——はそれぞれ，それなりに驚異的である。それぞれが生命のより大きな驚異をさまざまに体現している。生命はその具体的な表れの中にのみ存在するのだから，生命を驚異的なものであるとみなしておきながら，その具体的な表れに無関心であることはできない。私たちはここで，第3章で「バイオフィリア」(biophilia) と呼ばれていた現象の一側面に戻っている。

そうした生命の具体的な表れの中には，その「驚異性」(wonderfulness) が他のものよりも人目につきやすいものがある。しかしながら，いかに下等であろうと，「原始的」であろうと，小さかろうと，生物の公平な研究がもたらす報酬や利益の一つはそうした生物が生命の「驚異性」の一部を独自のやり方で体現していることを明らかにするということである。生物学の発見を普通の人[25]

---

[25] ここで，第2章での有意味性の議論との関連ですでに出会ったロールストン (H. Rolston) のテーマ，すなわち，物語の役割に触れるのが適切である。というのも，私たちが「驚異性」を感じているということは，生物について私たちが語る物語——それらの「博

にも理解可能なものにして普及させる人々はこの新事実をそれを自分の力で得る時間や専門知識のない何百万もの人々に広めるという重大な任務を遂行しているのだ。当然，そうした事柄に気がつかない，あるいは，無関心な人は常にいるであろう。しかし，多くの，おそらくほとんどの人々はこの「驚異性」を認識する能力を少なくとも多少はもっているのだ。

　ここで重要な点はこの驚異的であるという性質を人々が物それ自体に備わっている性質とみなしていることである。それは全く主観的な反応とはみなされていない[26]。したがって，この見解をもつ人々は当然のことながら，次のような考えをもっている。すなわち，「驚異性」の一部を喪失するリスクは，特にそれが回避可能な人間の行動に起因する場合には，できれば回避されるべきである，という見解だ。

　もちろん，「驚異性」は心地よさや無害と同じではない。地球上の生物には，最も熱心な探検家ですら気味が悪いと思うようなものが数多くいるし，そういった生物の中にはさまざまなバクテリアやウィルスのように人間に直接害を及ぼすものもある。しかし，こうした存在でさえ「驚異性」の表れなのだ。

　それに加えて，私たちが知る限りでは，私たちはこの「驚異性」を認識することのできる唯一の生物である。しかし，無数の生物が驚異的であり，このこ

物誌」——に体現されているからだ。単に生物の各器官や相互関係を列挙するという問題ではないのだ。

[26]　ロールストンは，自著 *Environmental Ethics* (1988) の p. 26において，この感情の正当性を次のように説明している。

　　人間はその驚異的な頭脳に適合するような十分に洗練された環境を望んでいる。私たちは別の視点から，(驚異的な頭脳の中で起こっている) そのような驚嘆の念がその誘因となるのにふさわしいものが存在すること——それは，自然が内在的に驚異に満ちた場所である，ということを示唆する——そうしたことなしに生じうるのかと問いかけている。

　この別の視点は，当然のことながら，人間と人間以外の自然を相互連関しているとみなす自然主義の視点である。したがって，これは人間の個々の価値づけを自然界の価値創造プロセスの中で出現する生物から期待できるものとして理解している。

とは道徳的行為者（moral actors）がそうした生物に道徳的配慮の対象となる可能性を与える根拠——最も強力な根拠——になる，という主張の正しさとその事実は何の関係もない。

　さらに，すべての個体は死を迎えるのであるから，それらはこの「驚異性」を一時的に体現しているにすぎないこと，また，個体はそれが属している種が存在するおかげで今の形態で存在しているにすぎないこと，こうしたことを私たちがひとたび理解すれば，種の保存，ならびに，生息環境——その中で種は進化してきたのであり，その種特有の形態は生息環境のおかげである——の保存を明確に主張をすることになるだろう。すなわち，種を構成するかもしれないような遺伝的物質だけを保存するのではなく，種をその生息環境と共に保存する根拠を私たちは手にすることになるのだ。

　この主張はそもそも道徳的な主張なのだろうか。この主張が用いている「驚異性」の概念は道徳的概念というよりもむしろ美的概念であると思われるだろう。その概念が美的概念に分類されるとすれば，多くの人の目には，これがその主張を損なうことにつながると映るかもしれない。というのも，美的属性はどんなに魅力的であろうとも，道徳的配慮の対象となる可能性という主張を基礎づけるには，あまりに取るに足らない根拠にみえるだろうということからである。

　しかしながら，この主張が用いる特徴が美的なものであるとしても，そのことは道徳的考察としての，その主張の説得力を必ずしも弱めることにはならない。道徳的性質と美的な性質をあわせもつ道徳概念は明らかに存在するのだ。道徳的善はそれ自体として美の一種であり，逆に道徳的悪は醜さの一種である。私たちが道徳的文脈において内在的価値の概念を説明しようと試みるのであれば，「驚異性」の概念はどんなにわかりにくいものであるとしても，そうした試みのすぐれた方法だと考えられる。ここでも，人間にとって道具として有用なのかどうかという考察が働いている。というのも，驚異的な事物は最も人間の喜びの源になりそうなものの一つだからである。

　この主張に対する批判において，驚異的であることはせいぜい内在的価値があると適切に判断されるための必要条件であって十分条件ではないために，こ

第 4 章　エコロジズムの道徳理論

の主張はその結論を立証していない、と主張がなされるだろう。私たちは最終的には複雑な機械までも驚異的だと思うようになるかもしれないが、通常、私たちは機械は純粋に道具的な価値しかもたないと考えている。確かに、私たちはそのようなものが道徳的配慮の対象となる可能性をもっているとは言わない。

　この点について、私たちは、人工物は驚異性という性質をもつ限り内在的価値をもつのであり、それが存在し続けるようにさせるという道徳的要求を行う権利をもつ、という反論がなされるだろう。しかしながら、機械は有機的存在と異なり、一つの見本として無期限に存在することが可能である。それらを純粋に設計図として利用することすらできるのである。したがって、道徳的に言えば、私たちはそうした驚異的な人工物の見本や仕様書を内在的価値をもつという理由で保存すべきである。絵画のような他の人工物の場合、その唯一無二の性格が私たちに実在する見本を存在させ続けることを要求する。それらは機械のように設計図から再構成することはできない。驚異的な建築物のような一部の例では、種に適用されているのとよく似たこと、つまり、その「驚異性」全体が明らかとなる場としての「生息環境」(habitat)、すなわち、文脈の保存に努めるべきだということが要求される。

　しかしながら、驚異的な人工物を理不尽に破壊する場合の道徳的不正行為はその人工物に対する不正行為である、と述べることに意味があるのだろうか。驚異的な人工物の保存に関しては、人間に対して道徳的責任を負うのではないだろうか。この指摘には説得力がある。しかしながら、まさにこの局面で、一貫性論やマシューズの内在的価値論において提示された特性を持ち込むことができる。「驚異性」のカテゴリーの中で、内在的価値をもつがゆえに道徳的配慮の対象となる可能性を有する実在物の範囲を定めるために、そうした特性を用いることができる。自己組織化と自己保存を行い、それ自身の善をもつ、つまり、マシューズの言うところの、自己であるそうした驚異的実在物は内在的

---

(27)　この主張は種や個別の有機体には内在的価値を与えるが、人工物は「固有」価値をもつ、と述べている、R. アットフィールド (R. Attfield) が提出する立場とは異なっている。Attfield, R. (1991), *The Ethics of Environmental Concern*, p. 152を参照のこと。

89

価値をもつと同時に道徳的配慮の対象となりうるのである。人間によって作られた人工物が（少なくとも，フランケンシュタインの作った怪物のようなものが現実となるまでは），この範疇に分類されないことは明らかだ[28]。

　この「驚異性」論においては，「自己」の範疇の下で導入された諸要素がすべての仕事をしているのではないか。「驚異性」は何か重要なものを付け加えているのだろうか。「驚異性」は有機体自身ではなく，道徳的行為者にとって有機体は内在的価値をもつという点を確証するために必要な要素を付け加えていることは確かだ。そうした自己の「驚異性」を認識することはそれらの自己に内在的価値をもつと考える根拠を私たちに与えるのであり，それはマシューズの議論には欠けていたものである。逆に，これはそうした実在物が道徳的配慮の対象となるための必要条件として――ひとたび，「自己性」（self-hood）というもう一つの必要条件も認識されれば――，必要なものなのである。

　しかしながら，次のような問題提起がなされるであろう。驚異的であるという概念はその概念が適用される実在物に客観的に根づかせることができるほど，十分な記述内容をもっているのだろうか。あるいは，それは，「内在的に価値があるとか道具的な価値をもつなどとみなされる」というようなことを意味する，単なる「価値名辞」（value term）なのだろうか。もし後者にすぎないのであれば，その概念は，何かが内在的価値をもつという主張を正当化するという目的に資するものでないことは明らかであろう。

---

[28] 山や岩石や川といった，自然の実在物ではあるけれども生命をもたない実在物もこの範疇には含まれない。ロールストン（H. Rolston, 1988）は p. 199 で，そのような物体は自己維持や組織化といった生物学的能力に欠けているけれども，それらを個別化することは可能であり，それらは生物とまさに同じように「体系的自然の産物」である，と主張している。それらはそれらを最初に生み出した自然の過程を体現している独自の歴史をもつ。そのようなものとして，それらは内在的価値をまた，道徳的配慮の対象となる可能性すら保持している。
　「倫理的自然主義」（ethical naturalism）の視座の中では，それらは驚異的で尊敬に値するものであるので，今なお，進行している自然の過程の一部としてのそれらの地位を適切に評価すべきであると提案することは，確かに妥当である。しかし，このこと自体は道徳的配慮の対象となる可能性と同じではないと考えられる。というのも，道徳的配慮の対象となるには，（損壊（damage）ならぬ）「危害（harm）を被っている」という捉え方と「それ自身の善を保持している」ことが必要不可欠だからである。

その語がおそらく肯定的評価の漠然とした表現として用いられていることに疑いはない。しかし，その語を厳密に使用するに際しては，その語を適用することが正しいことを証明するために，「驚異的」だと特徴づけられるものの特徴を示さなくてはならないこともまた，明白である。こうした特徴はあらゆる事例で見出されるような有限の要素の組合せからなる集合を構成しているのではない。しかし，複雑さ，精密さ，一定の目的への適合性，美，気品，手段の経済性といった特性がいくつか組み合わさって十分な割合で存在している場合には，ある実在物にその語を適用することを正当化する適切な根拠となる。したがって，それは価値を論ずる際に正当性を証明する役割を果たすための十分に「実質的な」(thick) 価値名辞である[29]。言い換えれば，内在的価値をもつもののすべてが前述したような意味で驚異的であるがゆえに，内在的価値をもつというわけではないのである。

したがって，これこそ人間以外の生物は内在的価値をもち，それゆえに，それらは道徳的配慮の対象となりうるという主張を擁護する論拠である。この論拠の背後にある論点を想起するならば，人間以外の有機体や実在物がさまざまな方法で人間にとって道具的価値をもっているということは，今のところ否定できない重要なものである。しかしながら，そうした事物の保存を正当化するために，道具的価値のみに頼るのは問題である。というのも，そのような価値は偶然的で，しかも範囲が限定されているからである。

一貫性論は人間の事例との比較に基づいて道徳的配慮の対象となる可能性を拡大している点で有用ではあるが，必然的に，純粋に人間中心主義的な立場を精緻なものにすることで反駁される可能性が常に存在する。したがって，エコロジズムの視点からすれば，内在的価値を人間以外の存在に直接帰属させることを擁護する主張が必要である[30]。ノートンの主張を論じる際にみたように，こ

---

[29] 「実質的な」(thick) 価値名辞と「非実質的な」(thin) 価値名辞の相違は，Williams, Bernard (1985), *Ethics and the Limits of Philosophy* （森際康友・下川潔訳『生き方について哲学は何が言えるのか』産業図書，1993年，第8章）で説明されている。

[30] Rolston (1988) は pp. 217-218で，何かが内在的価値をもつということは，それを他の事物（モノ）から切り離して考えることを含意しているのではない，という重要な指摘を行っている。つ

の概念は適切に扱いさえすれば、必ずしも私たちを形而上学的・認識論的な窮地に陥らせるわけではない。「驚異性」という見地からの議論は内在的価値をもつと判断された個体に備わっている、その判断を正当化するような特性に言及することによって、そのような判断に対する個人間で共有される妥当性を確保することをめざしている。そのような属性を発見するには、複雑さにはさまざまな度合いがあることを理論的に理解することが必要であるために、そうした判断は理論から独立したものではない。したがって、その判断は、ノートンが批判しているような、単なる直観に基づく主張ではない。しかし、あらゆる価値判断と同様に、そうした判断は論理的な誤りがないのに拒絶されることもありうる。

したがって、エコロジズムがこの分野で示せることは自己矛盾に陥ることを覚悟の上で受け入れることを強制しているわけではない。しかし、この点において、それは人間（もしくは、より一般的に人格）の内在的価値を断定しなくてはならない純粋な人間中心主義的理論と少しも変わらないのである。したがって、エコロジストたちが人間以外の存在に内在的価値を帰属させる試みについての論理的に説得力のある論拠をたとえもっていなくとも、そのような試みを断念する理由はないのである。(31)

まり、「内在的価値は全体を構成する部分であり、それを全体から切り離して価値づけることによって断片化させてはならない」(p. 217)。さらに、彼は、内在的価値は「全体論的ネットワークにおいて問題を孕むようになる」と指摘している (p. 217)。

しかしながら、常に全体論文的文脈の中で事物に内在的価値が与えられるという事実によって、内在的価値が問題を孕むようなことはない。内在的価値の判断の対象を個別化することは難しいかもしれず、大抵の場合それらは他の事物との相互連関によって道具的価値ももっている。しかし、そのことは、内在的価値の概念が明確な意味をもたらさないことを示しているわけではなく、また、その概念は道具的価値の概念とは識別できないことを示しているわけでもない。むしろ、「文脈における事物」の文脈こそがそうした事物の性格、ひいては、内在的価値を明らかにするために必要だ、ということを示しているのである。

(31) オノラ・オニール (Onora O'Neill) は義務に基づく倫理を環境哲学者に提示しており、それこそが価値判断に付随するこうした問題を回避する、と考えている。オニールの 'Environmental values, anthropocentrism and speciesism,' (1997) を参照のこと。本書の主題からあまりにも離れてしまうので、彼女の興味深い見解についてここで論じることはしない。彼女の見解については、拙論 (Baxter) 'Environmental ethics: values or obligations?' (1999) で論じている。

第5章
道徳的配慮の対象となる可能性と道徳的トレードオフ

　エコロジズムの道徳的立場は独自の究極的な価値前提，すなわち，「すべての生物は内在的価値をもつ」という前提を出発点としている。エコロジズムはこの前提から，すべての生物は道徳的配慮に値するという結論を導き出す。つまり，道徳的行為者（moral agents）は道徳的にどのような行動方針に従うべきかを熟考する際に，そうした生物の利害やニーズを考慮するように求められるのである。

　しかしながら，所有される属性，すなわち，内在的価値には程度の差が存在するとエコロジズムが考えていることは重要である。ある生物は他の生物よりも多くの「驚異性」を有しており，したがって，より大きな「内在的価値」（intrinsic value）と「道徳的配慮の対象となる可能性」（moral considerability）を有する。この点を考慮に入れて，エコロジズムの基本的な道徳的前提と伝統的な人間中心主義的理論の根底にある前提――ウィル・キムリッカ（Will Kymlicka）の定式化を用いれば，「人間は等しく重要である」という前提――との間には，それゆえに，明白な対照があると考える人もいるだろう。しかし，これは誤解を招く。というのも，人格もまた程度の差を許容するものだからである。したがって，完全な人格とは言えない人間――子宮にいる胎児，新生児，脳に深刻な損傷を受けた人，認知症になった人，回復する見込みのない昏睡状態に陥った人など――であっても等しく重要であるかどうかという点が純粋な人間中心主義的理論にとって問題となる。これはエコロジズムにとっての問題でもあり，伝統的な道徳哲学や政治哲学と同様に，エコロジズムの内部でも論争

---

(1) Kymlicka, Will (1990), *Contemporary Political Philosophy*, p. 5（千葉眞・田中拓道・関口雄一・施光恒・坂本洋一・木村光太郎・岡崎晴輝訳『現代政治理論』日本経済評論社，2002年，8ページ）。

の的である。

　このことは政治哲学としてのエコロジズムの論理に関する重要な点につながる。それは人間と人間以外の存在の両方を包含できるような基本的な道徳概念を用いている。続いて，人間に適用される道徳哲学や政治哲学を生態学的な道徳哲学や政治哲学の下位部門として位置づける。この下位部門の特徴は他の生物の道徳的地位と関連しているとはいえ，人間に他の生物とは異なる道徳的地位を与えるような「種特有の特徴」(The species-specific characteristics) に由来している。しかし，重要な点は，エコロジズムがすべての生物は道徳的行為者に対して，一定の道徳的配慮を要求する権利をもっており，私たちは皆同じ道徳的空間の住人である，と述べていることである。

　したがって，エコロジズムは最初から，また，原則の問題として，すべての生物をその道徳的思考の中に包含しようと試みている点で，多くの伝統的な道徳理論よりも複雑である。また，それは，もう一つの方向でもより複雑である。エコロジズムは生物の相互連関性を強調するので，相互連関性が存在する所ならどこへでも道徳的配慮を拡大するからである。エコロジズムは種，地球の生物圏の諸相，もしくは，人間集団の周囲に恣意的だとみなされるような境界線を引くことはしない。したがって，異なる社会で暮らしている同時代の人間（同時代の外国人）や未来の人間や人間以外の生物が現存する人間に対して要求する，道徳的配慮を受ける権利を包含することにも努めている。

　これは野心的すぎる目標だろうか。エコロジズムは人間以外の存在，外国人，未来世代といった伝統的な倫理学においてほとんど注目されてこなかった方向から生じている道徳的要求と考えられるものを公平に扱おうと試みている。この試みは相互に対立し合い，推定上のものであるような多くの道徳的要求を生み出すのであろうか。それらを効果的に充足させることができる唯一の領域である公的領域においてはもとより，一人の人間の頭の中においてさえ，これらの要求を和解させることは不可能である。

　この懸念に答えるために，本章では，この複雑な考察を整理するためのいくつかの原則を探すことを試みる。さまざまな人間以外の生物が（人間という）

道徳的行為者に対してもつと考えられる権利の度合いについて考えるには，原則に基づいた方法が必要であろう。これは，道徳的配慮の対象となる可能性をもってはいるが，その程度がさまざまであるような存在者の利益の間で，「道徳的トレードオフ」(moral trade-offs) をどのように行うかということに関係する。そのような諸原則は，ニコラス・ロー (Nicholas Low) とブレンダン・グリーソン (Brendan Gleeson) が「生態学的正義」(ecological justice) と呼んでいるもの，つまり，人間と人間以外の自然界との間の正義の中核をなすことになるだろう。[2]

　この正義は人間の間の「社会的正義」(social justice) の問題と対比されるべきだが，この社会的正義は，今では，同時代の外国人や未来の世代をも包含しなくてはならない，とエコロジズムを支援する人たちは主張している。また，それは人間の間で環境の便益や負担を分配することに関わる，ロー (N. Low) とグリーソン (B. Gleeson) が言う「環境的正義」(environmental justice) の原則も包含しなくてはならない。[3] 本章では，環境的正義を含む社会的正義の考察対象を未来世代にまで拡大することに主として焦点を当てる。

　しかしながら，まず，フレイヤ・マシューズ (Freya Mathews) によって提出されている「緑の陣営」の内部からの主張，すなわち，すべての生物は内在的価値を同程度にもつと考えるべきである，という主張について検討する必要がある。この主張が不十分であるとの証明に努めることが重要である。というのも，内在的価値をもつ存在者の間での道徳的トレードオフの理論が実行可能なものであるためには，そうした存在者に対して，それぞれに応じた内在的価値を与えなくてはならないからである。

平等主義・複雑性・内在的価値

　マシューズは，彼女が「自己」(selves) と呼ぶもの——自己維持と自己実現

---

(2) Low, Nicholas, and Brendan Gleeson (1998), *Justice, Society and Nature*, p. 2.
(3) Low and Gleeson (1998), p. 2.

という特徴をもつシステム——の内在的価値の理論を提唱している，ということを思い出すことにしよう。彼女の説明によれば，この理論は感覚の有無にかかわらず，すべての有機体と若干の非有機的実在物——生態系，地球の生物圏，宇宙的自己——を含んでいる。彼女はこの立場から，さまざまな自己はそれぞれ異なる度合いの内在的価値をもつようである，という一歩進んだ主張を引き出している。さまざまな自己はそれぞれ異なる度合いの自己防衛や自己実現の能力をもつ限りにおいて，異なる度合いの内在的価値をもっている。このことは事実上，それらの自己は自らの生存と繁栄に対する環境的脅威に対処する能力をそれぞれ異なる度合いでもつ，ということを意味する。一般に，複雑度の高い自己ほど，多様で変化に富む環境の中で自己を維持する能力をより高い程度でもっており，それゆえに，それがもつ内在的価値の程度はより大きなものとなるであろう。私たちが知っている地球上の有機体の中で人間が最も複雑であることは明らかなので，人間は地球上のすべての有機体の中で最高の内在的価値をもつということになる。

　しかし，この立場は「内在的価値の平等性」（equality of intrinsic value）に関する議論の第一段階を表しているにすぎない。マシューズの主張によれば，この立場は自己をそれらが埋め込まれている生態系から切り離し，孤立した状態でみることに基づいている。しかしながら，どんなに複雑であろうとも，実のところ，生態系の外部では生存できないそれらの自己を現実の複雑な生態系の中に置いて考察すると，私たちはすぐさま相互連関性という基本的事実に再び，遭遇する。彼女が挙げている例によれば，シロナガスクジラは自らがもっぱら常食としているオキアミよりもはるかに複雑である。しかし，オキアミがいなければシロナガスクジラは生存できず，また，オキアミの数を調整するシロナ

---

(4) Mathews, Freya (1991), *The Ecological Self*.
(5) Mathews (1991), p. 123.
(6) この主張は「驚異性」にはさまざまな程度があるということを説明することにも使えるだろうということがわかるであろう。「驚異性」の程度は特に複雑性の程度によって決定される。
(7) この例とそれが用いられている議論は，Mathews (1991), pp. 123-126にある。

ガスクジラがいなければ、おそらくオキアミも生存（あるいは、少なくとも繁栄）しないだろう。一頭のシロナガスクジラと1匹のオキアミは、切り離して考えれば、それぞれがもつ内在的価値の度合いは非常に異なっている。しかし、シロナガスクジラとオキアミをそれらがもつあらゆる相互連関性の中に置いて考えると、内在的価値の度合いは等しくなる。内在的価値は自己防衛、および、自己発展の能力の結果として生ずるので、オキアミは相互連関性を通じてシロナガスクジラの生存能力に関与することによって、後者のより高い内在的価値の一部を獲得する。シロナガスクジラがその生存と繁栄のためにオキアミに依存している限り、それは自らの内在的価値の一部をオキアミに与えることになるのである。

したがって、種として考えれば、シロナガスクジラとオキアミは互いに同等である。しかしながら、「生物多様性の維持原則」(The principles of maintaining biodiversity) が作用して、あまり複雑ではないが、希少である自己の内在的価値を増加させるような場合であっても、希少性を考慮しなければ、シロナガスクジラの個体がオキアミの個体よりも多くの内在的価値をもつことに変わりはない[8]。それゆえに、1頭のシロナガスクジラを殺すか1匹のオキアミを殺すか、そのどちらかを選ばなくてはならないとすれば、シロナガスクジラを生かす方が正しいのだ。

したがって、「生態学的相互連関性」(ecological interconnectedness) という事実は、それがなければ自己がさまざまな程度で保有していると思われる内在的価値を少なくとも種のレベルでは同等にする。当然のことながら、その結果、このことはさもなくば、自己がさまざまな程度の状態でもっているはずの道徳的配慮の対象となる可能性を同等にするのである。

この分析には、エコロジズムの倫理を発展させるにあたって、貴重な2つの要素がある。第一の要素は、複雑性の程度と内在的価値の程度との連関である。マシューズは先述した「生態学的相互連関性」論によって、この連関の範囲を

---

[8] Mathews (1991), p. 127.

部分的に限定しているけれども，ここで，彼女はさまざまな自己の相互に対立する利益の間で「道徳的トレードオフ」を決定する一定の方法の基盤を提供している。第二の貴重な見解は，生物多様性の維持が道徳的に必要だとの仮定の下に，自己の内在的価値の基本的な程度は希少性という事実によって増大するだろう[9]というものである。これもまた，エコロジズムにとって，実行可能な「道徳的トレードオフ」の理論の発展に不可欠なステップである。この2つの要素については，また後ほど考察することにする。

しかしながら，自己の内在的価値をその自己保存や自己発展の能力から切り離して，その複雑性の程度と直接関連づけることが必要である。第一に，当の自己にとってさえ，なぜ，そうした能力が道具的価値とは別の価値をもつのか，ということがきわめて不明確だからである。また，もう一つの理由として，マシューズが「生態学的相互連関性」論において，そうした能力と内在的価値との関連性を用いていることは深刻な反論を受けやすいということがある。

この反論を明らかにするのに，類推という方法が役に立つ。お互いに異なる程度の美的価値をもつ2つのもの――今回は自己ではない――の関係，つまり（下手な絵ではなく），美しい油絵とその材料である油絵の具との関係について考えてみよう。明らかに油絵は自らが存在するために絵の具に依存している。油絵の具なくしては，油絵もなしというわけである。おそらく絵の具の方も，自らが存在するために油絵に依存している。油絵が制作されなければ，油絵の具の需要もない。その上，絵の具と絵画は「全体論的相互連関性」(holistic interconnectedness)の最もすぐれた伝統にしたがって相互に決定し合っている。すなわち，ある特定の特徴を備えた絵画を制作するには，一定の種類の絵の具が必要とされる。逆の方向から見れば，一定の種類の油絵の具は必然的に，それを用いた絵画に特定の性格を与える。

この例では，油絵と油絵の具はマシューズの例におけるシロナガスクジラとオキアミに相当するものとして挙げられている。しかしながら，この主張が示

---

[9] H・ロールストンもまた *Environmental Ethics* (1988) の pp. 223-224 において，同様の主張を行っている。

している結論は彼女と同じ結論に達してはいない。先述した油絵と油絵の具との間にある存在，および，性格の相互連関性から，両者が美的価値の点で同等になるという結果が生じないことは明らかだ。高品質で綺麗な油絵の具を集めたからといって，レンブラントの作品のような絵を入手する安価な方法を手にしたことにはならない。そのような絵の具が美しい絵画の誕生や美的成功に貢献したとしても，あるいは，美しい絵画を創造する画家の能力に貢献したとしても，それは絵の具それ自体が絵画の美的価値の一部を獲得することを意味しているわけではない。

　同様に，マシューズが援用した「全体論的な相互連関性」という事実はそのような相互連関性で結ばれている自己の内在的価値が平等である，というテーゼを確証するわけではない。というのも，希少性とか，生物多様性の維持といった修正要因が作用しないような価値の対立状況では，内在的価値の平等を主張することはあらゆる道徳的決定を「コイン投げ」(toss-up) のようなものにしてしまうからである（これが，種としてシロナガスクジラを保存することと，種としてオキアミを保存することのどちらをとるかという選択に対する彼女の見方である）。そうしたコイン投げのようなことがあるのかもしれないが，道徳的決定の大部分を恣意的にする理論——平等主義的な立場が明らかにそれをもたらしているが——は信用に値しないし，道徳的にも容認できない。

　「生態学的相互連関性」は道徳的意義に欠けるというわけではないことは明白だ。それによって，有機体が相互に道具的価値をもつようになるのは明らかで，そのことは多くの場合道徳的に重要である。また，それは内在的価値をもちうるような，生態系のような非有機的自己を創造する。しかし，それがマシューズが提唱する，内在的価値平等論を立証することは不可能であるようにみえる。

複雑性と道徳的配慮の対象となる可能性の程度

　そういうわけで，すべての生物は「道徳的配慮の対象となる可能性」を有す

るが，これは程度の差を許容する特徴である，と結論づけることにする。これをさらに解明するために，地球上の生命の進化の歴史によって本質的に決定される「複雑性」(complexity) のスペクトルに沿って，生物を配列することが可能である，という論点から始めよう。だからといって，複雑性を増加させることが進化の効用，ないし，目的であるというわけではない。紛れもない事実として，複雑性の増加が生じてきた，と述べているにすぎない。

　したがって，スペクトルの一方の極には生物と無生物の境界線上にある生物，例えば，ウィルスのような本質的に DNA 鎖であるようなものが存在する。それらの主な特徴は自己複製である。突然変異を考慮するとしても，これらの個体はおおむね互換性がある。すなわち，個性の概念はこうした生物にはおおむね存在しないのである。その次にあるのが単細胞の有機体であり，それから順に，個性の徴候をより多く見せ始める複雑な有機体，さらに多くの個性をもち，しかもこの個性が意識，自己意識，複雑な行動をする能力などといった特性と結びつくようになる複雑な有機体となる。そして，最後に，スペクトルのもう一方の極で人間に辿り着くわけだが，それは人格，――つまり，完全な自己意識，自律や予見の能力，道徳観念――と結びついた，私たちが現時点で知る限りでは，最も高度な個性をもっている。

　道徳的配慮の対象となる可能性の程度はこのスペクトルを単純な生物から複雑な生物へと移動するにつれて高くなる。前章で論じたように，「驚異性」が精密さや一定の目的への適合性，美，気品，手段の経済性といった点で詳述できる記述内容をもつ実質的概念であるならば，複雑性と共にこれらが増すにつれ，「驚異性」も増加しなくてはならない。「驚異性」が内在的価値を基礎づけ，さらに，内在的価値が道徳的配慮の可能性を基礎づけているので，複雑度が高くなれば道徳的配慮の対象となる可能性の程度も増加することが理解可能であることは直ちに明白となる。その上，このスペクトルを移動するにつれ，生物が経験可能な恩恵と危害の種類や範囲，苦しむ能力，互換性やその他の特性の程度もまた，変化し，より複雑なものになる。

　しかしながら，すべての生物は道徳的に重要であるので，ある生物の利益が

最も複雑な生物，すなわち，道徳的行為者のそれと衝突した時，後者はできれば前者の利益を尊重するように努めることが道徳的に要求される。それが不可能で，どちらか一方の利益を犠牲にすることを選択しなくてはならない場合には，「道徳的配慮の対象となる可能性」をより多く有する生物の利益を優先させなくてはならないというのが基本原則である。しかしながら，道徳的行為者の行為の範囲は，他の生物の道徳的配慮の対象となる可能性について考慮する上で必要とされる事柄によって制限される。

　ここで，エコロジズムにとって次のような問題が生じることは明らかだ。このテーマについて言えることは，これがすべてであるというのであるならば，一見したところ，エコロジズムの道徳的処方箋は純粋にヒューマニズム的な道徳的処方箋と実質的に何ら変わらないことになる。前述の原則に基づけば，すでに認めたように，人間は私たちの知るすべての生物の中で最高度の道徳的配慮の対象となる可能性を有しているために，人間の利益は人間以外の存在の利益よりも常に優先されるようにみえるのだ。

　このような結果を避けるために，道徳的配慮の対象となる可能性という概念の中にさらにいくつかの区別を導入する必要がある。最初に，個性の程度が低い生物の場合，すなわち，特徴的な行動様式に関して個体同士に互換性がある場合，道徳的配慮の第一の対象，すなわち，道徳的に配慮できるものは種である。高度の個性を示す生物の場合には，道徳的配慮の第一の対象は個体であるが，もっともこの場合ですら，前章の，種の「驚異性」がもつ含意を論ずる際に挙げられた理由から，種が「道徳的配慮の対象となる可能性」をもたないというわけではない。

　個性の程度の低い種がもつ内在的価値の程度はその種に属する個体がもつ内在的価値の程度よりもはるかに大きい。したがって，後者の内在的価値はより高度な内在的価値をもつ実在物との間に利益の衝突が起きた場合，簡単に陵駕されるのが普通である。個体の内在的価値が（たとえゼロではないにしても）きわめて低いような場合には，より大きな内在的価値をもつ生物にとってのそうした個体の道具的価値の方がその内在的価値を容易に陵駕する。医学実験にお

けるバクテリアの使用は明らかに適切な例である。もっとも，はるかに決定しがたい例もあると思うが。

　しかし，仮にそのような種が減少し始めれば，それに属する個体の内在的価値の程度は種それ自体の内在的価値に匹敵するほど増加するだろう。これは理解可能である。というのも，個体の数が減少するにつれて，種と個体は一致し始めるからだ。

　このような減少という状況は価値判断の別の次元——例えば，デール・ジェイミソン（Dale Jamieson）が述べている次元[10]——を視野に入れる。これが緊急性の次元である。絶滅の脅威にさらされているものの，内在的価値はそれを脅威から保護し，救うための緊急の行動を要求する根拠となる。この緊急の要求はそうした行為を遂行する立場にある道徳的行為者に対して向けられる。

　同様に，このことは通常は低い程度の内在的価値しかもたない個体の内在的価値が増加し，それに伴って道徳的行為者に要求される保存行為の緊急度も増加するような状況が生じるだろうということを意味する。生得的により高度の内在的価値をもつ個体（例えば，人間）の利益との衝突がこれに伴う場合，脅威にさらされている種や個体を保護するために必要な行為の緊急度が高度の内在的価値をもつ個体の利益よりも当然，優先されるだろう。

　それゆえに，人間の利益が「内在的価値」，および，「道徳的配慮の対象となる可能性」の程度がより低い存在の利益よりも自動的に優先されることはないだろう。緊急性が後者の存在の道徳的権利を変容させるかもしれないからだ。実際，ここで私たちは種の間の正義，言い換えれば，「生態学的正義」（ecological justice）の概念に遭遇し始める。というのも，今，述べたようなことを人間

---

[10]　Jamieson, Dale (1998), 'Animal liberation is an environmental ethic' を参照のこと。彼は本書で用いられている図式といくつかの点でよく似た図式を用いている。彼の図式は内在的価値／道具的価値，一次的価値／二次的価値という2つの価値区分と，大きさ，もしくは，緊急性という一つの価値次元から構成されている。しかし，その2つの価値区分の間の違いを理解することは，きわめて難しいと私は考える。したがって，本書では，内在的価値／道具的価値の区分と，2つの価値次元，すなわち，内在的価値の程度と価値要求の緊急性を用いている。

の基本的とはいえない利益が人間以外の存在の基本的利益に優先するのを道徳的行為者たる人間が許すのは正義に反する行為である，と言い換えることができるからだ。そのような違反行為は人間以外の存在を公平に扱っていない，すなわち，人間以外の存在を公平に扱うことは，そうした存在が道徳的配慮の対象となる可能性を認承する要件を満たしていないから不正ということになる。しかしながら，前述したように，そのような「生態学的正義」が人間の間の「社会的正義」とどのように関係しているのかについて，説明する必要がある。

　特筆すべきさらに複雑な点は，特にスペクトルの単純な方の極にいる種全体が同属の他の種との相違をほとんどみせていないために，個性に欠けているといっていい場合があるということである。その場合には，それらが道徳的配慮の対象となる可能性の程度はそうでない場合よりも低くなる。これは，その種が絶滅した場合，絶滅した種がもっていた道徳的配慮の対象となる可能性を同属の他の種が引き継ぐからである。そうした状況では，その種が脅威にさらされているからといって，それを絶滅から守るために必要な行為の緊急性がそれに付随して増加することはないだろう。

　さらに，高度の道徳的配慮の対象となる可能性を有する生物に（苦痛や死のような）大きな危害を及ぼすような生活様式をもち，しかも，そうした生物にとってそれを補う道具的価値を何らもたない種は道徳的配慮の対象となる可能性を有しているにもかかわらず，道徳的行為者によって絶滅させられたとしても仕方がない。さしずめ天然痘ウイルスなどは，その実例になりそうである。しかしながら，この場合でさえ，道徳的配慮の対象となる可能性の問題を託されている道徳的行為者は有害な生活様式が不可避であることを確かめた後で，（現在，知る限りにおいて）その生物の生存を維持する代替手段が可能ではない場合にのみ，その生物の根絶に着手するよう求められている。

　捕食者と被捕食者の場合のように，道徳的行為者ではない生物の間で利益の衝突が生じた場合，それに気づいた道徳的行為者がそれを調停すべく介入する，ということが自動的に求められているわけではない。道徳的行為者は道徳的な不正が行われることに対して無関心であってはならず，そうしたことが起こら

ないよう対策を講じなくてはならない。しかしながら，道徳的行為者ではない生物が道徳的な不正を働くなどということは論理上，ありえない。それらは道徳的配慮の対象となる可能性を有することにより，道徳的行為者である生物に対して，道徳的権利をもつ。しかし，道徳的行為者ではない生物に対してはそのような権利をもたない。

　そうした状況における道徳的行為者の介入が種を生存させ続けることを求められていることは明らかだ。しかし，道徳的行為者に期待できる行為には限界がある。例えば，気候の変化のような圧倒的な自然力が作用した結果，ある種が絶滅寸前であるという場合，その種を救うことになる行為は現実には不可能である。さらなる限界は次の事実から生じる。すなわち，生物の道徳的配慮の対象となる可能性を構成する重要な要素の一つは，それらが捕食を含む栄枯盛衰にもかかわらず進化し，独自の形態に達した際の状況と類似した状況において，そうした生物がその種特有の生活を送ることを許されるべきであるという事実である。当然のことながら，道徳的行為者による道徳的にあるまじき行為は，そうした栄枯盛衰の中に含めてはならない。そのような行為は道徳的な批判と制限を受けるのである。

　エコロジズムの経済的含意については，後ほど考察する際により完全な形で発見することになるが，道徳的配慮の対象となる可能性がエコロジズムを基礎づけていることは次のような考え方を排除することになる。すなわち，道徳的行為者の利益と道徳的行為者ではない生物の利益との間のトレードオフに関して，もっぱら「費用―便益分析」(cost-benefit analysis) の観点から適切な決定を行うことができる，という考えである。そうしたトレードオフを行うという問題は資源の有効利用に関わる経済的問題であるというだけでなく，道徳的な問題でもある。人間以外の存在は，お互い同士が経済的資源であるように，人間にとっても経済的資源であるので，「費用―便益分析」は決定の際に必要な情報を構成するのに一役買っている。しかし，ダグラス・ブース (Douglas Booth) や他の人々が主張してきたように，[11]「費用―便益分析」を支持する人々が「存在価値」(existence-value) や「オプション価値」(option-value) といった

望ましいものを評価しようと試みることによって道徳的次元を扱おうと試みているにもかかわらず，「費用―便益分析」だけでは問題を解決することはできないのである。

人間の利益が人間以外の存在の利益に従属する場合，自らの利益を無視された人間は，その利益が理に適った，もしくは，人並みの人間生活を送る上でどの程度の重要性をもつのかに応じて，何らかの補償を受ける権利があるだろう。ブースが指摘しているように，これは人間の間の社会政策に政治的エコロジストが関心をもつ理由の一つである。[12]

しかしながら，道徳的トレードオフについてのこうした議論を離れる前に，さらに2つの問題に取り組まなくてはならない。第一の問題は，リンチ（T. Lynch）とウェルズ（D. Wells）による以下のような主張である。すなわち，人間と人間以外の存在の間で利益の衝突が起きた場合には，人間であるというただそれだけの理由で人間が常に道徳的に優先されなくてはならないため人間と人間以外の存在を含むすべての道徳配慮の対象となる可能性をもつ存在者の間で「道徳的トレードオフ」を達成するための原則に基づいた方法を考案するという努力は間違っている，という主張である。

第二の問題は正義の問題で，これを後回しにすることはできない。これは私たち人間とそれ以外の世界との関係に関して道徳的熟考を必要とする際，エコロジズムが未来の世代の利益を考慮すると約束していることと関係している。

人間は常に他の存在よりも重要なのか？

リチャード・ラウトリ・（Richard Routley）とヴァル・ラウトリー（Val Routley）が，「種に基づいて，常により多くの価値や選好を人間に割り当てるけれども，人間以外の存在を道徳的な配慮や権利から完全に排除するわけではない」[13]ものだと特徴づけた「弱い」形の人間至上主義を，リンチとウェルズは

---

[11] Booth, Douglas (1997), 'Preserving old-growth forest ecosystems'.
[12] Booth (1997), p. 43.

擁護することに努めている。他の動物に不必要な苦痛が与えられるのを回避する場合のように、人間は他の動物に対して道徳的義務を負うことを彼らは認めている。

しかしながら、彼らの主な主張は生命の維持のような人間の基本的利益と人間以外の存在の同様に基本的な利益のどちらか一方を選択しなければならない状況では、人間は人間であるというただそれだけの理由で人間を優先させることが道徳的に求められているというものである。彼らが挙げている例は次のようなものである。人間が人間以外の動物によって襲撃され、死の危険にさらされているのを発見した時、その動物がたとえ希少で高等な動物だったとしても、人間が巻き込まれているとわかり次第、道徳的に言って、私たちはその人間を救うために、躊躇も熟慮もせずにその動物を殺すべきである。例えば、殺さなくてはならないのが希少で、美しい捕食種の個体であることを私たちが知ったならば、このような行為は私たちに後悔をもたらすであろう。ましてそうすることによって、アドルフ・ヒトラー（Adolf Hitler）のような道徳的極悪人の命を救ったことも知ったならば、後悔の念はさらに強まるであろう。しかし、賞賛に値する人間以外の存在か、賞賛に値しない人間かという選択を思い描けるような状況をどんなに特定しても、そうした状況において、人間は人間であるというただそれだけの理由で常に道徳的優先権をもつという事実に変わりはない。

リンチとウェルズが最も抵抗したいと思っていることは人間と人間以外の存在を単一の道徳的計算の尺度上に置くことである。基本的利益の衝突を伴う事例において、人間以外のある存在が知性や豊かな感情生活などといったいくつかの属性を重度の知的障害者のような人間よりも実は多くもっていたとしても、道徳的評価の尺度上でその人間の方がなぜ、高い地位にあるかを立証しようと試みることなく、躊躇せずに人間を優先させなくてはならない、と彼らは主張している。

---

(13) Routley, Richard, and Val Routley (1979), 'Against the inevitability of human chauvinism'.

彼らはバーナード・ウィリアムズ（Bernard Williams）の有名な議論に言及し，問題を慎重に検討した結果，人間は人間以外の存在よりも共通の尺度の上位に位置することがわかるということを示すことによって，人間優先の正当性を道徳的に立証する試みは，「余計な考え」（one thought too many）を提供するようなものだと指摘している。私たちに必要な道徳的根拠は，「それが人間である」ということだけである。人間以外の動物と共有できるような，賞賛すべき性質の尺度──私たちはそのような尺度を構築することを望むかもしれないが──において人間がどんなに下位に位置していようとも，人間が私たちに対して有するこのような権利を失うことはないのである。

したがって，リンチとウェルズはエコロジズムの擁護者たちによる，人間は最も高度の内在的価値と道徳的配慮の対象となる可能性を有していることを立証する試みを自分たちの主張が真実だと暗に認めたものだと考えている。しかし，内在的価値を生物に帰属させる根拠となる特性を特定の人間が人間以外の存在よりも高度にもつということは偶然的なことにすぎないので，このアプローチは機能しない，と彼らは指摘している。したがって，基本的利益の衝突という事例において，エコロジズムはその主張の論理によって，例えば，知的障害のある人間よりも人間以外の存在を優先させることを約束するだろう。

この主張は彼らが信じているように，前節で略述したアプローチに致命的打撃を与えるのだろうか。

まず，彼らがその議論を通じて「人間」という言葉を使う際に暗示していることは，何らかの生物学的意味を帯びることを意図したものではない，ということに着目すべきである。すなわち，人間が当然のごとく互いを優先させるのは人間が同一の生物学的種に属しているからではない，と彼らは主張しているために，この立場を「種差別主義」（speciesism）と呼ぶのは適切ではない。これを動機づけている考えは，彼らが「道徳的配慮の基本的様式」（fundamental modality of moral concern）と呼ぶものを反映するよう意図されている。これを

---

(14) Williams, Bernard (1981), *Moral Luck*, p. 18.
(15) Lynch, Tony and David Wells, (1998), 'Non-anthropocentrism? A killing objection,' p. 157.

説明する際，彼らは「私の姉妹である」という理由で他者を助けることを正当化するという類推を挙げている。これには，互いに助け合うことをそれ自体正当化すると考えられる2人の人間の間の特別な関係を指し示すことが必要である。正当化に際し，さらなる特徴に言及する必要はない。そのような正当化もまた「不要な考え」だろう。

では，この関係の性質はどのようなものであるのか。それは人間同士の道徳的関係に適した類推を与えてくれるのだろうか。留意すべき重要な点は次のようなものである。そのような関係についてのバーナード・ウィリアムズの最初の議論がめざしていたのは，例えば，配偶者間の関係のような特定の人間関係が道徳的に特権化されることを証明することではなかった。彼がめざしたのは，一部の人間関係はそれに関与する個人の生活にとって大きな重要性をもつ可能性があるので，そうした人間関係は道徳的推論が何を要求しようとも他人ではなく，自分の妻を救うという行為をもたらし，また，それを正当化することが可能であるということを証明することであった。

すなわち，躊躇することなく自分の妻を救うという行為はそのような状況において，何らかの道徳的思考によって動機づけられているのではなく，むしろ当の人間の生活におけるより根本的なものによって動機づけられているのだ。また，別の具体例の宝庫を提供してくれる親子関係の場合でも通常そうであるように，この場合，愛が問題となっているのは明らかだ。この種の関係は道徳よりも根本的なものである。なぜならば，人生が意味のあるものであるためにはそれが必須だからであり，人生に意味があると感じられなければ，道徳も他のいかなる重要な考慮事項も人の心をつかむことはできないからだ。この意味での愛はケアをすることや配慮を含むが，ただそれだけではなく，『饗宴』（*Symposium*）でプラトン（Plato）が賛美しているかの有名な，当事者間に一種の融合状態を作り出すような他者との深い直接的な結びつきである。

これは明らかに，リンチとウェルズが記述しているのとは異なる種類の現象である。姉妹関係を伴う彼らの事例において，彼らは助け合いの必要性を「道徳的義務として現われる」ものだ，と明確に述べている。[16] しかしながら，もし

それが道徳的義務だとすれば，それは「すべての姉妹は窮地に陥った際，互いに助け合うことを覚悟しておかなければならない」というような，全く一般的な言葉で表現すればよいことである。援助を正当化するために用いられる，道徳的義務に関するこの種の普遍化された言説こそ，ウィリアムズが数々の事例を考察する際に「余計な考え」だと主張しているものである。より尊重に値するかもしれない別の女性ではなく，自分の妻を救ったことを正当化する場合に，妻が夫の口から聞きたい言葉は，「夫は妻に対して，ケアと配慮という一般的義務を負う」という言葉ではなく，「私は彼女を愛していて，彼女なしでは生きてゆけない」というような形式の言葉である。

　人間以外の動物に襲われている人間を何も考えずに自発的に助けるという行為についてリンチとウェルズが挙げている例は，彼らの「姉妹」の例に似ているというよりも，「妻」の例に類似していると思われる。それは何らかの道徳的熟慮の結果としてではなく，救助を要する状況における人間同士の連帯の自発的発露として現れている。お互いが直接的に接触するような状況において，人間のような社会的動物がそのような自発的反応をする根拠が十分にあることは明らかだ。見ず知らずの人であっても，自発的に助けるという行為の根深い生物学的根拠のようなものがウィリアムズの事例で援用された深い個人的関係と同じ役目を果たさなくてはならないはずである。そのような衝動があるのならば，このことが，リンチとウェルズが持論を展開する際に明白に頼っている直観の力を説明することになるかもしれない。しかし，これが「妻」の事例に類似しているとすれば，それが指し示しているのは道徳を行動に移した例ではなく，むしろ道徳を超越した何かである。

　しかしながら，リンチとウェルズがこの事例を説明する際には，彼らはそれを道徳を超越したものと考えるどころか，明確に道徳的思考の範疇に分類している。次に，彼らは，あらゆる人間は人間として (*qua*) 他のあらゆる人間と特別な関係にあるとさまざまな表現で述べることによって，その根拠の解明に

---

(16)　Lynch and Wells (1998), p. 157.

努めている。すなわち，あらゆる人間は人間として (*qua*) ケアや配慮を他の人間に与えるという基本的習性をもっているとか，あらゆる人間は「ケアと配慮の共同体」(community of care and concern) の一員である，といった具合に。

こうしたやり方で，この問題を「道徳を超越した」事例の範疇から切り離し，「特別な関係」という名称の道徳の領域へと移す限りにおいて，こうした移行は即座にリンチとウェルズの立場に対する問題回避だという非難を生むことになる。道徳的思考においては，特定の関係について，道徳的行為者の間，ならびに，道徳的行為者とそうでない者との間の特別な義務を確立する必要があるということは確かに正しい。しかしながら，どのような特別な関係を確立すべきか，また，どのような義務がそうした関係に伴うのかということは原則として，議論すべき問題である。

例えば，育児は，子供は大人になるまで誰か大人が特別な責任を負うべき対象であることを要求する。明白に責任を負うべき大人は生物学的な両親であり，そのことは生物学的な力と社会的ニーズを結びつけている。しかしながら，一部の文化では，育児の責任を負うのは母親とその兄・弟である。それゆえに，男親は自分の子供よりむしろ甥や姪に対して特別な関係や義務を有することになる。

したがって，「共同体」(communities) とか，「特別な関係」(special relationships) といった道徳的色彩の濃い言葉は原則として論争や代替案の提案を招きやすい。当然のことながら，これがまさにエコロジズムが行っていることである。エコロジズムは，「ケアの共同体」(communities of caring) が人間の領域だけでなく，それを越えたところにまで拡大されるべきだ，と提案している。この提案をある意味で道徳の本質そのものに反しているとして拒絶することは問題を回避することである。人間の共同体に特権を与えるという提案が妥当にみえるのは人間以外の捕食者による攻撃から人間を救うといった，道徳を超越した深層の衝動や感情に訴えているという事実によって説得力を増しているような具体例のおかげである。この文脈からひとたび切り離されれば，その提案はまさに疑問視されている道徳的通説を表現したものにすぎないとみなされるだ

ろう。

　これが真実であることは次の事実からも確かめることができる。すなわち，人間が直接的に接触し，また，ニーズを直接表明できるような状況以外では，人間が自らを「ケアと配慮の共同体」の一員だと考えていることを示す証拠は道徳理論の構築を試みている書物の外ではあまり存在しないのである。私たちが互いを殺し合うこと——これを極端まで押し進めたものが匿名化された闘いという現代的形態である——や飢餓や簡単に予防できるはずの病気で死ぬ何百万人もの子供たちの苦境を私たちが日々，見て見ぬ振りをすることは，道徳的感情がこの方向に向かう傾向がさほど強くないことを示している。これこそダーウィニズムの倫理を解説する際のルースの主張であるということが想起される。

　もちろん，これは，私たちが道徳的に堕落していることが多いことを示しているだけであって，構成員を非構成員よりも特権化する「気づかいと配慮の特殊な共同体」という概念を受け入れるべきではないということを示しているわけではないかもしれない。それでもなお，次の点は重要である。すなわち，リンチとウェルズの主張を道徳思想の実践例というよりは，むしろ道徳を超越していると解釈した方が適切であるような事例からひとたび切り離せば，本章，ならびに，前章で遭遇したような主張はとにかく道徳とはとても呼べないようなものとして一蹴される必要があるどころか，むしろ考慮されなければならないのである。

　そうなると，エコロジズムの道徳的アプローチに最も強力に挑戦すると思われる具体例について，私たちは何と言うべきだろうか。このエコロジズムの道徳的アプローチとは，2つの生物の利益が双方の基本的ニーズに関わる事柄をめぐって対立するような状況で，一方が重度の障害のある人間，もう一方がその人間より高度な知性と感受性を備えた人間以外の動物である場合，エコロジズムのアプローチは人間以外の動物を優先させる方を約束する，という考えのことである。

　この問いに対して，さまざまな回答が可能だと思われる。その一つは，その

ような状況で人間を優先させるのは道徳的には正当化できないが，道徳がすべてというわけではない，というウィリアムズ式の主張に含まれる見解である。もう一つは，罪のない人間を殺したり，死なせたりすることは心理的・道徳的悪影響をもたらすので，それを避けるのは人間の幸福には重要である，と主張することである。また，この事例は，障害者と健常者という２人の人間がいて，そのどちらか一方を選択しなくてはならない場合に，健常者を選ぶべきだと主張することが少なくとも可能であるような事例と原理上，全く変わらないものだ，という回答もある。ジレンマはどの道徳理論にとっても難しいものである。私たちの道徳的世界観をまさに変えることに努める道徳的アプローチは一見して，解決が特に難しいようにみえるような新たなジレンマをもたらす。しかし，だからといって，エコロジズムがこの点で他のどの道徳理論よりも反駁されやすいというわけではない。

　実際，エコロジズムの視点は，人間がケアをすると同時にケアをされる者としての彼らの幸福に必要なものに基づいた，「ケアと配慮の共同体」を形成すべきである，という主張を受け入れるのにふさわしい立場にある。しかしながら，これは道徳的義務をその共同体を越えたところにまで拡大すべきだ，というより一般的な主張と両立可能である。この点で，その状況は家族，近隣社会，ならびに，国家の構成員はそのような共同体を形成しているけれども，彼らはその共同体の外部にいる人間に対しても拡大された義務を負うのだ，というよく知られている見解に伴う状況と少しも変わらないのである。

　前の段落で述べたことからすれば，人間は「ケアと配慮の共同体」を形成すべきだという主張を立証するという問題をエコロジズムがその純粋に人間中心主義的な祖先から受け継いでいることは明らかだ。人間がこれを成し遂げるのは生物学的に不可能ではないことを示す試みは第３章で示された。しかし，それが容易ではないことは明らかだ。道徳理論には果たすべき役割があり，エコロジズムの道徳理論は他の道徳理論と同様に，この共同体意識を育てるのにふさわしい立場にある。

第5章　道徳的配慮の対象となる可能性と道徳的トレードオフ

正義・同時代の外国人・未来の世代

　エコロジズムの道徳理論は最大限に野心的である。それは，私たちが自らの道徳的思考の中に人間以外の存在を含めることだけでなく，私たちの社会の構成員ではない同時代の人間や未来の人間をも私たちの道徳的配慮の対象に含めることを要求しているからだ。たびたび指摘されているように，伝統的に道徳理論を構築する際には，人間同士の倫理のこれら2つの領域について論ずることがおおむね軽視されてきた。多くの伝統的理論は普遍主義的志向をもつ。すなわち，そうした理論は行為の主体でもあり，客体でもある存在からなる完全に一般的な分類集団に適用可能だと考えられるが，その一般性は人格，理性，快楽，苦痛を経験する能力といった，その構成員だけがもつ何らかの特性に由来している。しかし，この普遍性が含意するものの全体は断続的にしか探究されてこなかった。道徳理論の構築は普遍主義的な道徳理論においてさえ，同じ社会に居住する同時代の人間同士の道徳的関係にもっぱら焦点を当ててきたのである。

　このようなことが起こる原因の多くは明らかに，その歴史の大部分にわたって私たちの行為による影響を最も受けることが可能であった人間は同時代の同国人であった，ということである。遠く離れた他の社会で生きている人間は私たちの理解を超えた存在であり，現在の社会が未来の人間に対して何かできるとしても，彼らはその影響を最小限にしか受けないものと考えられてきた。当然のことながら，状況はすっかり変化している。高速の通信手段の普及とグローバル経済，ならびに，政治システムの相互連関性の増加に伴って，あらゆる人間社会が何らかの直接的接触の形をとるようになり，また，直接的にであれ，間接的にであれ，さまざまな程度の影響を互いに与え合うような状況になってきている。人間のテクノロジーが地球に与える影響は，私たちが今や明らかに，劇的に，かつ，おそらく不可逆的に自らの子孫に影響を与える能力をもっていることを意味する。即座に思い浮かぶ例は全面的な核戦争の影響である。

したがって、人類史上初めて、これまで道徳理論の背景で眠っていた道徳的問題が緊急に考察すべきものとして劇的に最前面に踊り出てきたのである。当然のことながら、一部の伝統的な道徳理論、例えば、ホッブズ（T. Hobbes）やバーク（E. Barke）の理論はカント（I. Kant）の理論や功利主義の理論、あるいは、その他の有力な理論がもつ普遍主義的な意味合いをもっていない。明らかに、それらは権利や正義といった道徳概念の意味や範囲を社会的・時間的に限定している。そのようなアプローチにとって、異なる社会の間の関係は道徳の問題というよりは打算の問題であり、未来の人間の利益はせいぜいその人が属する社会の他の構成員との「契約」を維持する、あるいは、彼らのために遺産を維持する必要性に限定される。当然、そのような理論は「過去・現在・未来」のいずれであれ、人間以外の自然が道徳的に重要であるとは全く考えていない。

普遍主義的な道徳理論は恣意性を回避しようとする限り、それほどまでに限定的ではありえない。したがって、最近の道徳理論の構築に際しては、権利や正義といった道徳概念を同時代の外国人や未来の世代にも適用する試みが一斉に行われている。すでに触れたように、功利主義のような一部の普遍主義的理論の場合、人間以外の存在の少なくともいくつかの様相——大雑把に言えば、高等で、感覚を有し、個性的な人間以外の存在——を包含するために、道徳の適用範囲を拡大することは可能である。しかし、概して、その焦点は人間に当てられたままである。

たとえ普遍主義的前提に基づいていたとしても、一定の社会に属し同じ時代に生きる人間たちが認めなくてはならないような道徳的要求の範囲を制限する何らかの根拠がこうした普遍主義的、ヒューマニズム的アプローチの中に見出されてきた。こうした根拠のうちで最も注目に値するものは親密な人や愛する人に対する特別の義務という概念に見出すことができるのであり、そのような義務は、道徳が個人としての私たちに当然課すような道徳的要求の拡大を制限すると考えられている。これと関連した根拠としては、現実的な人間の権利の方が存在する可能性があるだけの人間の権利よりも内在的重要性をもつという

ものや人間心理の性質(同情心の減退)に基づけば,道徳が個人に命じる犠牲的行為にはもともと限界があるというもの,さらに,道徳によって要求されることはどんな場合にも他の考慮事項に勝るというわけではない(前節で遭遇したウィリアムズの主張)といったものがある。

「正義」(justice)の概念は道徳理論の構築におけるこのような領域において,特に検討されてきた。「持てる国」から「持たざる国」への国境を越えた資源の組織的移動を正当化する,国際的な「配分的正義」(distributive justice)の概念と,(未来の世代に,私たち自身が受け継いだのと同程度の資源を一括して譲り渡す)「持続可能な開発」(Sustainable Development)という概念と特に結びついた,「世代間の配分的正義」(intergenerational distributive justice)の概念がこれに関連して登場してきている。ここでまた,懐疑の声が上がっている。理論家の一部は少なくとも社会に適用可能な配分的正義の概念全体を反論の余地のあるものと考えており,それゆえに,その概念を新たに社会に適用することに「仮説にしたがって」(exhypothesi)反対している。他には,その概念の適用が理解可能であるのは,特定の社会状況——「正義が生じる状況」が当てはまるような状況,あるいは,「互恵」(reciprocity)や「合理的協調」(rational cooperation)が意味のある概念であるような状況——に適用された場合だけである,と考える理論家もいる。こうした反論は協調や互恵の関係を結ぶことが不可能な,同時代の外国人同士の関係や現在の人間と未来の人間との間の関係に,ヒューマニズムであればともかく,正義を適用することを認めない。加えて,人間以外

---

(17) Fishkin, James (1982), *The Limits of Obligation*. を参照のこと。

(18) 国際的な配分的正義については,例えば,Beitz, Charles (1979), *Political Theory and International Relations* (新藤栄一訳『国際秩序と正義』岩波書店,1989年)を参照のこと。「持続可能な開発」については,第10章で論じることになるだろう。

(19) 特に反対しているのはHayek, Friedrich (1960), *The Constitution of Liberty*(気賀健三・古賀勝次郎訳『自由の条件I——自由の価値』春秋社,1986年,気賀健三・古賀勝次郎訳『自由の条件II——自由と法』春秋社,1987年),気賀健三・古賀勝次郎訳『自由の条件III——福祉国家における自由』春秋社,1987年)とNozick, Robert (1974), *Anarchy, State and Utopia*(嶋津格訳『アナーキー,国家,ユートピア——国家の正当性とその限界』木鐸社,1995年)である。

の自然は人間に対して正義を求める権利をもつという考えも，無意味だとして認めないのである。

では，特に，現在の人間と未来の人間との間の正義の問題についてエコロジズムが主張すべきことを考察しよう。次の考察において，私はブライアン・バリー（Brian Barry）がこの問題を論ずる際に提出した正義の理論の分析を用いることにする[20]。バリーはまず，特にヒュームと結びつけられてはいるが，ロールズ（J. Rawls）の高名な理論でも用いられることで信頼されている支配的概念に異議を唱えている。それはつまり，正義は一定の種類の状況，すなわち，「正義が生じる状況」が当てはまるような状況においてのみ，適用可能であるという考えである。

バリーが言及しているように，ロールズはこうした状況を資源の適度な希少性，人間の間の適度な利己心，人間の間の（危害を及ぼす能力の）相対的平等といった状況を伴うものだ，と要約している。ヒューム（D. Hume）の分析が論証しようとしているのは，財産の獲得と保持に対して社会の構成員が利害を有する結果として，こうした状況が該当する人間社会において，正義の概念が生じるということである。すなわち，正義は財産――どのような方法でそれを獲得し，譲渡すればよいか――に関わるものである。こうした状況の下で生ずる正義の規則はそれを正当とする根拠をそれ自身以外にもたない黙約であり，社会の構成員が相互に合理的協調を遂行するための基盤を形成する。その規則は，各構成員が他者の財産に関してその規則に従うという条件で各人の財産を保護するものであるから，また，そうである限りにおいて，人々はそれに従うのである。

「各人を公平に扱う」という観点から特定される正義の要件はヒュームによって特定された「正義が生じる状況」の外部でも通用するので，「正義が生じる状況」は正義の理解可能性や実行可能性の前提条件から除去されるべきである，とバリーは決定的な論証をしている[21]。彼は「合理的協調」としてのヒュー

---

(20) Barry, Brian (1996), 'Circumstances of justice and future generations'.

(21) Barry (1996), pp. 207-228. 要するに，バリーが証明していることは，「正義の問題」――

ム的な正義の概念と「普遍的な仮説的同意」(universal hypothetical assent) としてのカント的な正義の概念との，有用な比較をしている。バリーはヒュームの分析の本質を次のように説明している。合理的な自己利益を有するほぼ平等な人々が，全員が満足するような協調の方法を考案できれば，協調の便益を得られるような状況において選択する可能性のあるもの，それが正義である。それとは対照的に，カントの理論の本質は次のようなものだ。個人の選択が普遍的妥当性をもつことを保証するような条件の下で，個人が行う仮説的な選択が正義の原理を構成する。すなわち，そのような状況の下では，すべての合理的な選択者がその原理を選択するだろう。もちろん，その条件というのは，選択者が自らの状況に有利になるように正義の原理を歪めるのを体系的に防ぐものであり，正義の原理が厚い「無知のベール」(veil of ignorance) の背後で選択されることを要求するというロールズの方法以来のおなじみの考え方である。

「同時代の人々から構成される自己充足した社会」という，前述したように伝統的な道徳理論が一般に想定している唯一の状況に正義をどう適用すべきかを考察する際には，これらの競合する概念が一致し始める，という有益な指摘をバリーは行っている。その一方で，それらを同時代の外国人や同じ社会の異なる世代，また，世界中の異なる世代に適用すると，それらは互いに異なる解答を提出し始める。ある社会の構成員と今挙げた集団のどれかに属する構成員との間で合理的協調を行う可能性は当然のことながら，全く存在しない（未来の世代の場合）か，もしくは，きわめて少ない（多くの同時代の外国人に関して）かのどちらかである。したがって，ヒュームのアプローチはそうした集団の間

各人にそれぞれふさわしいものを与えること——が理解可能な形で生ずるのは，そうした問題が生ずる上で必要不可欠だとヒューム (D. Hume) が特定している状況とは別の状況であること，また，「正義の問題」がはじまる場合に，それは，ヒュームが支持している唯一の動機である自己利益的な効用とは別の動機に基づいている，ということである。ともあれ，個人の自己利益は，「利己的な悪漢」(self-interested knave) の例 (p. 217) が示しているように，正義を支えていると考えられる動機としては欠陥がある。

(22) Barry (1996), p. 234.
(23) Barry (1996), p. 237.

で正義の要件が機能すると認めることは不可能だと考えている。だから，慈悲心や人道主義がそれに取って代わらなくてはならない。これはたちまち道徳的要件の著しい弱体化をもたらし，もしそうした集団の構成員に対する配慮が彼らに対する私たちのケアという事実に基づいているのならば，そのような要件は厄介なまでに偶発的なものになる——私たちはケアをするのを止めるかもしれないからだ。

　カントの理論にそのような問題はない。というのは，正義の原理が合理的協調の可能性に基づいておらず，（功利主義にも当てはまることだが）時間や場所という考慮事項に縛られていないからである。したがって，カントのアプローチをあらゆる時間や空間に適用することは原則的に可能である。カント理論のロールズ版では，これは厚くなった「無知のベール」の背後で正義の原則を選択することに等しいので，このベールが持ち上げられた時，自分が属することになっている世代や社会について，選択者は何も知らないことになる。

　バリーはさまざまな所見を述べて，自らの議論を締め括っている。まず，彼は規定された方法で選択された原則がなぜ，そもそも正義の原則とみなされるべきなのかをカントのアプローチは明確にしていない，と述べている。その理論には正義の原則を体系化する際に除外しなくてはならない道徳的に恣意的で，偶然的な要素があり，それらの範囲を特定するような「権利の制約」(constraints of right) というものが存在することを前提としているに違いない。そうした制約がどのようなものであるのか，あるいは，それらをどのようにして確かめるべきか，といったことが非常に不明確だと彼は指摘している。とにかく，カントの理論は結局のところ，あまりにも多くのものを道徳的に恣意的だとして除外している，と彼は主張する。人間の社会生活や個人間の相互作用の細部——「賞賛」(praise)，「非難」(blame)，「ルサンチマン（怨念）」(resentment)，「感謝」(gratitude)，「同情」(compassion) ——がカントのアプローチでは放棄されており，それらと共に，私たちに必要だとバリーが示唆している「報償とニーズに基づく」正義の概念の必要性も放棄されている[24]。

　また，彼は，合理的協調のモデルは世代間の正義や私たちが協調できない同

第5章　道徳的配慮の対象となる可能性と道徳的トレードオフ

時代の外国人に関する正義の問題には役に立たないが，私たちが正義の項目に含めたいと思うものの多くを正確に捉えている，と指摘している[25]。もっともこの場合でさえ，それがすべてを説明し尽せるというわけではない。なぜならば，それは合理的協調の基盤となる財産の原初的取得の正しさをそれ自身の観点で立証できないからである。しかしながら，ここには正義の問題があり，したがって，その問題を決定する根拠として，合理的協調とは別のものが必要である。

　バリーは「機会の平等」(equality of opportunity) という概念こそが重要だと指摘している[26]。この概念はそれ以上詳しく説明されてはいないが，それは，所有物の最初の分配はあらゆる個人に機会の平等を与えるようなものでなくてはならない，ということを意味するようにみえる。正義と未来の世代に関して，それは「後の世代に開放されているすべての機会を狭めてはならない」という一般的要件を生み出す。バリーは，これが意味するかもしれないことの実例を環境問題から挙げている[27]。「資源の枯渇や環境に対する他の不可逆的な損害によって，機会の一部が閉ざされた場合，それを補うため（必要ならば，一定の犠牲を払って）他の機会が創出されるべきである」と[28]。

　したがって，機会の平等の要件は消極的に解釈される。私たちが後世の人々を自分自身よりも不遇にしないことを正義は要求する，と彼は指摘している。それは，私たちが彼らを自分たちよりもよい境遇に置くことを要求しているわけではない。この種の見解をもつ多くの人々は，これが引き起こす明白な問題に対処しようと努めてきた。すなわち，後世の人々が，どのような機会が重要なのか，また，よいものなのか，もしくは，悪い暮らし振りとはどんなものなのかについて，私たちと同じ見解をもつことをどのようにして確かめられるのかという問題である。バリーは，世代間正義の要件を満たすために，私たちが後世の人々の嗜好を知る必要も是認する必要もない，と述べている[29]。これは，

---

(24)　Barry (1996), p. 241.
(25)　Barry (1996), p. 243.
(26)　Barry (1996), p. 243.
(27)　Barry (1996), p. 243.
(28)　Barry (1996), p. 243.

私たちが保存すべき機会は特定の嗜好や選好とはある程度，無関係に特定できることを暗示している。おそらく，ロールズの「基本財」(primary goods) の概念に相当する何らかの概念がここでは必要である。

バリーの議論はエコロジズムにとって重要ないくつかの立場を立証している。第一に，「正義が生じる状況」説の拒絶はきわめて重要である。バリー自身が触れているように，「正義の黙約」(convention of justice) の当事者の間で意図的な損害を与える能力がほぼ同等であるという状況はそうした意図的損害をその当事者に向けることのできない存在者をその黙約から効果的に排除するのである。この排除は植民地を所有する列強の圧倒的な力に服従する先住民に対して向けられ，また，人間以外の自然を正義の対象となる可能性から排除する，と彼は主張している。(30)当然のことながら，それは現存している人間に危害を加えることができないという理由で，未来の人間も正義の対象から効果的に排除するようにみえる。(31)もっとも，現存している人間が未来の人間に危害を加えることができるのは確かなのだが（現存している人間はそうした危害に不平を言う立場にない，というのは，それがなければ今とは異なる状況が生じ，彼らとは全く異なる人間が代わりに存在しているだろうから，という一部の人々の主張を私たちが認めるとしても）(32)エコロジズムがこうした集団のすべてを正義の対象に含めることを望んでいるのは確かだろうということから，それを阻むこうした障害物を取り除くことは重要である。

---

(29) Barry (1996), p. 244.
(30) Barry (1996), pp. 220-221.
(31) しかしながら，ジョン・オニール (John O'Neill) は *Ecology, Policy and Politics* (1993) の pp. 28-36（邦訳46-57ページ）で，未来の世代は現在の世代の「生」に意味を与えるような計画を実現させない，あるいは，実現させる能力をもたないことによって，現在の世代に危害を及ぼすだろう，と主張している。これは各世代に，世代間で共有されるような共同体を確保する義務を課す。これは説得力のある主張である。とはいえ，共同体的関係がどのような意味でも存在しないことが多い同時代の外国人，もしくは，人間以外の存在のケースには役に立たないが。正義を意図的な危害を加える能力に基礎づけることに対するバリーの反論はこうしたケースでは，依然として必要である。
(32) Parfit, Derek (1984), *Reasons and Persons*, pp. 357-361を参照のこと。

第二に，正義を合理的協調とみなす解釈の適用範囲を限定することが重要である。バリーによれば，こうした解釈は同時代の同国人の間の正義の要件を場合によっては同国人であるかどうかにかかわらず，合理的協調が可能なすべての同時代人の間の正義の要件をまた，部分的に決定する程度のことでしかない。それが世代間正義の要件を決定するのに役立つはずがない。というのは，遠く隔たった世代間での協調は合理的なものであろうとなかろうと，不可能だからである。したがって，合理的協調のモデルは私たちが知っている唯一の合理的協調者である人間の間ですら，正義を決定するには不十分なのである。このことは人間以外の存在が正義の関係に含まれることを望むエコロジズムにとって有用である。というのも，正義を（人間の）人格だけに限定する恐れのあることがきわめて明白な正義の理論は今では，人間にとっても不十分なものだと考えられているからである。

　「所有物の原初的分配の正義」(justice of initial distribution of the holdings) の問題やその分配が機会の平等を維持できるかどうかという問題に注意を向けることも有益である。主題が正義であることを考慮すれば，この機会の平等は正義の対象にとってそれを手にすることが素晴らしい，あるいは，喜ばしいことであるというだけでなく，彼らが当然与えられるべきものとして解釈されなくてはならない。機会の平等はあらゆる生物に直ちに適用可能な概念である，というエコロジズムにとって有益な特性ももっている。

　それは，道徳的に配慮の対象となる可能性をもつすべての実在物は生存し，繁栄し，自らの本性にしたがって発展する機会の平等を明らかに与えられるべきである，という考え方を認めるものである。もちろん，これには反論の余地がないわけではない。生物が互いの生存と繁栄の条件に干渉することを考えれば，一部の個体や種の機会の平等を確保するために，他の個体や種からそれを剥奪する必要があるだろう。しかし，エコロジズムが進んでこの要件に対するバリーの包括的なアプローチに従い，また，その要件の消極的解釈――私たちは未来の世代の人間（および，人間以外の存在）が生存・繁栄する機会が現在と少しも変わらないような環境を伝えることによって，彼らを現在の世代と全く

121

変わらない境遇にしておくべきである——を強調することは確かだろう。

　このことは謎めいた「権利の制約」(constraints of right) を伴うものだとして，また，人間生活に特有のものをあまりにも多く投げ捨てているものだとして，バリーがカントの正義へのアプローチを退けていることについての考察へとつながる。合理的協調のモデルが人間にとっても不十分であることに関して，彼がその後述べている見解からすれば，——私たちは先ほどからまさにそれについて論じていたのだが——，これは奇妙な立場である。というのも，「原初的取得」(initial holdings) の領域における正義のより基本的な出発点を見つける試みは人間生活の細部をとらえることができる反面，それとほぼ同程度に，人間生活の細部から切り離されるからである。

　もちろん，「原初的取得」の正義を考察することの核心は，私たちがそうした所有を正義の名のもとに証明しようと努めている，ということではない。今となっては，もう遅すぎる。その概念の目的は不正な根拠に基づくものだとして現在の所有様式を批判できるような，ひいては，所有権の移譲や補償金の支払い，原初状態の復元によって不正を正すのを正当化できるようにする，そうした，理論的観点を見出すことであろう。「機会の平等」という原則がこのように用いられた時，正義の原則とは，道徳とは関係のないあらゆる考慮事項が全面的に排除された状況で合理的選択者が選ぶだろうものである，という考えに基づいていることによって，その正当化が証明されるような正義の原則の典型例であるようにみえる。また，バリーは原初的取得の正義の問題を正義と未来の世代に関連づけて論じているが，この問題はまさに，正義と同時代の外国人，また，正義と現在，および，未来の人間以外の存在との関連で提起できるものであることは明白だ。

　カントの正義へのアプローチは同時代の同国人の間の正義を正確に記述するのには適していないこと，また，ある種の合理的協調の理論の方がその点でよりすぐれた成果をあげることはおそらく正しいだろう。しかし，バリー自身の主張の構造は，カントのアプローチが適切な正義の理論を構築する仕事全体の基礎となるかもしれない，ということを暗示している。だとすれば，おそらく

ロールズはバリーが非難しているほど混乱していないことになる。ロールズがヒュームのアプローチとカントのアプローチの両方を用いるのは，それらが相補的であることを彼が感じ取っているだろう。

　当然のことながら，ある意味で，私たちがこの抽象的な領域において「権利の制約」の概念を用いていることは明白な事実であり，そのような制約は常に平等に関する何らかの前提条件を伴っているように思われる。正統性の立証はいつか終了すること，また，どんな主張であれ，何らかの命題を出発点として扱わなければならないこともまた，明白である。人間の道徳的思考の出現に適用されたダーウィンの理論はなぜ，私たちが人間生活の内在的価値に関する命題をこのように扱っているのかを説明する。これが正確な説明であるかどうかに関係なく，あらゆる道徳理論は何が「正しい」かについての直観で始めなくてはならないのであり，それゆえに，カントのアプローチが明らかにそうしているからといって，それに異議を申し立てる理由にはならない。出発点が道徳的に恣意的であるならば，反対する理由になるだろうが，あらゆる人間の公平な扱いの実現をめざす理論がそうした理由で非難されるのは理解しがたい。

　しかしながら，正義のより基本的な点を機会の平等という原則に基づくものだとするバリーの説明と同様の説明を私たちが支持するならば，さらに，エコロジズムの支持者として，私たちがこれを道徳的配慮の対象となる可能性をもつすべての存在者に当てはまるものと解釈するならば，解決が困難ないくつかの問題が私たちの前に立ちはだかることになる。例えば，未来の世代に関して，私たち自身が手にしているのと同じ数の機会を彼らに残すけれども，その数が，私たちが違う行動をとっていたならば残せたであろう機会よりも少ないという場合であっても，私たちは彼らに対して不正行為をしているとみなされるべきではない，とバリーは示唆しているようにみえる。というのは，正義は彼らに私たちよりよい暮らしをさせることではなく，私たちと少しも変わらない暮らしをさせることを私たちに要求している，と彼は述べているからだ。

　彼らも私たちも平等な機会をもっているのだから，ある意味で，これが平等の要件を尊重していることは明らかだ。しかし，人間にとって機会の数が歴史

を通じて着実に増え、その結果として各世代が後世の人々に自分たちよりよい暮らしをさせるようになってきており、また、私たちはそうすることができるのだとすれば、私たちは前の世代が私たちに対してとったのと同じ行動を後世の人々に対してもとる義務がある、という主張がなされるかもしれない。これは平等主義の原則ではないが、「公正」(fairness) の要件だと解釈されるかもしれない。これは、私たちの機会は増やすけれども、子孫の機会を減少させるような形で彼らから資源を奪うことによって、何世代にも及ぶ機会の増加曲線を私たちが「横ばいにする」ことが実際に許されるのかどうか、という問題を提起する。私たちがこのようなことをしても、彼らは私たちと少しも変わらない暮らし向きを手にするかもしれないが、私たちがそのようなことをしなかった場合より彼らの暮らし向きは悪くなるだろう。私たちが未来の世代からこのように「奪う」ことをしなくても私たちの機会は減少しないだろうし、それどころか、「奪う」場合ほどではないにしろ、増加するかもしれない。したがって、私たちが奪うことをしなければ私たちは同時代の人間に対して不正を働いていることになる、というのは明らかに真実ではない。私たちはバリーの原則によって、正義を愚弄することなく「奪う」ことを許されているのだろうか。

　私たちがそうした難問にどう答えようとも、次の点は少なくとも明白である。同時代の同国人という伝統的な領域を越えた正義の要件について有意義な議論ができること、私たちが正義の理論を適用したい人間——同時代の外国人や未来の世代——すべてに当てはまる正義の理論は道徳的配慮の対象となる平等な可能性というきわめて抽象的な道徳的仮説によってのみ、その正当性を証明できること、したがって、そうした仮説が人間以外の存在にも適用可能であるということ、この3つである。これもまた、すべての人間に当てはまる道徳理論を発展させれば、それは人間以外の存在にも当てはまる、という考え方の新たな応用例である。

　未来の世代に関する正義の問題は最近では、「持続可能な開発」の概念の見地から独自の解釈を与えられてきている。第Ⅳ部で政治経済学の問題を考察する際に、この概念に再び、戻るのが適切であろう。

第Ⅲ部

政治学的考察

第6章
エコロジズムの政治哲学（その1）
―― 人間性・人間の苦境・政治道徳

　現在の地球における生物多様性問題は人間の活動が直接もたらした深刻な脅威にさらされている，という主張の正しさについて考えてみることにしよう。さらに，私たちはこの過程を停止させ，さらには押し戻しさえするように行動しなければ，人間以外の存在の道徳的配慮の対象となる可能性について適切に配慮しているとは言えない。そう断言できる道徳的論拠が証明されてきたという主張もなされている。いずれの主張も正しいと仮定しよう。

　このような目的を達成するための実際的な方策の考察を始めるには，まず，別のレベル，すなわち，政治的なレベルの規範理論を見出さなくてはならない。これまでに明確化してきた道徳的要請を統合するようなやり方で，私たちの政治的意思決定を組織化するための規範的主張を私たちに与えてくれるような考え抜かれた「政治哲学」(Political Philosophy) が必要なのである。

　エコロジズムは「人間と自然の関係」という新しい道徳的問題や人間以外の存在の道徳的配慮の対象となる可能性といった事柄を持ち込むことによって，政治哲学に新しい方向を示してきたが，その一方で，人間社会における平等や自由，正義に関する主要な問題に答えるためには，他の哲学的伝統に依拠する必要がある，とルーク・マーテル (Luke Martell) は明確に主張している[1]。つまり，エコロジズムはこうした問題について，独自の道徳的前提に基づいて語るべき独自の見解をもたない，と考えられているわけである。こうした主張を考慮に入れるならば，私たちは，エコロジズムの政治理論がどのような形態をとるべきか，を決定するように試みなければならない。それは混成的な理論でなくてはならないのだろうか。それとも，伝統的な政治哲学の観点とは著しく異

---

[1] Martell, Luke (1994), *Ecology and Society: An Introduction*, p. 139.

なる観点から、人間同士の関係や社会的・政治的な制度編成に関する問題に答えるような、独自の理論を構成することができるのだろうか？

まず、政治哲学はどのような要素を包含する必要があるのかについて、考察することから始めよう。西洋の支配的な政治理論は伝統的に、次のようなもので構成されている。

① 人間性（human nature）、および、人間の苦境（human predicament）に関する理論。それは人間性を正当に評価し、人間の苦境に適切に、あるいは、妥当性をもった対応をすべく、なぜ、その形態の政治組織が必要なのかを示すものである。

② 政治道徳（political morality）の理論。それは、政治制度を精巧に作り上げ、運用するにあたって採用されるべき基本的な道徳概念を設定し、また、どの道徳概念が基本的なものであり、なぜ、そうなのかということを論証しようとする。その際、以下のような問いを提示する。そうした道徳概念を道徳的推論においてどう展開すべきか。それらはどのような政治的（ならびに、社会経済的）制度を命じ、あるいは、許容するのか。人間の政治制度の可能な形態のうち、どれが道徳的に最善のものとみなされるべきなのか。

③ メタ・レベル（meta-level）では、以下のような理論が存在する。道徳的思考をいかに理解し、道徳的な判断や主張をいかに解釈すべきかに関する理論。①で用いられている人間性、および、人間の苦境に関する最も擁護可能な見解に、いかにして到達しうるのかに関するの理論。道徳と政治の規範的言説が（宗教的言説のような）他の規範的言説、あるいは、自然科学や社会科学の理論のような非規範的理論と、いかに関係しているのかに関する理論である。

④ 政治経済学の体系（a system of political economy）。それは基本的な道徳体系とそれに付随する政治的秩序によって要求される、あるいは、少なくともそれらと両立できる、そうした経済活動の様式はどのようなものであるかを明らかにする。実践や人間の個別性、配分的、ないし、社会的な正義に関する議論がこの領域に特有の議論である。

⑤　政治学（political science），経済学（economics），ならびに，社会学（sociology）の知見を用いる試み。それは人間の政治システムを創設するにあたって何が実現可能であるか，弱点や危険はどこにあるのか，それらを回避するために実際にどのような措置を講じうるのかといったことに関する概念を精緻化するための試みである。

⑥　政治哲学（political philosophy）の実践志向を考慮するならば，以下のような試みが挙げられる。政治哲学の基本概念を運用可能にする試みである。現在の状況から望ましい状況へ，道徳的に容認できる手段によって移行する方法を説明する試みである。実際の，あるいは，潜在的な抵抗勢力に直面しつつも，道徳的に容認できる手段によって，望ましい状況を維持する方法を説明する試みである。一部の理論は，仮にその理論が間違っていることが判明した場合にどうすべきか，どのような変更や方向転換の仕組みをそれらは支持するのか，理想と現実の一致を期待していいのはどこまでか，つまり，これらについて説明することをめざしている。

本章とそれに続く諸章では，こうした問題を検討していく。それぞれの場合において，エコロジズムに特有のものとみなされるであろう見解を正確に指摘するように努めなければならない。

人間性と人間の苦境に関するエコロジズムの理論

第3章の議論ですでに触れたように，エコロジズムはこの一連の問題について独自の見解を有する。その立場の概要を思い出してみよう。エコロジズムは私たちは動物種であるという考えを基本的なものとして強調する。これがただちに示唆することは他の動物種の場合と同様に，私たちの歴史や特徴を理解するための現時点で最良の方法は現代の生物学理論，とりわけ，ネオダーウィニズムの進化論や生態学を修得することであるということである。

このように，エコロジズムは自然主義的で科学志向である。それはまず，人間を自然的存在として把握しており，限られた資源からなる世界で生存し，競

争せよ、というすべての種に当てはまるのと同じ命令に人間は従属しているものとみなす。その見解によれば、人間はこのおそらくは唯一無二の惑星の上で仲間である生物たちとともに進化してきたのであり、彼らと遺伝的物質を共有している。また、何らかの埋められない溝によって、彼らから隔てられているのではなく、むしろ単一の連続体上の要素として、彼らと関係しているのである。こうした点で、エコロジズムは物議をかもす見解にコミットしている。つまり、科学理論にかなり依存しているために、いずれ間違っていることが判明するかもしれない見解にコミットしていることになる。したがって、エコロジズムのこの出発点を受け入れることはある種の賭けである。

　第3章で検討した、この自然主義的・科学志向的な出発点が導く他の主張は、私たちが自己を理解するための最良の方法は進化論、遺伝学、生態学から得られる洞察と社会科学の発見とを統合するというものだ。「社会生物学」(sociobiology) の企図はこうした主張と結びついている。たとえ社会生物学が最終的には退けられるとしても、エコロジズムの基本的主張、すなわち、自然科学と社会科学の明確な、かつ、厳格な区別はもはや正当化できないという主張は何らかの形で残るであろう。[2] エコロジズムにとって重要なさらなる具体的主張は「バイオフィリア」、つまり、生物圏に対して「人間愛」(human love) という現象が存在し、その内容は私たち人類の進化の歴史を把握することによって、最もよく理解されるはずだ、という趣旨のウィルソンの主張である。

　私たちの「内的」性質に関するこうした主張に加えて、エコロジズムの自然主義的・科学志向的な前提は私たちの「外部の」(external) 状況に関する独自の主張を導く。とりわけ、私たちの基本的状態は、「生態系」(ecosystem) や「生物圏」(biosphere) といった概念によって最もよく理解されるという主張がなされている。こうした主張は私たち人間の生命維持システムを相互に関連した単一の全体として描いており、その中で、種としての私たちの生存や幸福、種としての私たちの条件の改善可能性は何百万もの他の種の幸福や生存と緊

---

(2) Martell (1994), Dickens, Peter (1992), *Society and Nature*, Goldblatt, David (1996), *Social Theory and the Environment* を参照のこと。

第6章 エコロジズムの政治哲学（その1）——人間性・人間の苦境・政治道徳

密に結びついているのである。

　人間の苦境についてこのアプローチが行うさらなる重要な主張は，私たちが自然環境を操作する能力には限界があり，その限界は生物圏全体の健全さや機能を維持するために必要とされる事柄がもたらすものである，というものである。私たちは最近になってようやくそのような限界に気づいたのであるが，それはまさに，実際その限界に今にも突き当たろうとしている時でもあった。

　先の箇条書きの①のところで，「人間性」と「人間の苦境」に関する理論の伝統的な目的は人間の政治組織を正当化するための根拠を与えることである，と述べた。それでは，エコロジズムの出発点にも同様の目的があるのかどうか，考えてみよう。ある見解では，そのような目的はないとされている。この見解によれば，「人間性」と「人間の苦境」に関するエコロジストたちの主張の論点は基礎づけることではなく，制限したり，警告したりすることである。その論点とは以下の点を示すことであると考えられている。すなわち，私たちが自分たち自身を政治的に組織化する目的が何であれ，生物圏において私たちが動物という立場にあることが私たちの政治活動を条件づけ，制限していることを，私たちは決して見失ってはならないという点である。

　しかしながら，また，別の見解によれば，政治組織に独自の理論的論拠を提供する際に，それを基礎づけるような目的を与えるためにエコロジストの出発点を用いることは，十分可能である。政治哲学における多くの伝統的な主張にならって，人間の政治構造の不在，もしくは，自然的な無政府状態の存在によって，なぜ，生物圏に住まう動物種としての人間が深刻で生命を脅かすような生活上の諸困難に対処できなくなるかを示せばよいのである。この点で，「共有地の悲劇」(the tragedy of the commons) は『リヴァイアサン』(*Leviathan*) に見出されるタイプの「囚人のジレンマ」(the prisoners' dilemma) がホッブズの理論において果たしている役割と同様の役割をエコロジズムにおいて果たして

---

(3) ドライゼック（J. Dryzek）が指摘しているように，ホッブズの自然状態における「万人の万人に対する闘争」(war of each against all) の論理は，「共有地の悲劇」の論理と同一である。John Dryzek, John S. (1997), *The Politics of the Earth*, p. 25の註を参照のこと。

いる。したがって,生存のためのニーズを満たす過程で人間が生物圏との間で有する相互作用を規制し管理する政治組織が周囲に存在しなければ,人間は遅かれ早かれ,生命維持システムを消耗させてしまうだろう,と論じることができる。

　もちろん,それはこの種の議論からどのような特定の政治的結論が適切に導き出されるかに関して,論争を巻き起こすことになる。人間の政治組織という概念を用いることによって,自らのきわめて国家主義的な考え方を擁護しようとするいかなる試みに対しても,私有財産制度の支持者や自由市場の信奉者は,抵抗するであろう。しかし,そのような理論家ですら,大抵は「最小国家」(minimal state) の支持者であり,無政府主義者ではない。彼らは,私有財産と自由市場制度を守るために国家が必要だということを認めている[4]。したがって,生物圏を「共有地の悲劇」から守る最善の方法であるという見地から,私有財産と自由市場制度を擁護するのであれば,彼らはエコロジズムの主張を事

　　O'Neill, John (1993), *Ecology, Polity and Politics*, pp. 38-39（邦訳60-62ページ）は,Hardin, Garrett and J. Baden, (eds.)(1977), *Managing the Commons*, San Francisco: W. H. Freeman 所収の「共有地の悲劇」('The tragedy of the commons') において,ハーディン (G. Hardin) によって提出された「悲劇」の元来の型を,次のように簡潔に要約している。

　　　　牧草地は多くの牧夫に開放されており,牧夫は各々他人から孤立して行動し,自分にとっての効用を最大化しようと試みている。各人は自分の群れの動物を一頭増やすことが自分自身に与える効用を考えている。だれにとっても,群れの動物を増やすことがもたらす実際の便益は過剰な放牧からもたらされる損失よりも大きいであろう。というのも,便益はもっぱら個人に対して生じるのに対して,損失は牧夫全員の間で共有されるものだからである。したがって,合理的で自己を最大化しようとする牧夫の集団は集団全体に損失を与えるとしても,自分の群れを増やすであろう。

　　しかし,オニール (J. O'Neill) が触れているように (p. 38, 邦訳60, 61ページ),「共有地の悲劇」という名称は誤りだ,と述べることは適切である。当該「共有地」は本当のところ,そこの利用を誰も制限できないようなオープン・アクセス制度のことであり,共有することができる資源のことでもなければ,例えば,村落共同体が利用を制限できるような資源のことでもない。

(4) ドライゼック (1997) の第3章,および,第6章は,こういった種類の反応について綿密な分析を提供している。

実上，受け入れているのである。

それにもかかわらず，エコロジズムによる政治組織の正当化と伝統的な理論の正当化との間には，当然のことながら著しい相違がある。つまり，エコロジズムによる正当化は正当化の論拠となるに足る危害や利益を当然，人間を包含してはいるものの，人間だけに関わるものではないような地球の生態系にもたらされる危害や利益だと考えている。それとは対照的に，伝統的な理論が政治に期待しているのは，もっぱら人間にとっての利益の確保と損害の回避である。

したがって，第II部で私たちが見出したように，政治を正当化する際には，非道具的な理由に基づいて人間以外の存在の利益や幸福を考慮に入れるべきである，とエコロジズムは主張する。すなわち，エコロジストたちはある政治形態を正当化する時，自分たちが擁護したいと望む政治制度が人間以外の生物の幸福や，繁栄の条件を考慮に入れることに，体系的，かつ，恒久的にコミットすることを要求しているのだ。

つまり，ここで強調すべき重要な点は，以下のような点である。すなわち，政治がもつ人間にとっての基本的なジレンマに関して，エコロジズムは，「私たち人間はいかにして，協調によって得られる利益を確保しつつ，その不利益を最小限にとどめることができるのか？」という伝統的な見解ではなく，「私たち人間はいかにして，人間同士の協調から生じる利益を自分たちや生物圏の他の生物のために確保しつつ，その不利益を自分たちや生物圏の他の生物のために最小限にとどめることができるのか？」という見解をもつのである。

この点を別の言い方で言い換えると，伝統的な「自然状態と社会契約」という組み合わせを考える際に，自らのためだけに行動するのではなく，契約や対話に参加するとはみなしえない存在である地球上の仲間の生物たちの後見人や代理人としても行動するような人間を含めて考えることである。人間がこのように行動することの動機はそうした生物との間に相互連関性や連帯，相互依存性があるといった感覚，すなわち，「バイオフィリア」（biophilia）に由来するものと考えられており，加えて，それらの生物の道徳的配慮の対象となる可能性を認識することに由来すると考えられている。この論点をロック的な言い方

で言えば,「人類」だけでなく,生物圏を保護することは自然法の一部としての自然的義務とみなされるのである。この「後見性」(guardianship) という観点が人間の政治組織の諸制度にとって何を意味するかについては,後に述べることになろう。

そのような見解が全く突飛なものではなく,むしろ私たちのような進化の背景をもつ知的動物にとって全く妥当であるとみなされる理由を論証することは「人間性」と「人間の苦境」に関する科学に基づく分析の重要な目的である。

エコロジズムの政治道徳(1)——文脈依存的な自己と道徳的後見

そういうわけで,エコロジズムにとって,人間以外の存在の道徳的配慮の対象となる可能性は明らかにまさに最初から前提とされなくてはならないものであり,それは政治システムがめざすべき,それ以外の政治的・道徳的価値は何か,という重要な問いに影響を及ぼすのである。

この主張についてさらに検討するために,まず,トマス・ホッブズ (T. Hobbes) が政府の主な目的を個人に安全を提供することとみなしたという点に着目しよう。ジョン・ロック (J. Locke) は現在の自由主義的政治観の発展に多大な影響を与えた,そうした政治観を擁護する際に,政府の主な目的は個人の生命,自由,財産の保護である,と主張した。社会主義の伝統にとって,政府の目的とは,社会的連帯と相互依存という文脈の下で個人の全人的発達の条件を確保することである。

ここに見て取ることができるのは,ホッブズによる人間の原子論的分析において明白な個人主義的視点が人間を本質的に文脈依存的な存在とみなす見解によって異議を申し立てられるに至るという思想の動向である。後者の見解によれば,人間の幸福の条件は個人と他の現象——特に,社会主義(および,保守主義)の伝統においては,自分と同種の他者——との相互連関性を正しく認識することの中に見出されることになる。

エコロジズムはその繁栄の条件がより広範な文脈との関係に依存する,文脈

第6章 エコロジズムの政治哲学（その1）——人間性・人間の苦境・政治道徳

依存的存在としての人間という異なる概念を導入する。エコロジズムによれば、そのより広範な文脈とは、当然のことながら、生物圏やそれを構成する無数の生物によって与えられるものである。従来の哲学的伝統はこうした文脈を無視していたわけではないが、非常に特殊な仕方で、すなわち、比較的希少な資源の源泉として理解していた。人間は脆弱な身体をもつ生物として、生活手段をこの源泉に求めなければならないのである。

このような理解はそれ自体としては正しいが、エコロジズムとの関連でみれば、きわめて不適切なものである。確かに人間は身体をもち、身体的健康と生存を持続させる条件を提供している。適切な種類の物質的環境を必要としている。しかし、人間は本質的に道徳観念を備えた存在であり、文化の創造者であり、自然界に愛情を抱く存在でもあるのだ。これら3つの領域において、重要な分析の次元が軽視されてきた。

ここで3番目の領域についてもう少し触れておくことは、エコロジズムの政治哲学を発展させるという文脈において適切である。生命界への愛という現象は人間が自身を取り巻く自然的文脈との間に、直接的な感情的、かつ、自覚的関係をもっていることを明らかにしてくれる。人間生活のこの側面、すなわち、人間は愛する能力をもつという重大な事実は当然他の政治哲学において無視されているわけではない。たとえ政治哲学の解説書の多くにおいて、奇妙なことに無視されているのだとしても。

自由主義者にとって、親密な個人的関係の中での個人相互の愛こそ、中心的なものである。同様に、保守主義にとっては、土地や文化、歴史を包含するものとして理解されている祖国愛が本質的なものであり、それは他の哲学によって不当にも無視されてきたとみなされている。社会主義にとって、特定の下位集団の範囲を超えた、また、人間の連帯と友愛という形で表現された人類愛こそが人間生活の繁栄にとって本質的なものである。宗教哲学にとって、こうした愛はすべて、神に対する愛の諸相として見出されるべきものである。すでに強調してきたが、エコロジズムは人間の周囲の生命界に向けられる愛を上述の他の愛すべてと少なくとも同程度に中心的な関心事として提示している。

当然のことながら、これは事実的な主張であるのと同程度に規範的な主張でもある。それは、実際にそのような愛がほとんどの人間の生活の中心にあるという見解のみならず、十分に完成した人間の生活はそうした諸感情のストックの中にそのような愛が入る余地を含んでいるべきだ、という見解も伴う。ある人間がそうした愛を全く抱かないのであれば、その人の生活はそれだけ貧弱なものとなる。もちろん、他の種類の愛がふんだんに存在しており、当人の主観的観点からみれば、繁栄している生活を営んでいると言いうるほどに、十分に愛が存在しているといったことはありうるだろう。しかし、それでもなお、こうした問題に関するエコロジズムの見解からすると、そのような人の生活には、ある重要な側面が欠けていることになる。

こうした種類の愛のすべてが実行可能で、有意義で、人間の繁栄に必須であるかどうかということは当然のことながら、さまざまな政治哲学の支持者たちの間で論争の的である。社会主義者たちは愛国心の役割について懐疑的である。自由主義者たちは、「人類愛」（love of humanity）を一定の疑いをもってみている。宗教哲学者たちは世俗哲学の中心にある人類愛を神への愛から切り離された時には危険なものだとみなしている。こうした種類の愛はすべて、不快な生活形態に人々を陥れる罠だとみなされる可能性もある。それらは時として、実際にはある種の憎悪の隠れ蓑として、もっともらしく提示されることもあるだろう。例えば、自然的文脈や他の生物に対する愛はまさにこの観点から、しばしば人間嫌いの隠れ蓑だとみなされている。[5]

人間愛の異なる形態に対するこうした批判はしばしば効果的である。しかし、それらの批判が示しているのはそのような種類の愛は放棄、ないし、軽視されるべきだということではなく、それらはその正確な性質や重要性を明確に理解しなければ破壊的方向に向かいかねないような、人間生活における強力な要素であるということだ。

したがって、この議論の核心に戻って言えば、エコロジズムは文脈依存性を

---

(5) 現代の環境主義の歴史において時として明白にあらわれてきた「人間嫌い」（misanthropy）のことである。これについては、Dryzek (1997), pp. 156-157で述べられている。

第6章 エコロジズムの政治哲学（その1）——人間性・人間の苦境・政治道徳

もつ存在としての私たちの自己概念を豊かにしようと努めているのだ。第4章におけるエコロジズムの道徳理論の概観で触れたように，環境倫理学者たちは人間以外の自然環境と直接的で，倫理的に重要な関係をもつものとして，「拡大された」(extended) 自己という認識を形成する必要があるとしばしば語っている。その最近の例は人間以外の領域を扱う場面にまで正義の感覚を拡大するのに必要な基盤に関して，ロー（N. Low）とグリーソン（B. Gleeson）が行っている議論である。自らを選好充足者だとみなすような，伝統的な功利主義的自由主義のローとグリーソンが言う，「境界づけられた自己」(bounded self) を私たちは拒絶しなければならない。そして，私たちは人間，および，人間以外の他者との間にさまざまな直接的，かつ，本質的な相互関係を有するものとして，自分自身を把握しなければならない。そうした相互関係があるからこそ，私たち自身とそれらの他者の自己との関係は明らかに正義の範疇に含まれるのである。[6]

したがって，こうした点から引き出される結論は次のようなものである。エコロジズムにとって，政府の目的は人間の繁栄の条件を確保することであるが，ただし，人間以外の世界との間に本質的な道徳的・感情的・文化的な関係をもつ存在であるという文脈依存的な私たちの性質を正当に扱うような仕方で，それは達成されなければならない。もっとも，私たちは私たちの身体的生存の条件を人間以外の世界から確保しなくてはならないのであるが。そのような生物にとって満足できる政府の形態は伝統的な政治哲学によって支持されてきた形態とはさまざまな点で異なるであろう。

第一に，その政府形態の活動は基本的人権を尊重するという要請のみならず，人間以外の存在の道徳的配慮の対象となる可能性を認めるという要請によって，

---

[6] Low, Nicholas and Brendan Gleeson (1998), *Justice, Society and Nature*, pp. 135-137. この「拡大された自己意識」(an extended sense of self) という概念に対する特定の解釈について，私はいささか疑念を抱いている。それについては，Baxter, Brian (1996), 'Ecocentrism and persons' を参照のこと。人間以外の自然との相互関係やそれに対する愛情を十分に理解している点はこの概念の最も擁護できる部分である。しかし，人間以外の自然と一体化するという感覚となるとはるかに疑わしいものとなる。

制限されるであろう。このことは、人間が政府に許可する行為に全く新しい一連の副次的制約を導入し、また、全く新しい一連の目標を設定するであろう。これらの制約や目標は生物多様性と多種多様な他の生物の繁栄の条件を維持するために必要とされる事柄と関連している。ここでの問題は本質的に、前章でローとグリーソンにならって「生態学的正義」(ecological justice) の問題と名づけられたものである。それは、人間と人間以外の存在との間で環境の配分を決定するための原理に関するものである。

これは民主主義についての伝統的な議論を支えている、被治者に対する統治者の説明責任について、エコロジズムがとるべき見解に直接的な影響を与えている。というのも、統治者としての人間が道徳的配慮の対象となる人間以外の存在の利益にも必ず関心を向けるようにする方法が発見されなければならないからである。そうした道徳的配慮を受ける人間以外の存在が人間の政府から必要な配慮を受けるために、政治過程に参加したり、民主的権力を行使したりする方法が存在しないのは明らかである。したがって、人間の政府にそうした問題を考慮させるような、政府内部の何らかの制度編成が必要なのである。

ローとグリーソンはこうした主張に説得力があることを認めている。現代の世界で生態学的正義を実効性のある形で確保することに関心を抱いているために、彼らは人間であれそれ以外の存在であれ、すべての地球の居住者の間の生態学的正義の要請を実行する責任を部分的に負い、さらに民主的な説明責任を果たすような一組のグローバルな制度の必要性を提示している。彼らは、「世界環境理事会」(World Environmental Council) と「国際環境裁判所」(International Court of the Environment) が国際連合の後援の下に創設されることを提案しているのである[7]。前者は地球環境問題に関する政治的議論、および、公的調査のためのフォーラムを提供し、後者は国際的次元を有することが明白な特定の環境紛争を裁定する。こうした制度の中で、生態学的正義は人間以外の存在の利益のために行動する生態学的正義を唱える人々によって守られるであろう[8]。

---

[7] Low and Gleeson (1998), p. 190.
[8] Low and Gleeson (1998), p. 191.

第6章　エコロジズムの政治哲学（その1）——人間性・人間の苦境・政治道徳

　ローとグリーソンは，「世界環境理事会」の役割は環境紛争の問題について決定を下すことではなく，むしろそのような決定を行うための原則を発表し，具体的な事例において決定を下すための制度的方法を考案することだと提案している。こうした制度的方法に関して彼らが念頭に置いているのは，「規制的レジームを創設するために国連の後援の下に設置されたさまざまな多国間委員会によく似た，関係者の利害を集約するような一連の責任ある機関」である。[9]

　しかしながら，こうした主張が有する論理は明らかに，それと類似した機能，とりわけ，国内の環境紛争に関して国家レベルで生態学的正義を遂行する機能を果たす環境会議や環境裁判所を憲法による保証を与えつつ，国家の政治制度の中に設置することをも正当化するであろう。[10] 同様に考えれば，このような制度化の過程は地域レベルにまで及ぶことさえありうる。そのような組織が存在する権利とそうした組織が生態学的正義を実際に実現できるかどうかはともに，それらが憲法によって保証されることを必要とする。当然のことながら，これによって，そうした組織を廃止することが不可能になるというわけではないが，そうすることは非常に困難となるであろう。これは重大なことである。なぜな

---

(9) Low and Gleeson (1998), p. 191.
(10) 具体的な後見制度への言及はないけれども，同様の立場を Barry, John (1996), 'Sustainability, judgment and citizenship', p. 122に見出すことができる。

　　　憲法は，現在の世代が将来の世代に対して負う義務を具体化しているだけでなく，人間以外の存在に対する社会の綿密な考察と熟慮に基づいて採用する態度を表現しているとみなすことができるだろう。すなわち，私たちが人間以外の存在と未来の人間の子孫の両方を「道徳的主体」（moral subjects）とみなすことができる限り……憲法はこうした弱者に，何らかの法的保護を与えることができる。そのような法的無能力は自由民主主義の政治のありふれた特徴であるために，これには何ら驚くべき点はない。われわれはこれを未来の市民のみならず，人間以外の存在の利益を代表するために憲法の条項を必然的に伴うものとみなすことができる。

　　生態学的視点を踏まえた民主主義は人間以外の存在を保護するための何らかの法律上・憲法上の手段をもつ必要がある，と示唆している。同書における別の執筆者であるピーター・クリストフ（Peter Christoff）については，Christoff, Peter (1996), 'Ecological citizenship and ecologically guided democracy, pp. 165-166を参照のこと。

らば，資金力と影響力をもつ経済的行為者の活動が生み出す強力な政治的圧力にそうした機関は確実にさらされるであろうからだ。

　ここで，次のような主張がなされるかもしれない。十分な数の有権者がエコロジズムの主張に納得できるようになれば，彼らは立候補している政治家たちがそうした問題にも関心を向けることを要求するであろう。そして，その結果，人間以外の存在の道徳的要求を実現するために，通常の民主的な選挙以外の新たな制度を作る必要はなくなるだろう，と。逆に，エコロジズムの主張に納得している人が十分にいなければ，人間以外の存在への道徳的配慮を実現するためのいかなる制度も長続きはしないであろう，と。

　これに対して，エコロジズムが選好する政治構造は，大多数の人々がエコロジズムの道徳的・科学的・文化的な主張を受け入れた場合にのみ存在し，機能するであろう，という主張は確かに妥当だということが認められるだろう。エコロジズムが選好する政治形態の中で，エコロジズムの主張に懐疑的，ないし，敵対的な人々をどう扱うかということは後ほどまた，考察しなくてはならない重大な問題である。それは，イデオロギーがその処方箋の一部しか遵守されていない場合にいかに対処すべきかという問題であり，社会化や教育，寛容，全体主義といった問題をエコロジズムの政治哲学の中に包摂するものである。

　しかしながら，特定の社会で暮らす人間の大多数をエコロジズムの視点に転向させたとしても，人間以外の存在の道徳的要求の擁護を人間の民主主義の通常の過程にただ委ねるだけでは，明らかに不十分である。エコロジズムによって支配された世界においてさえ，差し迫ったものだとされる何らかの人間的な関心事の名の下に，人間以外の存在の要求を無視し，見逃し，軽視するという誘惑が常に存在するからである。結局のところ，このようなことはある社会の人間が別の社会に属する人間の道徳的要求について考慮する場合に，すでに起きていることである。したがって，人間以外の存在による道徳的要求を確実に満たすためには，社会の政治的・経済的・社会的な活動を審査する義務を負う，憲法によって保証された「後見」制度（guardianship institutions）が必要なのである。この制度は立法や政策の提案に関する審査権と拒否権を必要とするであ

第6章 エコロジズムの政治哲学(その1)——人間性・人間の苦境・政治道徳

ろう。

　もちろん,この制度が機能するためには,人間以外の存在に帰属させても理解が得られるような道徳的要求とは何か,この点を決定するための明確な原理をエコロジズムがもつ必要がある。そうした原理をもとうとすれば,今度は,さまざまな種の道徳的地位についての,そして,おそらくは生息環境や生態系の道徳的地位についての入念な分析が必要となる。前章で展開されたような原理が必要となるであろう。そうした機関がうまく機能するためには,環境的な影響に関する情報を収集する手段をそれらがもっていることも必要であろう。

---

(11) ローとグリーソンはその著書 (1998), pp. 156-157で,彼らが案出した原理を提示している。

> **第一原理**:あらゆる自然的存在はそれ自身の生活形態を十分に享受する資格をもつ。人間以外の自然は道徳的配慮の対象となる可能性をもつ。「拡大された」自己概念ゆえに,人間と人間以外の存在との間の絶対的障壁は擁護不可能である。
> **第二原理**:すべての生物は相互に依存し,かつ,無生物に依存している。この原理は種の間に対立が起きた時にいつでも考慮されなくてはならないものである。異なる生物間で権利とニーズが衝突する具体的事例において判断を下す際,これがどのような含意をもつかはまだ明確ではない。
>
> これらの適用を支配する3つの「経験法則」がこれらに付け加えられる。
>
> ① 生物は無生物よりも道徳的に優先される。
> ② 個別化された生物は共同体としてのみ存在する生物よりも優先される。
> ③ 人間の意識をもつ個別化された生物は他の生物よりも道徳的に優先される。
>
> これらの後者の法則は明らかに,前章で提案された種類の道徳的トレードオフの基礎を据えることをめざしている。もっとも,種と個体のどちらが重要か,というようないくつかの問題には触れられていないが。
> 本章の前の方で触れたように,最初の2つの原理は実際には本題から外れた無関係なものを伴う。私たちが拡大された自己意識を発達させなくても,また,別の惑星の生物,例えば,(私たちがそれらの存在を知っているという,単なる認識論的な相互関係以外の)相互関係を私たちとの間に全くもたないような生物を私たちが扱っているにしても,他の生物に対して正義が実現される必要がある。そうした存在に正義が実現されなくてはならないのは,それら自身がそういう扱いを受けるに値するからであり,私たちのあり方によるのではない。もっとも私たちの存在のあり方を前提とすれば,正義を実現しなくてはならないのは私たちの方であるのだが。

法案や提案された政策がもたらすかもしれない影響を正確に測定するためには，そうした情報が必要とされるからである。

このようなことはアメリカ合衆国ですでに機能している。アメリカでは，「絶滅危惧種法」(the Endangered Species Act) が連邦最高裁判所レベルまでの司法機関に付与された司法審査権と連携しながら，絶滅危惧種の存続を脅かすことを根拠にして，ある種の経済活動を阻止することを裁判所に許している[12]。当然のことながら，その法律は憲法によって保証されたものではない。

しかしながら，本章の冒頭で論じた問題領域⑤について少し述べるとすれば，エコロジズムが自らの思想の実現方法に関して行う説明との関連でこのアメリカの事例が示唆しているのは，エコロジストが選好する政治構造を実現させる一つの方法であり，それは大規模で即時の改革によるやり方ではなく，現存の社会経済的・政治的な構造，および，実践を漸進的に修正し，転換するというやり方である。ローとグリーソンやデ・ゲウス[13] (Marius de Geus) のような，生態学的に敏感な政治的秩序を擁護する何人かの人々はこの種の方法による漸進的改革の可能性を論じてきた。

もちろん，そのような過程には，あまりに組織化されていないため改革者たちの目的の達成を保証できないような，暴力的，あるいは，急進的な改革が有する予測不可能性を回避するという大きな利点がある。その反面，それはあまりに時間を要するために，急速に変化する状況の下では有効なものとはなりえないという欠点や転換に対する効果的な反対運動を組織化するための十分な時間と機会を改革の敵対者に与えてしまうという欠点をもつ。しかしながら，おそらく大規模な環境上の破局が起こらない限り，エコロジズムにはこのような漸進的改革の道を追求する以外に選択肢はない，と言ってよいだろう。

---

[12] この現象を提示したものについては，Norton, Bryan (1987), *Why Preserve Natural Variety?* (1987), pp. 3-6を参照のこと。

[13] de Geus, Marius (1996), 'The ecological restructuring of the state', p. 188を参照のこと。

エコロジズムの政治道徳(2)——生態学的正義と環境的正義

　人間以外の存在の道徳的地位に対する後見制度を具体化するような，そうした人間の政治制度を創設するためには，確かに人間の無私無欲という資質を必要とするであろうが，そうした資質は，人間が同じ人間の道徳的要求のみを考慮に入れている時でさえ，さほど存在しているわけではない。しかし，そのような後見制度の概念には何ら矛盾したところはない。ただ，この概念には明白な難点が一つある。それは，人間が自らの繁栄の基盤である環境に対してもつ道徳的要求から生じている。それについての一連の考察は，有益にもローとグリーソンによって「環境的正義」(environmental justice) と名づけられてきた。[14]

　エコロジズムにとって一貫した道徳的立場は人間の繁栄を維持する環境の状態に道徳的重要性を与えることを明らかに要求する。私たちの現状に関する紛れもない事実の一つは人間間での良好な環境の分配に大きな不公正があるということである。ローとグリーソンが環境的不正義を包括的に論じる時に特に批判している不正な現象は次のようなものである。明らかに抑圧的な階級的・民族的基準にもとづいて，「地域が望まない土地利用」(locally undesired land uses：略称 LULUs) を社会内部で分配すること。有害物質をそれを欲しない社会から，国家や個人の経済的自己利益のために，自らの社会が投棄場として利用されるのを厭わないような為政者が統治する社会へ輸送し，投棄すること。また，経済的自己利益を理由として，工場労働者や農業労働者たちが，多国籍企業が属する社会の法律が求める労働条件よりも環境上，望ましくない労働条件に服しても構わないと考えるような社会において，多国籍企業が生産設備に投資すること，などである。

　こうした不正のいくつかは明らかに，人間以外の存在を不当に扱うことなく克服できるものである。すなわち，多くの点で生態学的正義と環境的正義が共

---

[14]　Low and Gleeson (1998), p. 2.

存できることは明白である。例えば、埋立地が必要でありどこかを埋め立てなくてはならないような場合、これが環境にとっての「悪」だと仮定すれば、正義を実現する際に考慮すべき唯一の事柄は埋立地に物理的に近いという負担を人間の間でいかに分配すべきかということであろう。そういう場所をつくることは、特にそれらを最小限にとどめることが可能ならば、人間以外の個体や種、あるいは、生態系の幸福に対する脅威とはならないかもしれない。

　しかし、一部の貧困層は自分たちにとって、生態学的正義の要請は経済発展を確保するという要請や少なくとも経済発展によって得られるより大きな経済的安定性を確保するという要請に比べて、二次的なものでなければならない、という見解をとるだろう。海外からの有害廃棄物の投棄場として機能することがある社会にとって外国から収入を得る唯一の実行可能な方法であるとすれば、その社会の住民は経済発展に必要な現金を得るためには、短期的にみて彼ら自身のものも含む環境の質を犠牲にする以外の選択肢はないと感じるかもしれない。それが人間以外の種の幸福に必要な生息地を破壊し、汚染するという結果に終わるとしても、これはそうした人間の経済発展に対して支払われなくてはならない代価であるとみなされるかもしれない。そして、経済発展は居住する人間の繁栄を支えるような環境の創造に向けての、さらに長期的には、環境的正義を確保することへの必要な一歩だとみなされるだろう。

　多くのそうした主張は当然のことながら、一見正しそうではあるが、実のところ、現金を手に入れるけれども、環境の悪化を被るわけではない地元のエリートたちの私利私欲に基づくものであるだろう。多くの場合、より公正な国際経済システムや豊かな人々から貧しい人々への資金や技術的ノウハウの移転、内部の公平性がより高い社会の創造といったことなどが生態学的正義を犠牲にすることなく、環境的正義や経済発展を達成する方法であると考えられる。しかし、人間が経済発展、ないし、経済的安定性を達成する上で、生息地の破壊や人間以外の種の絶滅は必要なものであるのかもしれない。これは、少なくとも理論上は可能なことだと思われる。ローとグリーソンは次のように述べている。

実際,環境的正義の要求,すなわち,環境の良好な状態を広める必要性と生態学的正義の要求,すなわち,すべての生物,ならびに,生態系の繁栄のために地球を保護することとの間には,最も過酷な矛盾がおそらく存在するであろう。[15]

　彼らはこの考えの含意をそれ以上は検討していない。しかしながら,そうした場合に問題となることをより詳細に調べるならば,適切な捉え方をする限り,正義の衝突など起こらないということが示される。これを理解するためには,以下の点を想起すべきである。すなわち,エコロジズムは人間の基本的ニーズと人間以外の存在の基本的ニーズとが衝突するような道徳的トレードオフの状況では人間の利益を優先するとはいえ,エコロジズムはまた,その衝突が本当に克服不可能なものであることを確証するために,そうした状況を入念に考察しなくてはならない,と主張しているのである。人間以外の存在の利益は無視できるものではない。それゆえに,人間の間の環境的正義を確保するために明らかに生態学的に不正なことを行うであろう人々には,合理的な疑念の余地もない立証責任が課せられる。もちろん,これは人間以外の存在にとって重要な生息地の破壊に代わるすべての選択肢が考察,評価されなくてはならないことを意味する。明らかに,この仕事は先に論じた「後見」制度が担うべき主な責任であるだろう。

　しかしながら,これが実現されれば生態学的正義も実現されると考えられる。その理由は,異なる生物の間で起こる利益の衝突を裁くために,前章で議論された優先順位の規則の核心はその規則に従った時に,正義の要請と矛盾するのではなく,むしろ調和するからである。言い換えれば,異なる種の基本的ニーズを平等に満たすことが本当に不可能な事例とは,より道徳的配慮に値する当事者の利益が優先される時に行われる正義の例である。しかし,そのような場合,道徳的配慮により値しない当事者にとってその結果は非常に悲惨なもので

---

[15] Low and Gleeson (1998), p. 183.

あるために，両立が不可能であることを証明するには非常に厳しい立証が必要である。

　このことは実際，生態学的正義の要請が環境的正義の要請を制限することを意味する。人間の間で良好な環境と悪化した環境を公平に分配する方法を探す時，私たちは常に，生息地に対する人間以外の存在の権利が脅かされない方法を探さなくてはならない。人間の基本的ニーズと人間以外の存在の基本的ニーズとの衝突が避けられない場合にのみ，前者のために後者を犠牲にすることになるだろうが，それでも，私たちはそうした衝突を避けるべく全力を尽くさなくてはならない。

　人間以外の存在に正義を行うだけでなく，人間の「配分的正義」(distributive justice) の一種で，あるいわゆる環境的正義の実現をも確実なものとするために設計された，そうした政治制度を支持する主張を立証することができた。したがって，これまでのところ，本章では間接的にしか言及してこなかった政治制度に関する見解をより詳細に展開する必要がある。とりわけ，国家や民主主義や世界政府について，また，それらすべてを支えるより理論的なメタ・レベルの問題について，エコロジズムが独自の見解を有しているかどうかを確認する必要がある。すなわち，政治哲学的考察をいかになすべきかに関して，エコロジズムは何を考えているのか，この点について次章で扱うことにする。

第7章

エコロジズムの政治哲学（その2）
　──政治道徳とメタ・イシュー

　前章で述べたことから，4つの問題点がただちに提起される。
① 　「エコロジズム」というイデオロギーには，独自の民主主義の擁護論はあるのだろうか。独裁制の方がより効果的にエコロジズムの目標を達成できるのではないだろうか。もし独自の民主主義の擁護論があるのだとすれば，どのような特定の民主主義の形態をエコロジズムは支持するのだろうか。
② 　生命体の繁栄の条件を保護することが本質的にグローバルな問題であるとすれば，エコロジストたちが意図する政治形態は必然的にグローバルな，あるいは，国際的なものとみなされなければならないのではないか。エコロジー的な政府はグローバルな政府でなければならないのではないか。もしそうであるとすれば，どのようにグローバルな政府を作り上げ，十分に機能させていくのか。
③ 　エコロジズムの観点からすれば，ある領域において唯一正統性をもって強制力を行使する，領域的に限定された存在とみなされる国家，そうした国家を基盤とする伝統的な統治構造はおそらくグローバルな環境 NGO が発展させつつあると思われるネットワークに基づいたより緩やかな「統治（権）」（government）の概念に置き換えられる必要があるのではないか。もしそうであるとすれば，地球全体の調整という問題はどう取り扱われることになるのか。
④ 　エコロジズムのメタ倫理的立場とは何か。エコロジズムは，人々が倫理的問題を議論する時に何が起こっているのかを理解する方法について，特定の見解にコミットしなければならないのではないか。
　最後の問題には，以前に第3章で倫理思想への自然主義的アプローチを人間性理解のための生物学的アプローチとの関連で紹介した際に，触れている。も

しエコロジズムがグローバルな政治体制にコミットしているとするならば、それはエコロジズムにとって、とりわけ、緊急の問題である。というのも、その場合、評価的、認識論的、形而上学的問題に関する「文化相対主義」(Cultural Relativism) の主張、すなわち、近年、「ポストモダニズム」(Postmodernism) と結びついている主張に対応する必要が出てくるからだ。[1]

この4番目の問題は、多文化的文脈の下での民主的な意思決定という問題とグローバルな政府とガバナンスの問題に関して、前述の最初の2つの問題が有する重要な側面との関連で、特に重要である。したがって、道徳的問題に関して、いかにして文化横断的な合意に達するのかという一般的な問題の一部として、それは論じられるだろう。

エコロジズムと民主主義

最初に想起する必要のある事柄は人間以外の自然界への関心と人間の幸福への関心との間にエコロジズムが据える直接的結びつきであり、後者の関心には、人間の幸福についてのより豊かな概念を発展させることが含まれている。それゆえに、最も望ましい政府形態について考察する上で、エコロジズムは人間の幸福を促進するためにはどのような構造やプロセスが必要かという問いのみならず、すでに検討済みの道徳的トレードオフを処理するための原則に従いつつ、人間以外の存在の幸福を促進し、保護するためには、何が必要なのかという問いにも取り組まなければならない。

これまでみてきたように、もしエコロジズムが人間以外の存在の道徳的要求

---

(1) 環境主義の科学志向の言説(ディスコース)とポストモダニズムの文学志向の言説を効果的に結合させようとする啓発的な試みについては、Gare, Arran (1995), *Postmodernism and the Environmental Crisis* を参照のこと。大まかに言えば、「ポストモダニズム」とは、人間の歴史には全体として進歩的な方向性が存在するという見解が多くの人々の支持を失っているとみなされている状況を指す。こうした意味での「進歩」(progress) は、かつて、特定の形態の知識や文化を他のものよりも特権化していた。それはもはや信頼できる立場とはみなされていない。

第7章 エコロジズムの政治哲学(その2)——政治道徳とメタ・イシュー

を保護する後見制度を確立する必要があると考えるならば,エコロジズムは同時に,人間の要求を保護するような制度にも賛成すべきではないのか,と問う人もいるであろう。これは事実上,プラトン的な後見団体を設立することであろうし,当然のことながら,それは決定的に非民主的な政府形態であろう。

しかしながら,政治的エコロジストは生態学的見解それ自体の中に,前述の結論に反対する理由をもつ。いかなる生物の幸福を考えるのであれ,生態学的アプローチは私たちにその生物特有の能力や関係を検討することを要求する。人間をこの方法で検討すれば,人間という種の決定的な特徴とは,通常の成長を遂げた構成員はすべて個性をもつことであるとエコロジズムは気づくであろう。これは,つまり,人格者としての人間は,熟考する能力,生活するための価値観や原則を受け入れる能力,自己批判の能力,種としての特徴である豊かな文化を仲間とともに創造する能力をもつことを示している。
(2)

したがって,自らの道徳的地位を守ったり,幸福を促進したりするための後見団体を人間が必要としないのは,ひとたび成人すれば,各人は,他の条件が同じであるならば,自分たちでこういったことを行う能力をもっているという明白な理由があるからである。こうしたことから,個々の人間の幸福と道徳的地位に注意を払う方法の中でもっとも擁護可能なものはできるだけ人間が自分自身を管理できるようにすることだ,と結論づけられるだろう。もし人間が最良の行動方法を共同で決める必要があるとするならば——というのも,これこそまさに文化の創造者であることを意味するからである——,私たちは共同的な自己支配に賛成するのであるが,それは民主主義の別名に他ならない。そして,これは実際,キャロル・グールド(Carol Gould)が提示したタイプの民主主義の,さらに言えば,「参加民主主義」(participatory democracy)の擁護論である。
(3)

これに対する返答はイデオロギーとしてのエコロジズムの特性に関する根本

---

(2) 私はさらに,'Ecocentrism and persons' (1996) において,「人格性」(personhood) の概念とエコロジズムにとってのその概念の重要性について論じている。

(3) Gould, Carol (1990), *Rethinking Democracy*.

149

的な疑問を提起している。その返答とは，この種の議論を展開していく上で，エコロジズムはとりたてて生態学的アプローチを展開させているというわけではなく，むしろルソー（J. J. Rousseau）に始まり，グールドのような現代のラディカルな知識人が行っている民主主義に関するラディカルな理論化の伝統を借用しているというものである。これは政治哲学の多くの問題に関して，エコロジズムは何ら固有の貢献はしておらず，他のより伝統的な政治哲学に頼らざるをえないのだとするマーテル（L. Martell）の主張を確証するものではないだろうか。[4]

この反論に対処するために，私たちはエコロジズムと他の政治志向のイデオロギーとの関係という問題へと少し迂回しなければならない。その反論に対して，2つの応答ができるだろう。第一に，2つの政治哲学が前提や概念を共有するという事実があっても，私たちは依然としてそれらを異なったものとみなすことができる。このことは自由主義や社会主義といった啓蒙主義の申し子についても当てはまる。第二に，エコロジズムは人間研究に対する自然科学的なアプローチと社会科学的・人文科学的なアプローチの間の従来の厳格な区別を拒否しているという見解を私たちはさらに展開させていかなければならない。

生態学のような最近発展した生物学の存在はルソー（J. J. Rousseau）のような社会と道徳に関する偉大な理論家たちの主張と分析を概念化する，新しい方法をもたらす。事実上，彼らは動物の種であるホモ・サピエンス（人類）についての，部分的に生態学的な分析をしているとみなしうる。偉大な理論家による人間性と文化の研究は実際には，「先駆的な人間生態学」（human ecology avant lalettre）である。それはこれまでずっと，部分的なものであった。というのも，そうした研究は全体像の半分だけを対象としており，人間は動物の種であるという事実を，つまり，物理学と生物学に研究を委ねていた問題を一般に無視してきたからだ。とはいえ，この動物種に関する生態学的研究においてその心理的能力とニーズ，さらには，その種内部の相互関係のみならず，他の

---

(4) Martell, Luke (1994), *Ecology and Society*, p. 139.

種やプロセスとの相互関係を十分に評価し理解する必要があるだろう。

　社会哲学・政治哲学と社会学・政治学という2つの活動は論理的には異なっているが，相互に密接に結びついている。推論を行う生物についての社会科学的分析はそれ自体，その研究対象の典型例である。研究対象である生物がもたらす推論は研究を行う生物が生み出す理論化を基礎づけるだろう。哲学者とし・て・の（qua）生物が自らの性質に関して到達した結論は必然的に社会科学者と・し・ての（qua）生物がもたらしたそれ自身に関する結論と関係があるだろう。

　私たちに最も近縁な種である類人猿に関する生態学的研究には，社会的相互行為の観点から彼らを理解しようとする同様の試みが必要だと私たちが気づくならば，これらの点はずっと容易に認識できるようになるだろう。そうなると今度は，例えば，彼らの初歩的な言語使用能力，道具といった文化の要素を創造し伝達する能力，さらに，自己意識と将来を計画する能力の分析が必要となる。ジェーン・グドール（Jane Goodall）のような著名な霊長類研究者による最近の研究はこれらの分野の啓示となっている[5]。生物を生態学的に完全な形で理解するためには，食べ物の傾向，繁殖率，縄張り習性，他の行動表現などに関する知識，動物の身体の生物学的構造と代謝，彼らが有する生息環境との相互作用についての知識だけでなく，前述の知識も必要となる。こうした種類の知識がすべて与えられたならば，そうした生物の幸福に貢献できる霊長類社会の形態はどのようなものであるかについて，規範的な見解を提示できるようになる。

　人間は自らを研究することができるという決定的な相違をもった生物である。こうした内省的能力は有益である。というのも，内側から自分自身について話すことができるからだ。だが，その一方で欠点でもある。なぜならば，私たちは皆，自分たちが何に取り組んでいるのかを正確に把握することがなかなかできないからであり，自己了解の問題に対する異なる種類のアプローチの相互関連性を見逃してしまいがちである。

---

(5) 例えば，Goodall, Jane (1971), *In the Shadow of Man* を参照のこと。

もちろん，いかなる課題についての理論化においても，どこに真理があるのかということに関しては意見が異なるだろう。このことは生態学にも同様に当てはまる。それゆえに，先に略述した民主主義への生態学的な擁護論は人間の能力に関する特定の見解に基づいているために，原則として，伝統的な政治哲学の内部と同様に，人間生態学の内部においても疑問を差し挟まれる余地がある。しかし，それによって，エコロジズムが政治哲学の問題に対して独自のアプローチをもつという見解に対してここでなされている支持が否定されることはない。人間生態学者たちはそれぞれ，ちょうど，2人の霊長類学者が大型類人猿の特定の種の性質について意見を異にするように，人間性の正確な分析について意見が分かれるだろう。しかし，人間生態学者の独自性，すなわち，他の規範的な政治理論家との相違点は，人間特有の能力に関する彼らの見解が複雑な生物圏に住む動物の種として，人間をその全体的文脈において把握すべく努力する，という視座の構成要素であることにある。

　この議論の中で行われている事柄は，競合するイデオロギーが自らの好む観点で反対者の存在や訴えを説明しようとする，周知のよくある争いの一部であることは自明であろう。既存のあるイデオロギーに最大の忠誠を示す思想家たちは，たとえ自らが提起した問題に対して，エコロジズムが有する見解に共感したとしても，その見解を本質的に警告的なものとして解釈しようとし，そして，彼らが好むイデオロギーに対して比較的小さな修正と拡張を求めるにすぎない。

　対照的に，エコロジズムの支持者は先の2，3の段落の中で示された方向に沿って，自分たちに反対する者はせいぜい真理の一部しか把握していないと再解釈しようとするだろう。というのも，エコロジズム自体が提供する理論的文脈の下にその真理が置かれた場合にのみ，それは十分な効力を発揮するからである。こうした理論的反撃を行うことはエコロジズムにとって避けることができないものである。それはレトリック的な技法ではなく，エコロジズムの理論的立場自体がもつ論理に本来備わっているものである。

　ここまで，エコロジズムと他のイデオロギーの関係について脱線して述べて

きたので、これから本節の問題、すなわち、エコロジズムの民主主義についての見解に戻ろうと思う。エコロジズムが支持している、個人の自己支配の能力すなわち自律に由来する一般的な民主主義の擁護論は議論すべき多くのより具体的な問題を伴っている。つまり、いかなる意思決定の文脈がある特定の民主主義の形態を求めるのか、いかなる特定の民主主義の形態が多様な文脈において、適切なものとされるのか、さらに、エコロジズムはこれらの事柄に関する特定の見解にコミットしているのかといった、きわめて重大で、かつ、相互に関連した問題である。

　まず第一に、明白な論争点は、自律性を根拠とする民主主義の擁護論を支持することは生態学的正義の要求と衝突する可能性がある、という主張である。つまり、民主主義のいかなるモデルを採用したものであろうと、民主的に組織された人間社会が、人間以外の存在が生息環境や繁栄の手段に対して行う道徳的要求を、さらには、生存の手段に対して行う道徳的要求でさえも尊重するという保証はない。グッディン (R. Goodin) は、「緑の政治理論」(green political theory) は一般に、明確な形で望まれている結果を保証できない民主的意思決定のようなプロセスではなく、結果に、具体的にいえば、環境を保護することに関心を向けている、と論じている[6]。この考えに基づいて、緑の政治思想は特に時間の緊急性を前提とする場合に、環境問題の権威主義的解決法を少なくとも認めていると思う人がいるであろう[7]。民主主義は環境を守るための決定に辿りつく上で、あまりに時間がかかり、しかも不確実な方法なのである。

　この主張の有効性は前章である程度、認識されている。つまり、「後見」制度には生態学的正義が尊重されることを保証するために、少なくとも制限つきの拒否権が与えられていたのである。後見制度の構成員が理にかなった長さの任期をもつことによって、民主政治の圧力から少なくとも部分的に保護されることもまた、不可欠であるように思われる。この主張は生態学やその他の形態

---

[6] Goodin, Robert (1992), *Green Political Theory*. これは、彼がその後、修正した見解である。彼の 'Enfranchising the Earth, and its alternatives' (1996) を参照のこと。

[7] 例えば、Ophuls, William (1977), *Ecology and the Politics of Scarcity* を参照のこと。

の専門知識が必要であることと相俟って,以下の提案を行っている。すなわち,後見人は適切に選出された候補者の中から,民主的な制度に基づいて選出された政府によって,党派性を排して任命されるべきであり,(例えば,10年といった)一定の長い任期を与えられるべきである。さらに,任期中の解任は悪質な犯罪や不品行があった場合に限られるべきである。民主的に組織された有権者の権限が直接及ぶ範囲を制限したことを正当化する理由としては,もちろん,高い環境意識をもった市民によって政治が行われる場合であっても,民主政治を唱える人々が,自ら民主政治に携わることができない生物が有する道徳的に配慮されるべき利益を無視する傾向をもつためそうした傾向から生物の利益を保護する必要がある,ということだ。

　今こそ,アンドリュー・ドブソン(Andrew Dobson)が環境に配慮する民主主義の形態を構成するという文脈において行った提案について,考察する時である。[8] 彼は未来世代,現代の外国人,人間以外の存在という3つの「有権者」(constituencies：第5章ですでに言及しているが)が登場してきた,と述べている。伝統的な民主主義理論はこれらを無視してきたが,今ではそれらが有する利益に対応することが求められている。これらすべては正統的な利益を有するが,それは所与の社会の環境破壊的な活動から悪影響を受けているであろう。それらの利益がそうした社会における民主的な立法府の中に,どのようにして直接の(つまり,温情主義的でない)代表を得られるのかという問題にドブソンは取り組んでいる。

　未来世代と人間以外の種に関して,ドブソンは巧みな提案を行っているが,それは,その社会の有権者の一部はそうでなければ選挙権をもたないことが避けられない集団のための「代理人」(proxies)として振る舞うべきだというものである。当該集団の利益を明確化し,保護することを仕事とする代表者を彼らは選出するだろう。ドブソンは有権者について,環境的に持続可能な開発という考えにすでにコミットしており,それゆえに,自分たちの通常の選挙権を

---

[8] Dobson, Andrew (1996b) 'Representative democracy and the environment' (1996b)

第7章　エコロジズムの政治哲学（その2）——政治道徳とメタ・イシュー

代理人としての選挙権のために進んで放棄しようとする，そうした市民からなるとみなす。選ばれた代表は任期中の立法にかかわる行為に関して，代理人としての有権者に対して選挙時に責任を負わなければならないだろう。環境的利益を守る最善の方法について，環境に関心を有する人々の間で意見が異なっているという事実を考えるならば競争相手の候補者が真の政策的代替案を提示することが予想されるだろう。

　ドブソンは純粋に民主的であるとして，「代理人」という解決策を支持する。それは代表者の説明責任を確保しうるものであり，それゆえに，選挙権をもたない集団の利益を間接的に代表するために特定の人々を任命するという，温情主義的な代替案よりも望ましいというわけである。これはかなり魅力的な提案であり，先に論じた「後見」制度の温情主義的な見解よりも望ましいもののようにみえるだろう。ただし，「後見」団体が民主的な説明責任を全く有していないわけではない点を指摘しておく必要がある。というのも，その団体の構成員は民主的に選出された政治家たちによって選出されるからだ。そして，政治家たちは有権者の意見にしたがって，定期的に団体の構成を変える機会をもっているのである。アメリカの最高裁判所の思想的傾向が有権者の信条や議題設定の変化にしたがって，ゆっくりとそのイデオロギー的外観を変えたように。

　そうでなければ選挙権をもたない集団の代表を確保するためのこれら2つの提案の間で選択しようとすれば，「代理人」という考え方の実現可能性に目が向くであろう。それは，当該集団の利益に心から貢献するというあり方を必要とする。しかし，最も環境に配慮する人々の間でも，そうした貢献を成し遂げることができるのか，あるいは，何らかの一貫性をもって達成できるのかはわからないだろう。彼らは結局，仕事，教育，防衛などの問題が彼らとその家族にとって未だに直接的な関心事である人間社会の中で，依然として暮らしているだろう。彼らは自分たちの票を通じて直接これらの問題に影響を及ぼす機会を捨ててしまいたくはないだろうし，選挙権をもたない集団の利益に対する彼らの態度は確固たるものではないであろう。おそらく，これらの問題に専念することがフルタイムの仕事である人々の間では，未来世代と人間以外の存在の

利益にこのように焦点を当て続けていくことはかなり容易であろう。したがって，「後見」制度という考えは，それが完全に民主的であるとはとてもいえないにしても，エコロジズムにとっては望ましい選択肢であるように思われる。

しかしながら，民主主義の権力が完全に及ぶ範囲を制限するほどに「後見」制度という考えにコミットしてはいるものの，エコロジズムは民主主義を支持する理由をもっており，さらには，民主的であることを自称するシステムの内部においてさえ，今のところ必ずしも民主主義が存在していない領域が存在しているので，民主主義をこの領域にまで拡大することを支持するもっともな理由をもつ。

まず最初に，「自律性」(autonomy) に依拠する民主主義の擁護論へ戻ろう。人間の繁栄のために自律が重要であることを前提とすれば，民主主義のプロセスに従事することは少なくとも原則として，人間にとっての「善き生活」の一部であるエコロジズムはこう主張しているが，それは妥当なものである。したがって，ドブソンも主張したように，グッディンによるプロセスと結果の区別はこの点で拒絶されるべきである。[9] もし求める結果が人間の繁栄，すなわち，その一般的価値ゆえにエコロジズムが求める目標であるならば，人間の中に民主的プロセスを設けなければならない。人間の自律性，尊厳，自尊心，社会性の十分な発達はすべて，民主的なプロセスを必要とする。

さらに，ドブソンの別の主張によれば，[10] 自然科学と社会科学の発見に依存することによって，エコロジズムはまた，次のような一般的な認識論的立場に立つことになる。すなわち，人間と人間以外の存在の繁栄にとって重要な事柄に関する真理を確実に見出すための最良の方法は批判的主張の交換を認めて，それを奨励することである。こうした批判的主張の交換は（少なくとも，原則として）民主主義にとって本質的なものであり，また，民主主義が促進するものでもある。

事実に関するエコロジズムの主張が科学に基づくものであることを前提とす

---

(9) Andrew Dobson, 'Democratising green theory' (1996a) p. 140を参照のこと。
(10) Dobson 1996a, p. 139.

第7章　エコロジズムの政治哲学（その2）——政治道徳とメタ・イシュー

れば，あらゆるイデオロギーの中でも特にエコロジズムはそうした主張に関して可謬的であらねばならず，それゆえに，民主政治のみが許容しうるような方法でその主張を吟味するように奨励しなければならない。価値に関する主張という問題を孕んだ性質を前提とすれば，すべてのイデオロギーはこれらの主張に関しても可謬的であるべきであり，また同様に，明らかにこれはエコロジズムにも当てはまる。自分が支持するイデオロギーが有する価値観を守る必要性と実際，それは支持しえないものだという説得を受け入れる余地を残す，というもう一つの必要性との間の緊張がここに存在する。その緊張はあらゆるイデオロギーの支持者たちにとって，本質的に同じものである。ドブソンが述べるように，これらには科学的理論化の中核となる，誠実な行為が存在していることをすでに私たちは知っている。誠実な行為とは，真実を述べているのであれば，批判的な検討を何も恐れることはないということであり，もし述べられたことが誤りならば，それが真理であると主張する者たちでさえ，自分たちの誤りを知ることに関心をもつということである。

　民主的な意思決定の拡張に関して言えば，第Ⅳ部で政治経済学の問題を考察する際に，その擁護論をより詳しく扱うつもりだ。というのも，環境的福祉に対する最大の脅威は適切な民主的なプロセスの欠如であるとエコロジズムが考えるのはとりわけ，経済的意思決定の領域においてだからである。

　生態学的正義や環境的正義に対する民主主義の危険性について明確に把握してはいるが，民主主義にコミットすることはエコロジズムの中核的要素であり，おそらく民主主義をより組み込んでいる他の伝統から借用して，随意につけ足したものではない。これらの点を確証するために，これまでに十分な事柄を述べてきた。エコロジズムが提示する民主主義の擁護論を議論する中で，前章の政治哲学に関する問題領域⑥において提起された問題点，すなわち，自らの自己修正プロセスに関するエコロジズム自身の説明について，私たちはすでに論じ始めている。

エコロジズムとグローバリズム

　エコロジズムはそれ独自の関心事ゆえに，人間の政治構造の範囲はグローバルでなければならないと提案するのではないだろうか。つまり，エコロジズムは最初から国際主義的な理論ではないのか。もしそうでないならば，それはなぜか。もしそうであるならば，エコロジズムはいかなるグローバルな政治構造を提案しているのか，また，それはどのように機能するのか。これらの問いに答えるには，以下に掲げる問題について考察する必要があるだろう。つまり，まずは，人間の文化は人間に適したものであるためには，必然的に独特で，境界があり，他とは対照的なものでなければならないのかどうかという問題。次には，グローバルなレベルの政府において，民主主義と説明責任はいかにして遂行されるのかという問題。その次には，グローバルなレベルの後見制度は，いかに維持されるべきか，という問題。最後には，世界政府を運営するということであれば，どのようにして専制政治を防ぐのかという問題，以上である。

　エコロジズムはその競争相手である自由主義や社会主義と同様に，普遍的な適用範囲を求めるのである。つまり，エコロジズムの目的は人間の状態についての分析，さらに，全人類に適用されるような「道徳的配慮」と「道徳的制約」について分析をすることである。エコロジズムは実際のところ，進化論，生物学，生態学が提供する人間という種についての科学的分析に基づき，人間と人間の状態に関する理論を提供する。その理論は，合理的に支持され，どのような文化構造をもつ人間にも当てはまるように意図されている。

　したがって，エコロジズムは特定の人間集団による特殊な文化構造をそれらの人々の生活の営みを支える人間以外の存在という文脈に関連づけるという方法で，説明することが可能だ。しかし，エコロジズムはそれによって，そのような文化構造のすべてを認めようとはしない。というのも，前節で述べた人間の幸福の状態に関する生態学的分析を前提とすれば，そうした文化的構造のいくつかは批判されなければならないし，人間と人間以外の存在のどちらか，あ

るいは,両方に有害なものとして,拒絶されなければならないであろうからだ。

　これは以下のことを意味する。すなわち,エコロジズムは必然的に人間の社会的・政治的な制度に対して批判的なアプローチを採ること,さらに,人間社会における地域的な多様性をエコロジストの道徳的・政治的な理論の普遍的な要求と両立する限りにおいて支持しようとするのである。それでも,芸術,慣習と伝統,人間関係の形態などにおける人間文化の多様性に対して,広範な可能性を認めるであろう。これに関する正確な決定はもちろん,その都度なされなければならないであろう。しかしながら,それがまさに意味することは,人間性,人間の状態,道徳の要件といった問題について完全に異なる視座をもつ社会をどのようにして自らの見解へ転向させるのかという問題を,エコロジズムは自由主義や社会主義と共有しているということである。

　このことは本章の冒頭で紹介した4番目の問題を提起する。すなわち,宗教的世界観といった文化的伝統の中におそらく埋め込まれている他のイデオロギー的立場を支持する人々と環境上,重要な問題に関する合意に達するプロセスについて,エコロジズムの観点からはいかに考察すべきかというものである。明らかに,エコロジズムの一般的な道徳的立場と生態学的正義への関与を前提とすれば,エコロジズムは単に「あなたはあなた,私は私」といった政策を採用することはできない。他方,人間の幸福の構成要素に関するその見解により,エコロジズムは人間の自律にとって必要な条件を尊重することになる。それはつまり,人々が自律性を発揮しようとしているような伝統と文化に対して,明白に尊重する姿勢をとることを意味する。私たちは今まで,前節で,唯一信頼できる真理への道として,エコロジズムが民主主義,可謬主義,合理的議論の交換に本質的に重要性を与えていることについてみてきた。

　多くの環境哲学の主唱者はこの問題に取り組むために,「討議倫理」(The ethics of discourse) の説明を行ってきた[11]。こうした倫理が当てはまると思われる2つのタイプの状況に注目することは重要である。最初のものは,討議とい

---

[11] 例えば,Dryzek, John (1990), *Discursive Democracy* を参照のこと。

うに値する討論が文化構造を共有し，基本的なイデオロギーの違いによってさほど分割されていない人々によってなされている場合である。皆が影響を受けるような実際的な問題についての熟慮が問題である場合には，「討議倫理」は以下の事柄を要求する。すなわち，自分の見解を明確に述べる各人の権利を尊重すること。議論を注意深く聞き，合理的に評価しようと努めること。個人的利益が衝突していることを率直，かつ，正直に認め，一般的利益の中で相互に和解することを積極的に求めようとすること。克服不可能な道徳的ジレンマが存在せず，共同して決定することに全員が関心をもっている場合，これらの事柄は，すべての人が道徳的に擁護可能であると認めうるような，合意された結果に至る可能性を高めるであろう。

　しかしながら，こうした状況は以下のような状況とは全く異なっている。つまり，討議がイデオロギーに関して分裂した人々の間でなされており，さらに当該のイデオロギーが，そうした関係者がアイデンティティの感覚を獲得する基盤となる，より大きな，多少とも統合された文化構造の一部を形成しているような状況である。そのような論争においては，先に述べた「討議倫理」は間断なく続行されるにしても，合意には達しないだろう。なぜならば，互いに相容れない自分たちの見解に強くコミットしているために，妥協はありえないからである。さらに，批判と反批判のやり取りがなされるうちに基本的見解が長期間かけて修正されるようになる場合を除いては，「最善の議論が勝利する」という考え方は真の役割を果たさないからである。

　人間の自律の条件を根本的に尊重するものである以上，深刻な生態学的不正義とか，討議を保証するだけの時間がないといった最も極端な場合を除いて，エコロジズムが強制を優先して，討議を放棄することなどありえない。しかし，そうした可能性をなくすことができるような，単純な方法や制度編成が存在しないことは明らかである。したがって，「討議倫理」という概念はそうした状況下では，きわめて重要な統制的理念（regulatory ideal）として以外，限られた有効性しかもたない。[12]

　この問題領域全体の中で最も重要な理論上について問題をここで簡潔に述べ

ることは妥当なことであろう。それは経験的問題を考えるのであれ，規範的問題を考えるのであれ，人間の思想のどの領域においても，確実性を有する何らかの基盤を確立することは不可能だという議論によって提起される。むしろ，私たちは常に，自分たちが個人としてまた，社会として，現存の思想の構造，ないし，準構造の中に埋め込まれていることを知っており，そうした思想の構造の中で，信条のネットワークが特定の社会的文脈の内部から人間によって形成され，特定の社会的慣行によって支えられているのだ，と言われている。ある提案はそうした文脈の中で一定期間，特別に特権的な地位をもつものとして扱われるであろうが，それはその提案が疑う余地のないものとみなされることが自己利益となる集団が行うような，社会的権力行使の結果であることも多い。しかし，時が経過し，討議のやり取りと権力が主たる要因となってもたらされる社会変化の過程とともに，信条のネットワークが拡張され，編み直されるにつれ，異なった提案や理論が特権的地位をもつようになる。

　これはプラグマティスト，ポスト構造主義者，ポストモダニスト，フーコー主義者，コミュニタリアン，内在主義者がさまざまな形で述べている種類の見解である。この見解は先験的で，中立的で，疑う余地のない，文化横断的な立

---

(12) Law, Nicholas and Brendan Gleeson (1998), *Justice, Society and Nature* の第8章は，この問題について述べており，グローバルなレベルでの「政治的正義」(political justice) の4つの原理，おおまかに言うと，政治的論争を支配する原則を提示している。これらは辞書的順序で配列されており，生態学的正義の原則，人間の自律性尊重の原則，強制なき議論の原則，同意の原則を含んでいる。
　すでに述べたように，近い将来に重大な不正がなされるであろう状況においては，すなわち，議論するための時間が急速になくなっている状況においては，生態学的，あるいは，環境的正義への関心が対抗者から正義を守るために，強制すると脅したり，実際に強制したりすることがないとは限らない，そう想定するには根拠がある。「討議倫理」と「討議民主主義」(discursive democracy) の制度は統制的な意味での理想である。実際には，それらを完全に，あるいは，相当程度まで達成することはできないであろう。正義は取るに足らない要求ではないし，それを達成するための強制は国内的，社会的文脈における以上に，グローバルな環境的文脈においては，排除されえないのである。暴力的強制は当然，最後の手段であるべきだ。それは必要最低限に用いられるべきであり，さらに，それが必然的に内包する，道徳的，かつ，実践的な観点からみて深刻な欠点について十分理解した上で，用いられるべきである。

場が存在していて、人々がそこへと収斂していくことを否定し、そうした立場から出発して、人々が保持すべき、経験的・評価的に信条について合意に達する可能性などを否定しているのである。[13]

　これらの問題に関する、反基礎づけ主義的で、主観的な見解によれば、合意というものは対話と交渉によってのみ達成可能なものであり、常に仮のもので決して決定的なものではなく、自分たちの「決定的な」解決策を押しつけようとする一部の人々の権力行使の脅威に常にさらされており、さらに原則として終わりを迎えることはない。そのような討議的実践の中では中核的な真理は発見されず、進行中の対話プロセスにおける相互の和解が存在するだけである。

　この見解は表面的に類似している可謬論的立場とは区別されなければならない。後者は、対話と相互批判こそが人間が絶えず行う科学的・道徳的な弁証法を実施する上で不可避的なものであることを支持している。しかしながら、この可謬論的立場は発見されるべき真理が存在し、より擁護可能な価値観とあまり擁護できない価値観が存在するという見解にコミットしている。批判と議論を決して排除してはならないが、長い時間をかけて、人間がより適切な信条に収斂していく可能性は決して捨て去ってはならない。実際、純粋に相対主義的な立場について論評する人々が必ず指摘するように、前の3つの段落で述べられた見解の提唱者たちは、その問題の真理を発見したのは自分たちだと思っているに違いない。このことは、彼らが明確に主張していることに反して、その問題について享受されるべき真理が存在しているということを含意している。

　エコロジズムは後者の可謬論的立場にいる。ただし、何度もみてきたように、それは可謬論的立場にいるにもかかわらず、科学志向の自然主義的立場にも関与している。エコロジズムは理論的・道徳的な見解において普遍主義的である。そして、第3章で述べたように、それは私たちの理論や評価に関わる傾向性の遺伝学的・進化論的な基盤が説明可能なように思われる、ダーウィンの見解を利用する。こういった理由で、エコロジズムは「文化相対主義」（Cultural

---

[13] ポストモダニズムのさまざまな形態についての明確な解説については、Gare (1995) の第1章と第2章を参照のこと。

Relativism）の排除にコミットしている。エコロジズムは文化相対主義を文化横断的な対話が行われるべき方法に対して，有用で，警告となる考えを述べるものとみなそうとしている。さらに，経験的であれ，規範的であれ，普遍的妥当性を有するという視点を大胆にも提案する人々がもつ必要のある，謙虚さという重要な感覚を課すものとみなそうとしている。

　エコロジズムは，ウォルツァー（Waltzer）が提案している「内在主義」（immanentism）の説明をここでもまた，慎重にではあるが，受け入れることもできる。[14] この内在主義は道徳的に何らかの現実的な力を手にするためには論争が常に特定の社会の思想と慣行の中で具体化されている特定の道徳的伝統の内部から出発しなければならない，と主張している。これは異なった文化の代表者が文化の個別性を超えたレベルの議論に到達することは可能であるにしても，そのレベルで見出されるものは必然的に，実質的効力のない，一般的で曖昧な主張である，という見解である。それにもかかわらず，この見解においては，文化の個別性を超えたレベルの存在は認められている。したがって，エコロジズムはこの見解から次のような教訓を引き出すべきだ。エコロジズムの観点からみれば，問題を孕んだ価値観をもつ文化の支持者たちを説得する機会を最大限に利用するための最善の策はそれらの文化ですでに容認されている価値観の見解から出発し，その価値観からエコロジズムが好む方向を示すような含意を引き出し，そして，さらに，よりエコロジズムの目的に合った価値観との内的矛盾を基盤にして，好ましくない価値観を批判することである。

　もちろん，すべての場合において，こうしたことをなしうるという保証はない。しかしながら，それが可能な場合にはそうすべきである。このアプローチをエコロジズムの支持者，あるいは，批判者が操作や逃げ口上の試みとみなすことはない。エコロジズムの支持者たちは自分たちが行っていることについて，堂々としていられる。というのも，彼らの行為は文化の自然な進化の中で（少なくとも完全には硬直化していない文化の中で）行われている事柄，すなわち，内

---

[14] Walzer, Michael (1983), *Spheres of Justice*, p. xiv.（山口晃訳『正義の領分』而立書房，1999年，9，10ページ）。

的批判による自己転換にすぎないからだ。

　本節の主要な問題である，エコロジズム特有の「グローバリズム」(globalism) へと戻ろう。エコロジズム特有のグローバルな性質を確立する別の基盤があることに気づくことは重要である。このことはさきほど，検討されたばかりの普遍主義とは違って，哲学上の競争相手からエコロジズムをはっきりと区別する。その違いは以下のように示されるだろう。社会政治的な組織の自由主義的形態，あるいは，社会主義的形態が一つの社会の中で成立しうる（例えば，「一国社会主義」）と想定することはできるにしても，エコロジズムは必然的にその処方箋が地球全体で実施されること，しかも急速にそれがなされることにコミットしているのである。

　明らかに，これはエコロジズムが守ろうとする価値の性質によるものである。特に生物多様性の保護は以下のことを意味する。すなわち，エコロジストにとって，「地球規模で考えよう！」(think globally) が有名な緑派のスローガンであるように，地球全体が政治的関心の対象でなければならない。たとえそれが生物多様性の「ホットスポット」(hotspots：固有種の絶滅危機の恐れのある地域) にある大国の場合であったにしても，一国のみの環境問題への対応は，人間の活動が種や生息域の大規模な破壊を引き起こす可能性を残してしまうであろう[15]（訳註：著者は「生物多様性ホットスポット」(biodiversity hotspots) を社会生物学者の E. O. Wilson が *The Diversity of Life* (1992) の中で説明していると記しているが，保全生物学者の Norman Myers によって，1988年に提唱された造語であるとされている）。

　もしエコロジズムの支持者たちが彼らの価値観や目的を守るための政治システムを自由に考案することができるとするならば，明らかにまさに最初から，グローバルなシステムとともに仕事をしようとするだろう。これは確かに，おそらくは生命地域的考察に基づいて，より限定された下位システムをつくり出し[16]，それを地球全体を覆うガバナンスのシステムへと統合し，さらに，それを

---

[15]　こうした「ホットスポット」(hotspots) 概念は，Wilson, Edward (1992), *The Diversity of Life* pp. 247-260（邦訳（下）79-100ページ）において説明されている。

[16]　「生命地域主義」(bioregion) の概念は，Sale, Kirkpatrick (1985), *Dwellers in the Land:*

第7章　エコロジズムの政治哲学（その2）——政治道徳とメタ・イシュー

民主主義の要求に合致する形で構造化する可能性のあることを意味している。すでに略述したように，人間以外の存在の利益のための，「後見」制度の規定が存在するであろう。（人間生態学が明らかにした）人間に適した生活のための社会的基盤を提供するために必要とされるもの，さらには，生物多様性を保護することという制限内で，下位システムは地域の文化的多様性を許容することができるはずである。

とはいえ，エコロジズムの支持者たちは政治システムを自由に考案する立場にはいない。彼らの課題はむしろ，まったく偶然の出来事に基づいて別々の政治体に区分けされた人間世界の中で，この理想的な青写真に沿って何かを達成していくというものである。その人間世界は多様な人間文化を含み，その多くはエコロジズムの価値観に関して無知であったり，敵意をもったりしており，そして，少なくとも自民族中心主義へと至る傾向がある，そうしたタイプのナショナリズムによってしばしば支えられている。

しかしながら，いくつかの国々は生物多様性の観点からみて，他の国々よりもより戦略的に重要であるという事実，これは，生物圏が一つのシステムである以上，エコロジズムの政治的視野は本質的にはグローバルであるにしても，ある部分は実際には他に比べてより重要であるとみなされることを意味している。したがって，生物多様性の保護にとっての優先順位に従えば，「ホットスポット」の国々にエコロジズムの主要な実践的忠告を採用するよう説得する手段をまず考慮すべきだということになる。実際，このことは最大の熱帯雨林地域を有する熱帯地域の国々に対して，効果的な保全策をとるよう説得することに帰結する。

理想と現実のこうした違いがあるために，一方のエコロジズム，他方の自由主義や社会主義との間の理論上の明白な相違が実際には減少する傾向にある。エコロジズムは自由主義や社会主義と違って，政治システムの必要性を生み出している問題に適切に答えられるのは，グローバルな政治体制だけであるとい

The Bioregional Vision において，カークパトリック・セールが支持しているものである。

う理論的立場にコミットしているとはいえ，後の二者のイデオロギーが少しずつ地球全体に広まったように，エコロジズムもまた，そうした方向になるに違いない。グローバル志向のエコロジズムとは対照的に，自由主義と社会主義は実際にそうであるように，準グローバルなレベルで長期間存在し続けることができる。もちろん，このことは，エコロジズムが実際は本来よりも低いレベルの目的に従って活動する以外に選択の余地がないことを意味している。

　このことは人々を憂鬱な気分にさせるに違いないと思われるかもしれない。しかし，もし私たちが現代世界における2つの重要な現象が有するその重要性に気づくならば，もっと楽天的に考えることができる。一つの現象は，自由主義，特に経済的自由主義が真にグローバルな現象になりつつあるということである。もう一つは，特にインターネットを媒介にした国際的マスコミュニケーションの急速な広がりである。これら2つの「グローバル化」（globalizing）現象はさまざまな実際的方法で，エコロジズムの大義に役立つものである。

　第一に，人間に関する自由主義の道徳的理想，すなわち，人権，自律性，自己発展の概念といったものの普及はエコロジズムの道徳的理想を広めるための単一の道徳的語彙の可能性を作り出している。人々がひとたび自由主義の道徳概念を受け入れるならば，第4章で言及した「一貫性をもった」議論に取り掛かることができる。たとえエコロジズムが自由主義の道徳概念に対して重要な挑戦を表明しているとしても，エコロジズムはそれらの概念が支配する文化から生じたものである。この歴史的な点はおそらくより根本的な重要性をもつだろう。すなわち，人間に関する自由主義的な道徳概念を受け入れることは道徳理論としてのエコロジズムを受け入れることを促進するステップである。この論点は内在主義に関して先になされた論点に付加される。すなわち，その論点とは，エコロジズムの支持者は特定の共同体の伝統の中に存在する可能性のある有望な価値観に基づいて，結論へと至る議論を構成することを試みるべきだということである。[17]

---

[17]　「自由主義的観念」（liberal ideas）の広がりがエコロジズムにもたらす可能性のある利点に関するこの議論は，当然，文化帝国主義の別の形態とみなされる危険を犯している。しか

加えて、政治的自由主義や経済的自由主義の普及はまた、自然界と人間社会双方についての科学的概念やそれらを研究する上での科学的アプローチの普及を促進する。これはエコロジズムを理解する上で欠かすことのできない概念を広める。農業・畜産、気候、破壊的な自然の力の制御、（バイオテクノロジーにおけるような）生物資源の実現といったものについて、あらゆる社会が有する関心は、そのような社会の人々がそうした科学的概念や理論を身につけようとする動機を与えることになる。

ひとたびこれらが普及すれば、生物圏内の人間が有する完全に文脈依存的な性質はさらに理解されやすくなり、受け入れられるようになる。そして、それとともに、エコロジズムの道徳的、政治的な企図も理解され、受け入れられやすくなる。これらは決して容易なことではない。人間以外の世界に対する古くからの冷淡な態度は同じ精神の中で、科学的理解と共存することも可能である[18]。このことは非西洋的精神と同様に西洋的精神についても言える。それゆえに、啓蒙は約束されない。せいぜい言えることは、科学的理解の普及はエコロジズムの主張が表明され、効果を発揮し始める機会を与えてくれるということだ。

ローとグリーソンが述べたように[19]、瞬間的なグローバル・コミュニケーションのネットワークもまた、エコロジズム的立場を支持する主張を伝達する手段を提供する。だが、明らかに当の経路はエコロジズムにとって有害であろうと思われる観点や問題やデータに乱されはするが。もちろん、インターネットの発展は大変著しいが、それは彼らの意見に影響を及ぼすことが重要であるような、そうした人々すべてにまで及んではいない。しかし、それは間違いなく、

しながら、個人が有する価値観と信条の尊重、自律の権利、民主的な討論、力でなく議論に基づいた合意といった、自由主義的伝統にとっての中心的な諸観念を用いなければ、この見解について述べることすら難しい。それはまた、おそらく持続可能ではない文化が具体的に存在することを前提としている。

[18] 訓練を受けた中国人の動物学者が、「狼は悪い動物である」という伝統的な中国の信条をいかに保ち続けているかの事例については、Harris, Richard (1996), 'Approaches to conserving valuable wildlife in China', p. 304を参照のこと。

[19] Low and Gleeson (1998), p. 204.

グローバルに理解される一連の概念を作り出すためのもう一つの有力な駆動力であり，そうした概念において，たとえ特定の国々のエリート集団に対してだけだとしても，エコロジズムは明確化され，知られるようになることができる。

エコロジズムのグローバル化志向は全く無益というわけではないという期待に根拠を与えてくれる，もう一つの現象がある。それは国連やそれに関連する制度の発展，さらには常に拡大している国際法や国際的レジームの中に——少なくともそのいくつかはエコロジズムの目標を支持すると約束している——，世界政府の要素がすでに存在するということである。そのような要素を地球を保護する方向に向けるためになすべきことはまだ多く残っている。そして，グローバルなガバナンス過程が発展しているそのあり方はおそらく楽観主義よりも悲観主義に立つべき理由をより多く提供していることになるだろう。認識可能な世界的ガバナンスの形態を実現する多様な構造と実践を私たちはすでにもっているようにみえるけれども，私たちは世界政府の実行可能な制度を作り出すことも未だにできないでいる。[20]

エコロジズムと国家

エコロジズムと国家という標題の下に，私たちは前章の問題領域⑤で提案された要素，すなわち，政治学の結論を政治哲学の議論に集約する試みに直面することとなる。そして，人間の政治制度に適した概念を洗練させ，どこにさまざまな危険が潜んでいるのかを見出すに至るのである。

理論における国家の役割，さらに，現代世界における国家の役割という問題は，さまざまな視座から近年精力的に議論されてきた。国家装置の存在は，それによって生み出される政府の役職に就く人々が強力な利益集団と密接に協力し合って，彼ら自身の利益を追求することをいかにして可能にするか，という点を公共選択学派の理論家たちは分析しようと努めてきた。[21] この見解において

---

[20] グローバルなレベルの「ガバナンス」（governance）と「統治機関」（government）との区別は，Low and Gleeson (1998), p.185によるものである。

は，現代の大規模で干渉主義的な国家は必然的に公共の福祉に対する共謀を企てる。この脅威に対処する方法は国家を古典的自由主義の言うような最小限の役割に限定してしまうことだ，とこれらの理論家は主張する。

　資源，とりわけ，土地の国家所有の役割に関しては，私有財産制を保護する理論家たちは特に，以下のように主張する。唯一財産が個人の手中にある時に限り，それを適切に世話し，その財産に含まれる人間以外の生物などの自然資源を保護する動機づけが存在する。したがって，この見解では，「共有地の悲劇」といった環境問題の解決策は公共善の追求によって人々の自己利益を抑制する強圧的国家を確立することではない。というのも，そのような強圧的国家の権力は常に強力な集団に占領されており，その集団の限られた利益のために利用されるからだ。解決策は水や空気を含む全世界の共有物を私有財産に変えることである。そうすれば，所有者たちはそれを用いて市場で彼らの私的利益を追求することができ，かくして，アダム・スミス（Adam Smith）が賞賛する（神の）「見えざる手」（invisible hand）が効果を発揮することになるだろう。[22]

　カーター（A. Carter）は環境主義的立場からする反国家的見解を提示し，次のことを示そうと努めた。現代国家は必然的に環境破滅的な力学の中に組み込まれている。それに対応して，国家官僚の権力と富はその力学に依存している。したがって，国家安全保障の議論によって正当化されていて，武器の製造と販売が中心的な役割を果たしている攻撃的な資本主義の形態を促進することは国家官僚にとって私的利益の一部となるのである。[23] これを環境に有益な力学に変えるためには，現代国家を分権的で，低レベルの技術水準にある自給自足的な自治組織と全面的に入れ変えなければならない。そして，それらの自治組織は国際的対立の原因となりそうな事柄を取り除くために，お互いに直接連絡を取り合うのである。

---

(21)　例えば，Niskanen, William (1971), *Bureaucracy and Representative Government* を参照のこと。

(22)　私有財産制の主唱者の議論については，Dryzek, John S. (1997), *The Politics of the Earth*, pp. 102-108を参照のこと。

(23)　Carter, Alan (1993), 'Towards a green political Theory' を参照のこと。

ここには,最小国家,あるいは,アナーキストの伝統が明確に作用している。伝統的な自由主義が行う国家と市民社会の間の区分という観点で言えば,これらの国家批判は市民社会の構造――それが経済市場,私有財産,あるいは,自己統治的な自治組織のいずれの観点から考えられるのであれ――の働きに,通常の近代国家の場合よりも,はるかに依存する必要があるとみなしている。

国家を擁護する人々は,これらの批判が偏ったものであり,国家以外に満足のいく政治組織の形態をつくる可能性について,あまりに楽天的であるとみなしている。公共選択と私有財産の理論家に対しては,彼らの提案は市場で他者を支配することに成功した人々の手中に権力と富が流れていく巧妙な案であるという批判が提示されている。批判者たちが確認した国家権力の悪用に対抗する最もよい方法はより開かれていること,より大きな説明責任をもつこと,できる限り下方のレベルにまで意思決定を大きく段階的に移行させることであるとみなされている。これが意味すると思われる事柄の一例は,ドライゼック(J. Dryzek)が自らの「公共圏」(public sphere)概念を大抵の国家が先導して発展させていることに関して行った彼の議論の中に見出される。この公共圏内には,中央の国家諸制度の運営において,通常明らかに欠けている「討議倫理」の明確な実践を一般市民が展開させていく可能性がある,と彼は指摘している。一般市民を対象としての調査や調停のための公開討論会といった活動は彼が考える事柄の実例である[24]。

国家の擁護者たちは国家を以下のような点で必要とみなしている。とりわけ,多国籍企業と結びついた私的権力,中でも,金融的権力の濫用を規制する上で中核的な役割を果たす点。「共有地の悲劇」(the tragedy of the commons)を防ぐ決定的な役割を果たす点。さらには,より低いレベルの構成単位の間で意思決定を調整するというもう一つの重要な役割を果たし,それによって,ある下位集団が下す決定が別の下位集団が下す決定の妨げとならないことを保証する点,などである[25]。

---

[24] Dryzek (1990).
[25] de Geus, Marius (1996), 'The ecological restructuring of the state' を参照のこと。

第7章　エコロジズムの政治哲学（その2）――政治道徳とメタ・イシュー

　国家の役割に関するエコロジズムの見解はさまざまな要因から生じてくるものである。まず最初に，エコロジズムの理想的な理論と現実の世界でエコロジズムが容認しなければならない実践的政治戦略との間の，前節で行った区分について思い出そう。理想的な理論領域において，国家のような政治組織形態を支持する明瞭な生態学的理由は存在するのだろうか。白紙を与えられたならば，エコロジズムはそこに国家を描くのだろうか。

　これに対する答えは，私たちが何を特定の国家を描写する際の基盤であると想定するかによって，ある程度決まる。いずれの国家も民族国家であると私たちは想定するだろうか。そうすれば，国家の領土や構成員資格は特定の民族集団の構成員資格と彼らの住む場所によって決定されることになる。もしそうならば，これを正当化するには，大抵の人間はその国籍ごとに分類される，という主張とさらに，構成員であることが彼らの幸福にとって中核的な，最重要の利益の一つである，という主張になるだろう。

　しかしながら，「生命地域」（bioregions）を基盤として，特定の領域内で強制力を用いるための唯一の正統的な権利を要求するような，そうした国家の形成について考えるよう私たちは促されるかもしれない。エコロジズムの見地からすれば，政治の目標は最も効果的な方法で，地球の人間居住者と人間以外の居住者双方の利益を保護することであるという考え方に基づいて，前述の主張は正当化されるであろう。これは以下のような主張と結びつけて考える必要があるだろう。すなわち，もし生命体が繁栄する場である生態系の自然的境界線を尊重するようなやり方で政治的境界線が引かれるならば，明確に統一された生物圏内で，最もうまく人間と人間以外の存在を保護することができるだろう，という主張である。このことは明確で，生態学的に擁護可能な形で地表面を区分けし，それを政治構造の基盤とするようなやり方で，実際に特定の生態系の境界を確定することが可能だと想定している。これは実際には不可能かもしれないし，あまりに不確定なため恣意的にならざるをえないかもしれない。

　明らかにこれらの異なった選択肢は異なった結果をもたらすように思われる。人間は種としての特質として，地球上で利用可能なさまざまな生態系のすべて

を占有する。ある一つの人間の国家は生命地域を確定することが十分可能であることを知りつつも，第一の基準に基づいて，いくつかの生命地域にまたがる領土を占有するだろう。人間文化と生態学的基盤の関係さえ，ここでは必ずしも役には立たないだろう。つまり，同一の民族集団が多様な下位文化をもたないとする根拠はないからである。

　ここでの問題は，人間文化がその基盤である生態系と常に密接に関係しているわけではないという事実から生じてくる。人間集団とその自然的文脈の構造の間には，緩やかな相互関係はあるだろうが，他方で高い柔軟性も存在する。こうしたことは，ある面で，人間の集団が全く異なった生態系の下で発達した文化をもつ他の人間集団から，文化的な要素を得ているという事実による。さらに，人間が次第に人工的世界を周りに築いていくにつれて，彼らが住む領域内の生態系との文化的結合は次第に緩んでいくという事実にもよる。

　文化的に限定された，異なった民族集団の構成員であるという感覚は人間のアイデンティティのために必要なものであると想定する理由がある[26]。したがって，人間生態学的アプローチが国家創設の擁護論を考察する際に，独自性をもった人間の文化的集団の存在を優先させようとする一定の理由が存在する。生態系の影響が決定的なものではないということは，この点でエコロジズムにとって実際に役立つのかもしれない。なぜならば，それは生態系の境界線に基づいて，国家の境界を定めるという試みを優先させるための強力な理由を排除するからだ。民族に基づいて国家を建設することをエコロジズムに適した形で正当化する方法は縄張りをもつ動物は自らの縄張りを守り自分たちの幸福に関心をもっているが，人間の民族集団もまた同じであろうというものである。というのも，その民族集団特有の民族文化は生態系と，さらには，地球の特定の地域を共有する人間以外の生物と少なくともある程度に結びついているからだ。

　しかしながら，たとえエコロジズムが民族を基盤に国境を引くための生態学的理由を見出すことができるとしても，そもそも国家をもつということに関す

---

[26]　これは保守主義やコミュニタリアンの哲学者に特有の主張である。後者がこうした主張を用いていることについては，第9章で論じられている。

る生態学的理由を説明することが依然として必要である。前章では，ある種の政治秩序の必要性を訴える上で，「共有地の悲劇」に重要な役割をいかに与えうるかをみた。しかし，この秩序は国家のような存在でなくてはならないのだろうか。

さらに，人々を国内の略奪行為や海外からの攻撃から守る必要性があるといった，伝統的な政治哲学による国家創設の擁護論に対して，エコロジズムは一体，どのような姿勢で臨むのだろうか。社会的調整の必要性とか，市民社会が果たしうる役割といった問題に関して，エコロジズムはどういった見解をとるのだろうか。

隣人と外国人双方から保護される必要性は，人間の本性は本質的に利己的な特徴をもっており，利他主義はほとんどもてないという見解に基づいて，通常擁護されている。これと関連しているのは自分たちを不当に扱ってきたと思われる人々には厳しい扱いをするという人間の傾向とそうすることで，私たち自身や私たちの愛する人々の利益が得られる場合には，他人の利益を無視し，あるいは，踏みにじる，という人間の傾向である。これらの見解が人間性に関する真理をどのくらい表しているかという問題に関して，エコロジズムのアプローチはそうした見解にできる限り，人間生態学の科学的基盤を与えようとすると思われる。この点で，進化生物学，社会生物学，心理学，霊長類学などから生じる考察は妥当性をもつであろう。

内部の不正行為や外部からの侵略から人間集団の構成員を守ってくれる国家を私たちは必要とするのかどうかという特定の問題に関して，侵略行為や利己主義といった性質は人間性の根絶し得ない一部である——もちろん，協力し合う性質もある程度認めなければならないとはいえ——という考えをエコロジズムは支持すべきだ，と想定するに足る一定の理由が存在する。これらの性質のバランスが人間には存在していると想定するのに適した生物学的理由が存在している。私たちに最も近縁な種であるチンパンジーと比較することで，その性質が私たちもその一部である属の特徴であることが示される。そのために，エコロジズムは国家のような政治組織の様式を形成する必要性についての伝統的

な擁護は妥当であるとする見解をもつだろう。

　伝統的な政治哲学の様式が提起する問題に関して，エコロジズムは自身のアプローチから，次のように主張する根拠を見出すだろう。エコロジズムの政治組織に対する理想的視座はグローバリズムではあるけれども，エコロジズムは異なる民族を基盤にしていて，内部と外部の侵略行為からそれらの人々を守るという必要性によって正当化されている，グローバル・レベル以下の国家の創設を支持することができる。

　エコロジズムが容認する準グローバル・レベル以下の政治組織を擁護するための他の標準的な主張は以下のようなものである。第一に，世界をこのように区分することは，もしグローバルなレベルの政府が不正な者の手中に落ちるようなことがあれば生じる可能性のある，世界規模の専制の可能性に対する一定の防御手段を提供する。これは民族国家レベルで連邦政府システムを擁護する中心的な主張の一つである。第二に，実効性の点からの主張もまた，存在する。すなわち，グローバルなレベルの政府は中央から全世界を直接統治することはできないだろうということだ。それは監督したり，調整したりする役割をもつであろうが，詳細な意思決定は特定地域の発展により直接接している下位レベルの政府に委任しなければならないこと，これは避けられないだろう。第三に，地球全体を通して民主主義と参加を実際に実行しようとすれば，明らかに，グローバルな組織よりもより下位レベルでの政治組織が必要となる。

　公共選択学派と私有財産制度の支持者が提示する民族国家に対する批判に対して，エコロジズムはどう答えるのだろうか。より一般的に言えば，以下のような主旨のアナーキスト的考えをエコロジズムが受け入れる理由はあるのだろうか。すなわち，経済領域での人間の努力と人間以外の存在の利益を守る努力との調整は中央集権的な計画化という目に見えるシステムではなく，自生的な秩序と種々の協調形態に基づくことで，最もうまく成し遂げることができるという考え方である。

　アナーキスト的な政治概念への批判は今日でも過去においてそうであったのと同じくらい，強力なものであるように思われる。昨今では，マイケル・テイ

第7章　エコロジズムの政治哲学（その2）——政治道徳とメタ・イシュー

ラー（Michael Taylor）の研究にみられるように，ゲーム理論に基づく，人間集団の協調関係の出現に関するきわめて洗練された擁護論が存在するけれども，これが一定の期間中，現実の人々の間で実際に作用しているという明確な実例は存在しない。エコロジズムが政治組織に関するアナーキスト的考えに対して反感をもつ理由は原則として存在しないが，そうした考えを実行に移す試みを支持することには慎重でなければならない。急速に変化する経済的・社会的な環境に生きている，多様な文化をもつ数百万の人々の間で，いかにして調整が成し遂げられるのかという問題について私たちが考慮する場合には，とりわけ，そうである。そして，エコロジズムは否応なくそのことを考慮しなければならないのである。

　市場経済の場合には，幾分異なっている。市場には生態学的正義といった財を提供する能力はないのではないかという疑念を正当化するために，「自由」市場はその支持者が考えるような形で作動しないのではないかと疑うに足る理由がここでもまた十分にある。しかし，これは人間の経済的な動機づけを種の保護に結びつけることによって，例えば，特定の場所に住む人々に対して，近くに住む絶滅危惧種を管理し，そこから経済的収益を得るよう奨励することによって，生物多様性が最もよい状態に保護されるのではないか，という問いと同じ種類のものではない。もっとも，生態学的正義という目標は市場の経済活動や政治機構が生み出し，維持する法的枠組みによって，注意深く制限を加えられる場合にのみ，実際に達成できると考えられるのであるが。

　この点は，さらに，「共有地の悲劇」，すなわち，自生的な無秩序に対して，共有地を私有地に転換することによって対応する解決策にも当てはまる。私有財産の所有者がそうした財産の所有者となることから得られる経済的利益ゆえ

---

(27)　Taylor, Michael (1987), *The possibility of Cooperation* を参照のこと。
(28)　その問題に関するすぐれた議論については，Dryzek (1997) の第3章と第6章を参照のこと。
(29)　ジンバブエの「キャンプファイアー」（Campfire）計画の進展は適切な成功事例であるようにみえる。これに関する Liz McCregor のレポートについては，The Guardian, section G2, 20 May 1997を参照のこと。

に，生態学的正義が要求する生息域と生物多様性の保存という目標を追求する上で必要な動機づけをもつであろうと想定する理由は何もない。ともかく，私有財産制が独力で取り扱うことができないようにみえる，特定の環境を越えた意思決定の調整という問題，このより一般的な問題が存在しているのである。それは例えば，ある生息域の残存する2つの区域をそれぞれ別々に所有する2人の人間は，相手の所有者がその良好な区域を保存するだろうという誤った考えによって，自分が所有する区域を破壊してしまうかもしれないのである。

そのような問題を解決するために，一時的な調整機関が現れるだろう。しかし，その機関は自らの努力を関係者に認めさせることができるという保証はないし，それは十分な資金をもたないと思われる（結局，それを創設し，維持するために費用がかかるだろう）。これらの困難は調整を維持し，生態学的正義の要求に注意深く関心を向けるために必要とされる権力と資源をもつ機関を要請することになる。そのような機関が国家装置の一部を構成する政治組織でなければならないことは明白である。正義を保証することは長い間「公共善」(a public good)であると認識されてきた。さらに，そうした善を保証することは政府のような公的機関の仕事として受け入れられている。

この種の問題はそうした討論を行う双方の主張は環境的関心とは無関係の目的のために，エコロジスト以外の理論家によって論じられてきたものである。しかし，このことが，エコロジストがその議論に付け加える明確な論点を何らもたらさないといえる根拠だと考えたならば，それゆえに，エコロジズムはそれ独自の視座を提供するのではなく，既存の政治的見解をただ理解することしかできない，と考えたりすることはできない。生息域の保護と生物多様性の保存を含む生態学的正義へのエコロジズムの明確な関心は明らかに，公共選択と私有財産といった概念を批判するための明確ないくつかの理由をもたらす。これらは，その問題がグローバルで相互連関的な性質をもつことから生じる。もし生物圏を別々の部分に分け，私有財産として割り当てることができるとすれば，私有財産制はより擁護可能なものとなるだろう。しかし，環境の中には相互連関の典型例が存在している(30)。したがって，それらの相互連関に正当な注意

を払い,全生物圏を通じて人間が生態学的正義を求めて行う努力を調整することを保証するメカニズムが必要となる。

本章では,民主主義,国家,グローバリズムといった基盤的な考察の対象となる規模の大きな問題をめぐって,エコロジズムは政治哲学の根本的な問題に対する独自のアプローチを持つことをみてきた。しかしながら,政治哲学のより具体的な問題,とりわけ,国家内の自由,平等,正義にかかわる問題に関して,エコロジズムは提示可能なそれ独自の見解をもっていないので,それらに関して決定を下すには,政治哲学の伝統的理論に頼らなければならないとする,そうした主張はなおもなされるであろう。この主張が正しいかどうかを決定するために,これらの問題に関する現代の論争の状況について次に考察しなければならないだろう。さらに,それらに関して,もしあるとすれば,どのような独自の立場がエコロジズムの中に見出されるのかを検討しなければならないであろう。

---

(30) Dryzek (1997) の第6章は,その点についても,説得力をもっている。

第8章

エコロジズムと現代政治哲学（その1）
―― 功利主義・ロールズ的リベラリズム・リバタリアニズム

　前章で，エコロジズム独自のアプローチを含め，「政治哲学」（Political Philosophy）の大きな枠組みの問題について考察した。しかしながら，現代の政治哲学者が提起するきわめて多くの問題は人間社会内部の社会的・政治的編成にこれまでよりも一層的を絞った議論を展開することを要求している。したがって，本章では，1970年代以降の政治哲学における論争の主題を形成してきたいくつかのより具体的な問題を検討するつもりであるが，これらの問題は国際的領域ではなく，国内的領域に概して焦点を当てたものである。こうした検討を加えることによって，これらの分野におけるエコロジズム独自の見解を示すことができるだろう。

　こうしたことを体系的に，かつ，主流の政治哲学にのみ通じている人々に役立つような方法で行うために，主流の政治哲学に関してキムリッカ（W. Kymlicka）が行った最近のすぐれた研究において，彼が扱っている主題を順番にみていこうと思う。[1]その著作の中で環境に関してはほんの少し触れるくらいの言及しかなされておらず，そのことはエコロジズムの見地からすれば，最近の政治哲学は他の点では洗練されているけれども，悲しいくらいに偏向し，不適切なものであることを最初から示している。これは注目に値する点である。

　最初に私たちが注目すべきものはキムリッカの議論全体を貫く有益な視点である。すなわち，私たちの支持を得ようと競い合う政治哲学は同一の究極的原則にコミットしている，という主張，つまり，ドゥオーキン（R. Dworkin）の定式化を用いれば，「各人は同等に重要である」[2]，という原則にコミットしてい

---

[1] Kymlicka, Will (1990), *Contemporary Political Philosophy* （千葉眞・田中拓道・関口雄一・施光恒・坂本洋一・木村光太郎・岡崎晴輝訳『現代政治理論』日本経済評論社，2002年）。

るという主張である。この見解によれば，功利主義，ロールズ・ドゥオーキン的リベラリズム，リバタリアニズム，マルクス主義，コミュニタリアニズム，フェミニズムといった最近の有力な哲学はすべて，この究極的価値を実現するために，どのような原理，実践，制度編成が必要であるかを説明しようと試みるものである。

これは，最近のあらゆる理論活動が根本的に平等主義的な目的を有するという説得力のある見解であり，表面的な読解をすれば，多様な形態の自由に賛成して多くの具体的な平等主義的関心を軽視しているようにみえるリバタリアニズムのような理論さえもそこには含まれている。したがって，それは異議を唱える必要のない見解である。もちろん，すでにみてきたように，エコロジズムは究極的価値についての前述の言明において完全に人間中心主義的な見解が表明されているということを即座に理解する。それは，すべての人々がそうするように，ホモ・サピエンス（人類）という種の構成員のみが人格である，と想定する見解なのである。

功利主義・帰結主義・エコロジズム

道徳理論としてのエコロジズムの一般的性質とは，どういったものであろうか。古典的功利主義のように，最大多数の最大幸福という，ある特定の総体的状態を促進することに関心をもつのだろうか。あるいは，ある意味で，生命体の幸福という結果に関心をもつ帰結主義者でしかないのだろうか。

周知の困難に悩まされないために，エコロジズムは古典的功利主義から距離を置くことが賢明であろう。その困難の一つは，キムリッカが言うように，「私たちの人生の中心となり，我々の存在に何らかのアイデンティティを与える特定の他者」[3]——すなわち，配偶者，両親，債権者——に対して，人が有する特別なコミットメントについて，「功利主義」（utilitarianism）は満足のゆく

---

[2] Kymlicka (1990), p. 5（邦訳8ページ）を参考のこと。
[3] Kymlicka (1990), p. 24（邦訳42ページ）。

説明をすることができないという問題である。この問題は，功利主義がその究極の目的，すなわち，「最大多数の（人間の）最大幸福」という状態をつくり出すという目的の単なる手段として人々を捉えているという事実から生じている。これはすべての道徳的な判断を単一の計算に還元する効果があり，その中で，個々の人間は幸福，満足，あるいは，欲求充足といった望ましい特性の容れ物となることである。個人の生活に幸福や意味を与えるような特定のいかなる計画や目的に対しても，独自の重要性は与えられていない。キムリッカが述べるように，このことは功利主義を道徳理論から，もっと美学理論に似たものへと変える。めざすべき総体的状態は人間のような最大限の個性を与えられた種にとって道徳性の本質である，個人の幸福との接触を失っているのである。

　エコロジズムは同様の非難を逃れることができるのか。個々の人間生活において，特別な責任が有する役割について説明することができるのか。それとも，エコロジズムは功利主義のように，道徳的主体を生物多様性の最大限の保護といった一定の望ましい総体的状態を達成するための手段としかみなさないのだろうか。[4]

　エコロジズムは功利主義のようなやり方で，道徳的生活の「気力をそぐ」ことにコミットしていないことは明らかである。その代わりに，エコロジズムは道徳的に配慮可能な実在物に対して負う義務という概念を採用し，そういった存在が自らの性質に適した幸福を得られるようにする。人間に関していえば，エコロジズムの支持者たちが高度に個性を与えられた存在における個人的なコミットメントとそれに関連する自律性の行使が彼らの幸福に必要不可欠であること，この点を認める理由は大いにある。生物多様性を保存する目的は，他の道徳的に配慮可能である実在物に関して，同様に配慮していくことを重視することである。

　第4章で述べたように，種や他の人間以外の生物学的実在物は驚異的なもの

---

(4) そのような人間は他の人間と特別な関係にある，とするリンチ（T. Lynch）とウェルズ（D. Wells）の主張を第5章で論じた際に，この問題に関する一つの見解についてすでに触れている。

であるから，内在的に価値があるという主張は道徳的なものと美学的なものの区分を超えた概念を用いる。しかしながら，この主張はエコロジズムを功利主義と同じ状況に陥らせるであろう，「驚異性」を最大化する企図へとわれわれを強いたりはしない。むしろ，道徳的行為者（moral agents）ではないために道徳的配慮の対象となる可能性を与える通常の基盤を欠く実在物へ，そうした可能性を与える理由を提供するのである。

　道徳的配慮の対象となる可能性の特性は程度の差を許容し，異なる量の特性をもつ存在の利益の間で区別とトレードオフが行われることを許容する点については，すでに強調してきた。明らかに，特定の人間による特定のコミットメントはしばしば彼らの利益にとってきわめて重要となるであろう。そのために，トレードオフを行う中で，そうしたコミットメントについて考察しなければならない。しかしながら，エコロジズムは，キムリッカや他の者たちが，「選好充足」（preference-satisfaction）という形態の功利主義について考察する際，人間の選好に関して行っているのと同様の配慮を人間のコミットメントに関して行うことを望むだろう。そのような功利主義に関する重要な点は，人間が有する特定の選好だけが正統な道徳的重みを有するということだ。周知のこととして，他の人種の構成員にひどい扱いをするという人種差別主義者の選好は，私たちが選好充足をめざす場合に考慮に入れられるべきではない。

　同様に，人間が他者に対して行うコミットメントは本質的に他の生命体の道徳的配慮の対象となる可能性に関する要求を基本的に無視しない限りにおいて，エコロジズムの観点から唯一正統的なものとみなすことが可能である。もし人間が特定の生命体や特定の人間関係にコミットした結果，由々しきあり方で，他の生命体の利益を無視するようになる場合には，たとえそうしたやり方に仲間の支援や支持があろうとも，それを変えるように人間に要求することは道徳的に正統である。奴隷貿易の終焉は多くの人間による数多くのコミットメントをすべてきちんと終わらせ，特定の儲けの大きい生活形態を廃止した。そのように，同様の道徳的な正当化によって，他の種を狩猟や捕獲の対象とすることもまた，禁止されるだろう。キムリッカはその点をこう表現する。「他者への

平等な顧慮を示すことには，一つには，自分自身の人生の目標を決定する際に，他者に正当に属するのは何かを顧慮することを意味している」[5]。

　このことは当然ながら，道徳的配慮の対象となる可能性を有するものとして，人間以外の存在を取り扱う方法を決めていく上で——言い換えれば，それが生態学的正義が要求することである——，人間以外の存在に正当に帰属するものを私たちは明確に述べることができるのかという問題を提起する。環境の大規模な改変者ではないので，自然環境の中で進化して特定の生態学的地位を占めるために進化し，また，豊かで変化していく文化をもつことのない，そうした多くの存在に対しては，先の問題に対する一般的な解を提示することができる。その幸福のために絶対的に必要なもの，そして，それゆえに，道徳的見地から正当に彼らのものであるのは繁栄を可能にし，種を存続に適した数で再生産させるに足る十分な生息環境である。これがどのくらいの程度のものなのか，どのくらい強固な主張を有するかということは，問題となっている種の具体的事実によって決まる。このために，フィールド調査を行う生態学者やその他の人々の専門知識が必要となる。

　したがって，人間同士の道徳的相互行為の際に生じる考察は人間と他の種の間に適用される一般的な考察のより具体的な形態にすぎないと述べうる理由をエコロジズムは再度，論証することができる。

　本節の最初の問いに戻るならば，エコロジズムが，キムリッカが支持する意味での帰結主義的であることは明らかである[6]。つまり，エコロジズムは以下のような「直観的洞察」(intuitions) を支持する。

① すべての生命体の幸福が問題である。

② 道徳的規則は生命体の福祉に対する帰結によって検証されなければならない。

---

(5) Kymlicka (1990), p. 42（邦訳70ページ）。
(6) Kymlicka (1990), p. 11（邦訳20, 21ページ）。

第8章　エコロジズムと現代政治哲学（その1）——功利主義・ロールズ的リベラリズム・リバタリアニズム

ロールズの主題——正義と道徳的配慮の対象となる可能性

　私たちはすでにある程度，エコロジズムの観点から正義の問題について議論してきた。ここから，すでに提示した見解を影響力をもった最近の議論——その中で，ロールズの見解が最も興味深い——に直接関連させる必要がある。

　ロールズの公正としての正義の理論は人間にのみ適用される。それは「正義の」（just）という呼称に値する社会編成の中で，どういった権利と自由が人間に分配されなければならないかを決定しようと試みている。前節で述べた平等主義原理に基づけば，これは，つまり，当該の社会が道徳的に言って，平等に重要である者として人格を扱うことを意味する。

　再度，エコロジズムは，この問題がエコロジズム自身の究極的価値の前提に従って，再定式化されることを要求する。人格を互いに道徳的に平等な者として扱い，人間と人間以外の存在の双方を道徳的配慮の対象となる可能性をもつものとして扱うために，人間同士の間で，さらに人間と人間以外の存在の間で，どのような権利と自由を分配することが必要かという，こうした問いへの答えが要求される。この問いへの答えは人間社会における人間同士の関係を規定し，さらには，人間社会とその社会の文脈を実際に構成している人間以外の領域——この領域をロールズの理論のような理論は簡単に無視している——との関係を規定する，そうしたある正義の理論を提供するであろう。ここで，第6章で紹介した「生態学的正義」の論題に再び，戻ることになると。

　さらに，エコロジズムは，「正義は諸制度の第一の徳目である」，であるから，他の価値に訴えることによって，不正義を埋め合わせることはできない，というロールズの主張を支持する。むしろ，キムリッカが要点を述べているように，

---

(7) Rawls, John (1972), *A Theory of Justice*（矢島鈞次・篠塚慎吾・渡部茂訳『正義論』紀伊國屋書店，1979年）。
(8) 人格性は程度の差を許容するという第5章の最初の主張が生み出す複雑な状況については，以下の議論において無視することにする。
(9) Rawls (1972), p. 3（邦訳3ページ）。

「これらの……価値を正統的に重視することは，最高の正義の理論内におけるその価値の位置によって確定される」[10]。エコロジズムにとって，人間の政治的編成は人間と人間以外の存在双方の道徳的要求に応じなければならないために，「最高の正義の理論」内で道徳的価値が置かれている位置はロールズが苦心して作り上げた理論内での位置よりも一層複雑になるだろう。しかし，前述のロールズの言葉をエコロジズムが受け入れていることは以下のことを意味する。すなわち，不注意に，あるいは，計画的に，人間以外の存在に対して不正である政治制度が人間や人間以外の存在のために他の価値を推進しても，その不正を埋め合わすことはできないということである。

ロールズが自らの問いかけに対する答えとしてつくり出した実際の正義の理論はドゥオーキンの表現を用いると，「資質を反映しにくく，意欲を反映しやすい」[11]ものである。すなわち，その理論は意欲に基づいた個人の努力によってのみ財を獲得する機会を人間に与えるが，他方で，道徳的に恣意的である彼らの立場の特質によって財を獲得することを排除する。ロールズにとって，これら道徳的に恣意的な特質は社会的地位，家族的背景，さらには，人種，性別，才能や素質といった遺伝的に決定される特質を含む。人々がこれらのいずれかの特質を保持することによって所有物を獲得するならば，人間は公平に扱われていないことになる。

したがって，人が遺伝的に与えられる才能といった道徳的に恣意的な特質によって，財という所有物を獲得した場合に，それが適切であるのは，その人が以下の点を受け入れる場合のみである。すなわち，正義を保証するために必要な，彼らほど才能に恵まれていない人々への補償をするための再分配計画に参加するようにという要求を受け入れる場合である。他の編成の中には人間の道徳的地位の平等性を重視しないやり方で，生活上の機会の可能性を分配するだろう。この場合，より才能あるものが正統に望みうるような異なった報酬は才

---

[10] Kymlicka (1990), p. 161（邦訳256ページ）。
[11] Dwarkin, Ronald (1981), 'What is equality?', Kymlicka (1990), p. 75（邦訳122ページ）における引用。

能を発揮するために努力するという彼らの意欲と覚悟の結果として，その才能を実際に開花させたことに基づき，かつ，配分されなければならない。言い換えると，その報酬はロールズが「公正な機会均等」(fair equality of opportunity) 原則と呼ぶものに服さなければならない。

それゆえに，私たちは出生という「自然の貴族制」(natural avistocracy) に基づいて人間を道徳的に区別してはならない。エコロジストはこの考えを人間以外の生物を含む正義の理論の方向に向けることができるだろうか。それにはさまざまな問題が伴う。まず最初に，社会的正義は人間社会に適用され，ロールズの言葉を用いると，「相互利益のために協調する試み」とみなされる。人間以外の存在はそのような試みに参加しないし，できない。一部は参加させられるかもしれないが，それは彼らが進んで協調を選んだ結果としてではない。そのために，エコロジストはロールズによる正義の問題の定式化，すなわち，参加者全員の平等な道徳的地位に対して，正統な関心を払うという試みの中で協調の原理を見出すというやり方を人間以外の存在を含めるために使用することはできないのである。

遺伝的資質という道徳的恣意性に基づく補償を支持する主張を人間以外の人格でないものにまで拡張すべきだという考えが存在するかもしれない。人間が人格性のための能力を授けられており，他の生物はそうではないということは結局のところ，遺伝的幸運の問題である。したがって，ロールズの推論に基づいて，次のように言うべきだ。すなわち，この事実から人間が得たいかなる優位性も不相応なものとみなされるべきであり，そして，この点において恵まれない者たち，すなわち，人格性を欠く他の生物体に補償を提供すべきものとみなされるべきであると。

しかしながら，この主張は成り立たない。特定の人間に関して，実際にもっている才能よりもすぐれていたり，あるいは，劣っていたり，異なっていたりする才能をもって生まれるかもしれないと推定することは道理に適っているし，

---

(12) Rawls (1972), p. 73 (邦訳65ページ)。
(13) Rawls (1972), p. 4 (邦訳4ページ)。

それゆえに、実際にもっている才能は遺伝的な偶然の問題だ、と結論づけることも道理に適っている。しかし、オウムがある人格として生まれたかもしれないと想定することは、それが異なった種の構成員として生まれたかもしれないと想定することと同じである。しかしながら、あるものが、それが実際に生まれついた種とは異なる種の構成員に生まれたかもしれないと考えることは筋が通らない。その「あるもの」(something)は、一体、何になりえたというのだろうか。

このことからも、正義の基本原則に関する討論では、人格性を欠く人間以外の存在を代表するよう代理人に命ずることによって、ロールズの「原初状態」(original position)という装置を採用することはできない。その想像上の討論は「無知のベール」の背後で行われている。しかし、さきほど述べられた理由のために、ベールという装置は自分が属する種について無知であるような参加者を一貫性をもって想像することはできないのである。

その場合、これらの論点が示唆することは、ロールズのごとき正義の理論は（地球上でたまたま一つの種に限定された）人々の間における共同的行為がどのように行われるべきかという問題に対して、特に適用されるということである。そう理解すると、エコロジストがその理論の基本的見解を支持すべきでない理由などない。というのも、それは、人格の道徳的配慮の対象となる可能性にふさわしい評価をするために必要なものに対して、適切な関心を払っているように思われるからだ。人間の自律のための能力には、適切な範囲が与えられている。その一方では、当初の生活上の機会に関する道徳的に恣意的な差異に服する人々の間で、公正な扱いを保持している。

しかしながら、人間以外の存在もまた、資質をもち、生活を営んでいる。その生活の中で彼らが繁栄する機会は道徳的配慮に値する。道徳的行為者は人間とそうした生物の関係を規定するために、意欲を反映しやすい原理を考案しようと考える必要はない。というのも、人間以外の存在は意欲をもたないからだ。しかしながら、人間以外の存在の資質は2つの点で正当な関心の対象となる。まず第一に、それぞれの種に特有の能力の資質は繁栄の条件を確定する。そし

て，そうした種の道徳的配慮の対象となる可能性を適切に認識すれば，こうした条件やその維持に注意を払わなければならない。第二に，ともかく，この地球上で，人間以外の存在は人格ではないという事実はそれらが自らの道徳的配慮の対象となる可能性を明確に述べ，正当化する能力をもたないことを意味する。これは彼らがある資質をもたないということである。先ほど述べたように，このことは恣意的な事柄ではない。というのも，それはある程度，人間以外の種の定義であるからだ。しかし，それは人格との相互作用に関して，きわめて不利な立場に彼らを置くのである。

そのために，人格である種とそうでない種の間の正義に関する問題点が存在する。それは人格を有し，社会を形成する種の構成員同士の間にある社会的正義の問題をより一般化した形式のものである。実際，ここに一連の問題が存在するが，ロールズ（と，大抵の伝統的な政治哲学）は，その中の一つの問題だけを選択した。というのも，第5章で述べたように，異なった社会の構成員である人格の間の正義の問題，加えて，異なった時代を生きる人格との間の正義の問題が存在するからだ。さらに，人格である異なった種の構成員との間の正義の問題がある。もちろん，これは今ここで論ずべき問題点ではない。しかし，それは例えば，食事の世話や子を産む方法といった異なる種の特徴から生じる異なる種類のニーズをもった人格同士間で達成されるべきバランスに関して，複雑な状況を引き起こす。さらに，ベントン（T. Benton）が論じている問題がある[14]。私たちが私たちの社会に参加することを強い，さらに，私たちの社会において重要な社会的・経済的な役割を果たすように強いてきた種が存在する。この種は私たちの社会を構成するのではないが，私たちの社会の中に存在する生物である。そうした種と私たちの間の道徳的関係に関する問題も存在する。

これらの問題に対する生態学的アプローチの特徴は，そうした種がそれぞれ繁栄するための条件を見つけ出し，その条件からそれぞれの種の道徳的配慮の対象となる可能性を十分に認識するための原則を見つけ出すということ，さら

---

[14] Benton, Ted (1993), *Natural Relations*.

に，こうしたことに基本的な関心をもっていることである。第5章でみたように，すべての人間の基本的ニーズを満たすための，人々の間での資源（あるいは，資源に相当するもの）の配分に関わる社会的正義の原則は人間以外の存在の基本的ニーズを満たすために，人間と人間以外の存在の間の資源の分配を規定する原則よりも，優先される。しかしながら，その議論から以下のことが思い出されるだろう。すなわち，人間以外の存在が基本的ニーズを満たすために必要なものは，人間が基本的ではない（道具的な）ニーズを満たすために獲得しようとするものに由来する考慮に打ち勝つことができるのである。

前述のように，こうした形で基本的ニーズが衝突する場合，生態学的正義の要請は人間の基本的ニーズを満たす方法に制限を設けている。次のような抑制が作用する。

① 社会的正義が人間の基本的ニーズを満たすために自然資源の動員を要請する場合，人間はこれを行っていく上で，人間以外の存在のそれ自身の基本的ニーズを満たすための条件をできるだけとどめる方法を探し出さなければならない。つまり，人間のニーズを満たすために，自然に介入することに道徳的許可が得られるにしても，人間以外の存在の道徳的配慮対象となる可能性をむやみに無視することが認められるわけではない。

② もしそのような基本的な人間のニーズが自然資源を動員すること，あるいは，人々の間で再分配すること，このいずれかによって満たされる場合，前者の方法において人間以外の存在が基本的ニーズを満たすために必要とする条件を破壊してしまう場合には，後者の方法がとられるべきである。

③ すべての人間が受け入れることができる物質的幸福と消費の程度を定める「十分性」（enough）という概念に，人間は到達するよう努めなければならない。そうすれば，受け入れ可能と考えられる物質的消費のレベルが無制限に増加することによって，人間以外の自然が必要とする資源が侵食されるといった事態を回避できる。人間の発明の才によって侵食なしにもたらされる場合は，そうした増加は許可される。

④ ③の要請が満たされる場合であっても，社会的正義の要求を満たすために，

第8章 エコロジズムと現代政治哲学(その1)——功利主義・ロールズ的リベラリズム・リバタリアニズム

　人間以外の生物の存続と繁栄に必要な条件を破壊するしかないといった境遇に陥らないように、人間は人口を制限する責任を負う。
　3つ目の条件は、人間の一定の意欲を人間以外の存在がその基本的ニーズを満たすために必要なものとトレードオフするべきだという考えを強固なものにする。それゆえに、自己発展の特定の可能性を捨てなければならない者も出てくるだろう。とは言え、彼らが自己決定のために必要なものを所有している限り、社会的正義の要求に従って遇され、さらに、生態学的正義の要請を満たすことになるだろう。
　したがって、上記の①～④の条件は、最も道徳的配慮の対象となる可能性が高い生命体の間の社会的正義に対する強力な要求が正当化する可能性のあるものに対して、厳密に制限を加えようとするものである。人間は自然資源に対する要求を道徳的に正当化してきた。エコロジズムはそのことを十分に認識している一方で、そのような道徳的に正当化されうる主張をもつのは人間だけではないということ、さらに、人間のニーズがその他すべての考察を押しのけるという道徳的に単純な見解は正当化できないこと、これらを説得力をもって私たちに気づかせる。生態学的正義の要請もまた、強力なものである。
　幸運にも、人間の自己決定に必要ないくつかの要請はもっぱら物質的なものというわけではなくて、民主的制度の創設と維持、特定の自由の保持などのように、制度的なものである。これらを保証することは通常、人間と人間以外の存在の間の利益の衝突を最小限にしか生じさせない。
　しかしながら、社会的正義や生態学的正義の問題に対する先ほど述べたアプローチが明確に示唆していることは、人間の繁栄とは、人間の意欲、あるいは、自己発展を保証することに無限にコミットすることではなくて、主に自己決定に必要なものを保証することである。ここで強調すべき重要な点は、人間の才能はいつも多様な目的に用いられるということである。もし、私の才能を用いることを含む意欲が道徳的に擁護できる理由で阻止されるとすれば（例えば、私は奴隷貿易で大成功したかもしれない）、道徳的に反対を受けないような才能の他の表現手段が見出されるであろう。しかしながら、人間の柔軟性は限られて

おり，若者の中により容易に見出されるものである。年老いた犬は簡単に新しい芸当を覚えることはできないために，とりわけ，最低限の生活の維持にかかわる場合には，阻止された才能や技術に対する補償を要求することは明らかに受け入れられている。

リバタリアンの主題——財産と自己所有権

「ロールズ的リベラリスト」（Rawlsian liberals）と「リバタリアン」（libertarian）の論争は２つの問題点を巡るものである。第一の問題点は，道徳的に言って，人格が「自己所有者」（self-owners）とみなされるべきかというものである。この自己所有者という概念が示唆するのは，彼らのみが正当に所有する能力に基づいて獲得した財が奪われ，正義，あるいは，他の道徳的価値の名においてどこか他のところで再分配される場合，彼らは不当に遇されているということである。第二に，人間は所有権を絶対的なものとみなす覚悟をもつべきかというものだ。そうした覚悟をもつならば，より基本的な道徳的善の名において，人格の所有権が破棄されることはないだろう。

ノージック（R. Nozick）によるリバタリアニズムの形態はこれらの主張をすでに私たちが検討した「人格の平等な道徳的地位」（equal moral standing of persons）というカント的見解の解釈から導き出している[15]。この見解では，人間を目的それ自体として扱うことは彼らを自己所有者とみなすことを要求する。さらに，自己が所有する能力に基づいて彼らが獲得する財産を彼らによって絶対的に所有されるものとみなすことを要求する。

最初のテーゼは自律性や自己支配に含まれているものは何かについて，具体的な考え方を提示するためのものである。それは，人格に授けられた能力はその人格の外的状況の一部であり，もし総合的な道徳的目標を追求することが必要な場合には，介入を受けるものとみなすとするロールズの考えを排除するだ

---

[15] Nozick, Robert (1974), *Anarchy, State and Utopia*（嶋津格訳『アナーキー・国家・ユートピア——国家の正当性とその限界』木鐸社，1992年）。

ろう。ノージックは，当該の能力は道徳的に言って恣意的に授けられたものだと進んで認めているが，しかし，このことが能力をそれを所有する人格から概念的に分離させることは否定している。人格を人格として尊重することは，少なくともある程度そうした知的能力という点で，人間は区別できるものだと考えているということを意味する。

所有権は絶対的なものであるという第二の主張は，人格は目的それ自体であるという見解を維持するために必要なものとみなされる。最も重要な道徳的目的の名の下に，ある人格の財産を取り上げることはその人格を単に手段としてのみ扱うことである。このことはもちろん，社会的正義の名において，国家が財産を再分配することを阻止する原則である。

自己所有権や所有権の性質の問題に関して，エコロジズム独自の見解は存在するのだろうか。最初に，自己所有権に関して，この概念に反対する以下のキムリッカの主張をエコロジズムは簡単に容認するであろう。自己所有権は，世界が人々にどう配分されるべきかということについて，直接何かを意味することのない形式的な概念にすぎない。私が自分の能力の唯一正当な所有者であるという事実は，世界が私的所有権，共同所有権，あるいは，その他の形式において維持されるべきかどうかについて，何も明らかにしない。これらを決定するためには，私たちは他の考察に注目しなければならない。その中で最も重要なものは自らの企図を実行することを可能にする資源に対する十分な支配権を有することによって，実質的な自己決定を行うための公平な機会を各人がもてるようにするというものである。したがって，もし所有権の絶対性ということが計画実行に必要な資源を入手する機会をもたない者が出てくる可能性を意味するのであれば，所有権は絶対的なものとはみなされない。

これは私たちを財産の原初的取得という難しい領域へと導く。財産の原初的取得が道徳的正統性をもつのは，その獲得が「平等な顧慮を求める他の人々の権利要求を否定[16]」していない場合である，とキムリッカは主張する。これは

---

[16] Kymlicka (1990), p. 109（邦訳176ページ）。

「他の人々に対して，同量で同質のものを残す」というロックの但し書きと同じものである。賃金労働を通じて人々が物質的財を入手する機会を得られるようにすることで，ロックとノージックがこの制約を克服した方法は要求される任務を果たしていない，と彼は主張する。なぜならば，財産として獲得する資源の入手機会をもつことの要点は，人がその自律性を発揮できることであり，そして，人が賃金労働において別の人間の意志に従うことによってのみ資源を得ることができる場合には，この自律性は減少したり，失われたりするからだ。

　それゆえに，確立されるべき道徳的に正しい所有権の形式を決定する際に，私たちが取り組むべき問題は，「いかなる所有権が自己所有権を最も保護するか」ではなくて，「いかなる所有権が自己決定を最も保護するか」である。所有権を公平に分配することは実質的な自己決定をすべての人に与えるために必要である。これはおそらく，「持つ者」から「持たざる者」への再分配を伴うだろう。キムリッカが言うように，「リベラルな再分配は他の目的のために自己決定を犠牲にしているわけではない。むしろ，自己決定に必要な手段の公平な分配をめざしている」[17]のである。

　この種の主張は普遍的な「ベーシック・インカム」(basic income ―基本所得)に賛成する主張を正当化するために，使用されてきた。その「ベーシック・インカム」とは，人々に市民権として与えられ，そして，（多くの形式において）人々が生存のニーズを満たすように意図されたものである。個々人の生活のそうした確固たる経済的基盤は賃金労働の中で他者の意志に自らを委ねるのではなく，その収入で生活していくことを選択する可能性を与えることによって，彼らの自律性を高めるであろうと想定されている。エコロジズムの見地からすれば，これは急速な経済成長を生み出す力を沈静化するという利点ももつ。そうした力のうち，最近高まっている経済的な不安感情は重要である。経済成長の速度は人間の猛攻撃に適応する生態系の能力を圧倒する恐れがある最も大きな要因の一つであると，レオポルド（A. Leopold）やノートン（B. Norton）とい

---

[17] Kymlicka (1990), p. 122（邦訳195ページ）。

第8章　エコロジズムと現代政治哲学（その1）——功利主義・ロールズ的リベラリズム・リバタリアニズム

った環境哲学者が力強く主張した点を前提とすれば，より生態学的に持続可能な成長率に向けて発展のスピードを遅らせることができるものは何でも，エコロジズムは歓迎するであろう。

しかしながら，「ベーシック・インカム計画」（basic income scheme）が人の自律性を高め，それにより人間の繁栄の主要な要因の一つを強めるのかどうかという問いやその計画が成長を遅らせ，その結果人間が作り出した変化に対して生態系が応答する時間を与えるのかどうかという問いはどちらも経験的な問題である（訳註：「ベーシック・インカム」は最低限所得保障政策構想の一つで，国民の最低限度の生活保障のために，国民一人一人に現金を給付するという考え方。日本では「基本所得」と訳されることが多い）。そうした計画はこれらの要因に重大な影響をもたらさないかもしれない。したがって，エコロジズムが多くの緑の党

---

[18] この重要なテーマについては，Norton, Bryan (1991), *Toward Unity among Environmentalists* (1991) を参照のこと。そこで，彼は人間の生活を生物学的過程が有する時間的なスケールに適応させる必要があるというアルド・レオポルドの考え方を繰り返している。

[19] P. ヴァン・パリース（P. Van Parijs）は，Van Parijs (ed.) (1992), *Arguing for Basic Income*, p.27の中で，多くの緑の党の間では，「ベーシック・インカム計画」が人気を博しているのは物質的消費よりも余暇を特権化する選好構造をもつ人々が緑の党には不均等に多くいる，という事実によると指摘している。おそらくそうであろうが，それでもこの主張は環境理論の見地から，なぜ，そのような選好構造がより理に適っていると考えられるかという問いを無視している。

　ヴァン・パリースによって編集されたこの書物は「ベーシック・インカム」の考え方を支持するために配列された多様な主張を見事に示している。これらを詳細に検討する余地は本書にはない。しかし，ここで指摘するにふさわしい点は，「所得」という考えは，その有用性が人間の場合に限定されるものではないということだ。所得を，「生活プロセスの維持を可能にする資源の流れ」とみなす時，すべての生物には所得が必要となる。もし人間にとっての「ベーシック・インカム」を認めるとすれば，同様に人間以外の存在にとっての「ベーシック・インカム」も認めるべきであろう。

　このことは人間の場合，社会がある特定の方法で経済的・分配的プロセスを組織化することを要請するのに対して，人間以外の存在の場合には，それらがそれ自身の所得の流れにアクセスできるように，人間がある種の不作為に従事するという問題となる。人間にとっての「ベーシック・インカム」に関する議論において中心となる他のテーマ，すなわち，怠惰，無気力，度を超えた消費といった問題もまた，私たちが人間以外の存在に関心を向ける時には，考察の対象から外される。

と同様に，そうした提案を好意的に考察するのはまったく正しいにしても，計画がもたらす実際の影響は推測でしかないために，エコロジズムがその概念を理論活動の土台にすることは，賢明であるとは言えない。

　人間以外の存在の道徳的配慮の対象となる可能性に適切に対応するためには，原初的取得が道徳的に容認されるのはいつの時点かという問いを他の生物の道徳的要求を考慮に入れて構成しなければならない。環境的正義の問題と生態学的正義の問題が出会うのは原初的取得，というこの根本的領域の中である。この見解において，人が財産を獲得することが道徳的に許されるのは，配分的正義と環境的正義の要請に適う場合であって，しかも，他の生物の繁栄にとって同質で同量のものが残されている限り，つまり，生態学的正義の要請に適う場合に限ってである。しかしながら，前述したように，種によってその道徳的配慮の対象となる可能性の程度も異なる。個性をもたない構成員からなる種の場合，どこかで種の生存に適した数で繁栄の条件を与えるような人間の占有は承認されるであろう。しかし，高度な個性を表し，人格性の条件に近づく大型類人猿のような動物はより一層個体とみなされる必要がある。

　このことはさらに，以下のことを意味する。すべての人間を目的それ自体として，さらに，自己決定の能力を有する者として取り扱うという要請を満たすために，「持てる者」から「持たざる者」への再分配が人間社会において正当化されている。これをまさに同様に，「持てる者」が人間で，「持たざる者」が人間以外の存在である時，人間以外の存在を道徳的に配慮可能なものとして，さらに繁栄のためのそれ自身の条件をもつものとして扱うために，「持てる者」から「持たざる者」へそうした再分配を行うことは正当化されるのである。こうして，エコロジズムは繁栄のために必要とされる手段をより公平に分配するために，人間から人間以外の存在へ資源を再分配することを正当化する（繁栄に必要な手段とは，人間の場合には自己決定を，そして，人間以外の存在の場合には，生息環境における開化を意味する）。

　他の人間に財産を引き渡す人々は不公正な扱いを受けているわけではないということを確証するために，キムリッカが使用する図式を用いるならば，キム

第8章　エコロジズムと現代政治哲学（その1）——功利主義・ロールズ的リベラリズム・リバタリアニズム

リッカの言う「自己の人生の実効的な支配」を達成する資源を人間が保持している限り，再分配は人間に対して不公正なことではない[20]。しかしながら，こうした再分配は人間の間での財産の分配における公正さを要求するであろう。そうでなければ，人間から人間以外の存在への再分配は道理に適った程度の実質的自律性をもって世間並みの生活を送るために必要な資源を特定の人々から奪ってしまう結果になるだろう。つまり，エコロジズムは人間と人間以外の存在の間の資源の分配における公正性と（種特有の繁栄のための要請として）人間の実質的な自己決定に関与しているために，人間同士の間の再分配にも関与するのである。

　人間の間で資源が公平に分けられる時でさえ，実質的自己決定のための許容可能なレベル以下に人間を置くことなしには，資源を人間以外の存在に有利に再分配することはできないということが当然ながらありうるだろう。このような状況においては，人間の利益が優先されると思われる。しかし，前述の④ですでに述べたように，人口増加によって不必要にそのような状況をつくり出さないことを保障するように人間は求められている。

　もちろん，人間以外の存在の個体数の増加によって，他の生物にとって必要な資源の不足が生じれば，その数を減らす方策を人間は正当化できるようになる。人間以外の存在は道徳的行為者ではないので，公平性を考慮に入れて行動することは期待できない。人間以外の種が人間を含む他の生物にとって必要な資源を強奪しているという理由で，もはや考慮されるべき資格をもたなくなるのはいつの時点かという問題は難しいものである。しかしながら，先に述べたように，絶滅を回避できると予想される時以外，道徳的行為者ではない生物間の関係を管理するために人間が介入することは要求されない。人間と人間以外の存在の間に対立が存在する時は，明らかに人間の利益が最も重要になるだろうが，それでも，人間以外の存在の利益もまた，考慮に入れるべきである。ここで，人間が他の種に関して不公正な行動をしないことを保証するために，

---

[20]　Kymlicka (1990), p. 120（邦訳191ページ）。

前の2つの章で論じられた不偏的な人間の「後見」団体が必要となる。

そのような議論を推し進める中で，エコロジズムは人間の尊厳を攻撃しているのだろうか。自己決定のための手段をより公正に分配するための人間同士の間での再分配はしぶしぶ支払うことを強いられる裕福な者たちの尊厳を攻撃してはいない，とキムリッカは主張する。もし再分配することが道徳的に間違っていると無関係に示されるならば，尊厳への攻撃がなされていることになるだろう。しかしながら，そうした再分配が道徳的に必要であると示すことができるため，再分配に従事することは裕福な者たちの尊厳を攻撃していることにはなりえない。すなわち，ノージックが述べているように，彼らを奴隷のように扱うことにはなりえないのである。エコロジズムもこの主張を利用できる。人間以外の存在の繁栄を可能にするために，人間から人間以外の存在へ資源を再分配することは道徳的に要請されるであろうから，そうすることは人間の尊厳を侮辱したことにはなりえない。

人間はお互いを「奴隷化」する権利をもつとする考え方に対抗する概念として，自己所有権はつくられた。これまでみてきたように，さらに，キムリッカがうまく表現しているように，自己所有権はそうした目的にとって不十分なものである。というのも，この概念がすべての人々に受け入れられている時でさえ，それ自体では，相応の人間生活を送るために誰かが必要とする資源を支配することによって，他者がその誰かを支配するという事態を十分に防ぐことはできないからである。そして，この支配は奴隷制にきわめて近いものになりうる。しかしながら，人間が互いを奴隷化することが正当であることはないにしても，人間は人間以外の生物を奴隷にしてもいいのだろうかという問いかけは適切なもののように思われる。

人間による人間の奴隷化は人間の自律の能力を尊重するという道徳的要求によって阻止されている。つまり，人間はその自律の能力がなければ繁栄することはできない。しかしながら，人間以外の存在の場合，自己決定の能力をもた

---

(21) Kymlicka (1990), p. 123（邦訳196，197ページ）。

ないために,繁栄の条件はそのような考察とは無関係である。彼らの運命は遺伝的にその種に定められた生活様式に従うことである。おそらく,「奴隷制度」という概念はそのような生物には正確には当てはまらないだろう。その上,人間による生物の管理や支配は当該の動物の繁栄と両立するかもしれない。もちろん,当該の生物がその種にとって標準的な生活を送ることができるようにすることで,所有者がその生物の繁栄の条件を尊重する場合に限ってではあるが。

特別に飼育される生物の道徳的配慮の対象となる可能性を尊重する上で,何が必要とされるかを決定することはより難しい問題である。これらの生物は従順という性質をもつであろう。だから,その従順さはその生物の野生であった祖先に適していたと思われる生活形態とはきわめて異なった生活形態を正当化するために用いられる。遺伝子工学の進歩の結果生じる多くの問題がある。エコロジズムは当該の生物の道徳的配慮対象となる可能性の問題を強調し,人間の所有者が自分の所有物は奴隷状態において最も幸福であるという自分に都合のよい見解をもつのではないかと警戒することを望むだろう。この見解は何世紀もの間,人間奴隷の所有者たちが躊躇することなく声をそろえて唱えてきた事柄である。

「リバタリアニズム」(libertarianism) が注目する問題に戻るとすれば,エコロジストは自由の価値についてどういった見解をとるべきであろうか。人間が自分たちの自由を「最大化する」(maximizing) 場合に正統な目的をもつのは,ある種の自由は人間という種が繁栄するためにきわめて重要であるからだ,とキムリッカは有益な指摘をしている。したがって,人間にとって自由を最大化する目的はどれほど些末なことであろうとも,自由に選ぶことができる選択肢の数が増えるにつれ,人はより自由になるのだと言わんばかりに,怪しげな量的な意味で,所有する自由の量を最大化することではない。むしろその目的はあらゆる重要な点で,あるいは,最も重要な点で,自由を確保することである[22]。

エコロジストはもちろん,人間以外の生物の道徳的配慮の対象となる可能性

---

[22] Kymlicka (1990), p. 151 (邦訳240, 241ページ)。

を考慮するためにその問題を拡大するけれども，自由については同様の見解をとる。人間と人間以外の存在は双方とも，その道徳的配慮の対象となる可能性が正当に考慮されるために，ある基本的なあり方で自由であることを求める。人間以外の存在にとって価値がある自由は人間の繁栄にとって必要とされる自由よりも，はるかに多様性が少ないであろう。上手に，あるいは，独自の方法で適応している生息環境内で，その種固有の方法で，栄養摂取や生殖のための基本的な身体的ニーズを満たす自由が主要な要求となるだろう。

　国立公園内に生息環境の保護区を設置する場合のように，意識的で熟慮に基づく人間の行為によって，そうした生息環境と生活様式が提供されることは，前述の要求と矛盾するものではない。しかしながら，道徳上より急を要する人間の要求の名の下に，人間以外の存在の自由が侵害される危険性は常に大きくなっていくだろう。とりわけ，人間が環境の局所的管理に関与する地域ではそうである。そのような管理に私たちがかかわる度合いが少なければ少ないほど，人間以外の存在の繁栄にとって重要な基本的自由が維持される見込みはますます大きくなるであろう。リバタリアンは，「立ち入り禁止」(keep out) という表示を好む。人間以外の存在の自由の場合，そうした表示は人間の場合以上に妥当性を有する。

　明らかに，この一般的な立場は，人間以外の存在がその繁栄の条件を確保するために，人間に対して行う正確な要求を確定するものではない。これは，特定の時点で特定の事例に関して確定することができる問題である。しかし，以下のようなキムリッカの主張には言及する価値がある[23]。一定の人々がリバタリアンの立場を受け入れる動機となった考えの一つは「滑りやすい坂」(slippery slope) の主張である。つまり，もしあなたが，人々の不平等が彼らが行う選択からのみ生じることを保証するために人々の置かれた状況を平等にしようとするならば，また，もしあなたが人々の才能はそうした状況の一部であると考えるならば，実行可能な場合に，生活上の機会を平等化するために，人間同士で

---

[23]　Kymlicka (1990), p. 155（邦訳242ページ）。

身体の一部を再分配すべきだ，という主張を否定する理由が果たしてあるだろうか。資質を反映しない分配理論を追求していく中で，どの程度まで平等化と補償がなされるべきかを決定するのは難しい問題である，とキムリッカは認めている[24]。

　この譲歩はある面でエコロジズムにとって有益である。すなわち，人間以外の存在に繁栄の機会を与えるために，人間からどの程度の再分配や補償を適切に引き出すかを決定することがいかに困難なことであろうとも，それはエコロジストの立場に固有の困難ではないということをそれは示しているのである。そして，ある面で，エコロジズムは一定の決断を下すのにそれほど手間をとらない。例えば，生活上の機会を平等化する実践として，一部の人々を天然痘ウィルスにかからせるために，人間が他の生命体とともに「生存のくじ引き」(survival lottery) に参加すべきである，などと主張することにエコロジズムがコミットしていないのは明らかである。というのも，前述のように，道徳的配慮の対象となる可能性は道徳的平等と同じものではないからであり，さらに，道徳的配慮の対象となる可能性をより少なくもつ一定の生命体は道徳的配慮の対象となる可能性をより多くもつ生命体の繁栄の条件を保護するために，当然のことながら犠牲にされたり，さらには絶滅さえ強いられるからである。

---

[24] Kymlicka (1990), p. 155（邦訳246，247ページ）。

第9章

エコロジズムと現代政治哲学（その2）
―マルクス主義・コミュニタリアニズム・フェミニズム

マルクス主義の主題――搾取と疎外

　マルクス主義の議論が私たちの注意を向けさせる最初の問題は，「正義が生じる状況」(circumstances of justice) の問題である。これは人間社会の中で，便益と負担を分配する規則を決定することが重要な事柄になるのはどのような場合であるかという問題である。キムリッカ（W. Kymlicka）が指摘するように，この問題の伝統的見解は以下のようなものである。つまり，人間は相反する目標をもつと同時に，物質資源の有限性という状況に直面しているために，資源の使い道，すなわち，資源から誰がどのようにして利益を得るのかを決定する方法を決めなければならない。だからこそ，正義のルールが必要とされるというわけである。その見解は，もし私たちが共同で達成をめざす目標について合意することができたならば，また，もしきわめて豊富な資源という状況に到達でき，その結果，資源問題に取りかかる必要がなくなるならば，正義の問題も生じることはないであろうと想定している。

　マルクス主義者たちは伝統的に「正義が生じる状況」を除去することができると信じていた。現在，彼らのほとんどはそれが不可能であること，それゆえに，正義のルールについて真剣に考える必要があることに気づいている。エコロジズムはこの問題に関して，何を主張するのであろうか。

　第5章で述べたように，バリー（B. Barry）の論証したところによれば，正義の問題は「正義が生じる状況」の外でも生じるのであり，それゆえに，ヒューム（D. Hume）やロールズ（J. Rawls）と共にマルクス主義者もまた，正義の問題が生じるための必要条件は特定の状況である，と想定していた点におい

て誤っている。ただ，依然として特定の状況は正義の問題が生じるための十分条件である，と主張することができるだろう。最も重要な資源，つまり，人間の発明の才は無限であるという新古典派経済学の支持者の主張にもかかわらず，エコロジズムは人間は必ず資源の希少性という状況に直面する，という主張を難なく受け入れることができるだろう。

しかしながら，たとえ新古典派経済学の支持者の主張が決定的に確証されたとしても，さらに，そのために人間にとって実用的な資源の限界は存在しないことが論証されたとしても，もう一つの「正義が生じる状況」は依然として，エコロジズムに生態学的正義を支持する理由をもたらすだろう。エコロジズムは道徳的に重要な存在者の間で完全な目標の調和が達成されることは不可能だと明確に強調しなければならない。人間は非常に個性のある種であるために，人間同士がそうした調和に合意することはありそうもない。これは，つまり，エコロジズムにとって，そのような調和はせいぜい偶然の問題であり，必然的に一時的なものであることを意味する。

だが，私たちが人間以外の存在の目標や利益を視野に入れる場合には原則としてですら，合意は不可能である。というのも，人間と人間以外の存在は何に関してであれ，合意に達することはできないからだ。さらに，人間と人間以外の存在の間で，目標が自然に調和することがないこともまた，明らかである。それゆえに，エコロジズムにとって，これらの「正義が生じる状況」は「生命の本質」（nature of life）の中に書き込まれている。したがって，人間はこの状況における唯一の道徳的主体として，人間同士で本質的に相反する目的と人間と人間以外の存在の間の相反する目的とを正しく和解させる任務を担わざるを得ない。人間以外の存在の間で相反する目的が存在するが，それは正義の問題ではない。というのも，道徳に反する行為も，それゆえに，不正義も，道徳的行為者（moral agents）ではない存在の間では起こりえないからだ。

マルクス主義者はもちろん，以下のような未来の社会形態を予想していた。そこにおいては，ひとたび「正義が生じる状況」が乗り越えられると，正義の場所は利他主義に基づく他者の利益への関心，すなわち，友愛の精神に取って

代わられるであろう。すでに何度か紹介したが，人間以外の世界への愛や仲間意識という現象，すなわち，バイオフィリアはこの友愛という概念に相当するものである。しかしながら，エコロジズムは，これが正義の考察に取って代わるものとなることを望んではいない。というのも，キムリッカが人間と人間の場合に関して指摘するように，私たちが愛によって動機づけられ，同時にまさにその愛が生み出す相反する要求に直面するような場合に，正義は私たちに何をなすべきと要求するのか，それを確かめることが必要であるからだ。[1]

これはまた，人間と人間以外の存在の関係にも当てはまる。実際，明確に規定され，思想的に擁護される正義の概念はおそらく人間と人間以外の存在の場合において，より一層重要度を増すのである。というのも，私たちは残念なことに，しばしば他の人間の利益を無視したり，軽視したりするにしても，人間としての私たち相互の愛情があるために，私たちは人間以外の存在の利益を無視したり，軽視したりする場合ほど簡単に人間に対して，そうしたことは行わないからである。

マルクス主義の主要な資本主義批判は，当然のことながら，正義の概念とはかなり異なる2つの概念，すなわち，「搾取」(exploitation) と「疎外」(alienation) を重点的に取り扱うことになる。搾取の概念について，最近多くの詳細な議論がなされており，その議論の過程において，マルクス主義者たちが好む搾取の解決法である生産手段の社会化は，ある人々が他者に対する優位を得るために権力を不正に使用するものとして理解される場合，搾取を終わらせるための必要条件でも十分条件でもない，という主張が生じている。[2] エコロジズムは確かに，キムリッカが述べた経済的領域内での非搾取的な関係に関する規定を受け入れることができる。すなわち，その規定とは，決定した事柄を実行するための物質的手段を獲得できるがゆえに，人々が自らの生活の仕方に関して

---

[1] Kymlicka, Will (1990), *Contemporary Political Philosophy*, p. 168（千葉眞・田中拓道・関口雄一・施光恒・坂本洋一・木村光太郎・岡崎晴輝訳『現代政治理論』日本経済評論社，2002年，266ページ）。

[2] Miller, David (1989), *Market, States and Community* の第7章で，これに関する有益な議論が展開されている。

自己決定を下すことができる場合に,そうした非搾取的な関係が成り立っているというものである。[3]

エコロジズムはすべての生物の繁栄にとって必要な条件に対して一般的な関心を抱いているが,そうした関心の一つとして,人間の間の「搾取」に目を向ける必要がある。人間の自己決定能力を人間の繁栄の一部だと考えれば,人間の経済的領域内に搾取的でない関係から構成されるシステムを作り出すことはエコロジズムにとって主要な関心事となる。

しかしながら,一見したところでは,資源にアクセスするためのさまざまな方法がある。例えば,資本主義内部の財産所有の民主主義,市場社会主義,あるいは,社会的所有制の創設が含まれる。エコロジズムは,厳密な教義が複数存在しているこの分野において実用的でなければならず,おそらく,以下のような見解をとるべきであるだろう。すなわち,人間が地球に「少ない負担で」生きつつ,しかも,それなりの生活をするだけの生活水準を維持する方法を継続的に作り出すことが必要であり,したがって,実際,市場システムのみがこれまで供給してきたような継続的な技術革新が必要となる。私たちは第Ⅳ部で,これらの政治経済学的な問題に戻り,より詳しく論じるつもりである。

エコロジストは人間と人間以外の存在という文脈において,「搾取」をどうみるのか。もし人間が人間以外の存在に対する優位性を得るために,人間以外の存在に対して権力を不当に使用するならば,これまでに与えられた「搾取」の定義の観点から,道徳的に反対しうるという意味において,人間は人間以外の存在を搾取していると言われるだろう。純粋に人間の事例から類推して,そのような不当さとは,「生産手段」(あるいは,「生産する」という言い方が意味をなさない種の場合には,生活手段)に対する,人間にとって有利で,かつ,道徳的に擁護不可能で,不平等な入手行為を意味するだろう。人間の場合の非搾取的な関係はすでに述べたように,仕事,余暇,リスクに関して各人の目標に合致した決定を下すことができるような形で,生産手段を入手できる能力を含ん

---

[3] Kymlicka (1990), p. 182(邦訳287ページ)。

でいる。
　こうしたことを人間以外の存在の事例に当てはめることは容易ではない。人間以外の存在は個々の生活において，仕事，余暇，リスクのバランスに関して決断を下す能力をもたない。ただし，多くの高等動物は複雑な生活を送っており，人間の観察者はそうした生活において，道具の使用を含む努力の期間と余暇の期間を見分けることができる。さらに，そうした動物が捕食されるという可能性を明らかに鋭敏に察知しつつ，水飲み場に水を飲みに行く時のように，その動物がリスクを予測していると判断することが全く不可能というわけではない。しかし，おそらく人間以外のどの動物もそうした彼らの生活自体をやや長期的見解でとらえる上で，これらの要素を互いに比較検討するといった能力は所有してはいない。
　意思決定を行うという概念でさえ，多くの人間以外の生命体に適用することは難しい。多くの生物は適応性という能力をほとんどもたずに，その遺伝的体質が規定する生活を精一杯生きている。しかし，カール・ポパー（Karl Popper）が示唆したように，動物の遺伝的体質において最も素晴らしい生き方に関する仮説が具体化されているという観点から，これを考察することは可能である。そのような仮説が誤っている場合には，その種は滅んでしまうだろう。人間が人格として，地球上の他の生物より優位である点は，私たちが仮説を提出することができ，もしうまくいかなくても，絶滅というリスクを犯さずにそれを試すことができる，ということである。[4]しかしながら，エコロジストの観点からみると，この優位性は生物のライフプランに関する「具体化された」決定を無視することを道徳的に正当化するものではない。したがって，人間と人間以外の存在の非搾取的な関係とは，人間以外の存在が生活目標（もちろん，主に繁殖）に関して下す「遺伝的決定」が，自らが選択した目標に関して人間が自覚的に下す決定と同じくらいに配慮される価値があるものとみなされるような関係である。これは前述の通り，種ごとに異なった意味をもつとはいえ，

---

(4) Popper, Karl (1972), *Objective Knowledge*, p. 70（森博訳『客観的知識——進化論的アプローチ』木鐸社，2004年，82，83ページ）を参照のこと。

生活の選択を尊重するという単一の原則を示している。

次に「疎外」の問題に移るが，最初に述べるべき点は，これが完成主義的な意味合いを有する概念であるということだ。言い換えれば，もし人間が疎外の状態にあるという主張がなされたとするならば，それは，人間がその種特有の優秀さを経験できる非疎外的な状態が存在することを暗に意味している。キムリッカが説明するように，マルクス主義理論の場合，それ特有の長所は自由な創造的・協働的な生産能力を発揮することだと考えられた。この点で，マルクス主義者は彼らの選好を普遍的真理にまで高めたとして，しばしば非難されてきた。キムリッカの反応はこうした批判の一例である。というのも，彼は「生産の能動的な満足よりも，消費の受動的な満足を好む人々を，排除したり，彼らに烙印を押したりする……理由など存在しない」と述べているからだ。自由で創造的な生産とは，独特で，価値のある人間の存在様式のあくまで一つでしかないのである。

エコロジズムは人間生活や人間以外の存在に関して，完成主義者なのだろうか。すでに述べたように，人間生態学の視座は，人間が高度に個人化されており，各人は自律の能力をもつために，それが何であれ，単一の生活形態が種を構成するすべての個人の繁栄に資するということはないと認めている。しかしながら，人間以外の存在に関しては，それらが個性と自律を欠いているために，その生物の完璧な生活を達成することができるような存在様式を明確に述べることがはるかに容易となる。生物が適切な生息環境の中で自らが適応している生活を営んでいる限り，十分に成長を遂げ，その種の平均的な個体が有する通常の機能を果たすことがその存在の完成ということになる。

こうした条件を満たすことができなければ，生物に病をもたらす。より高等で複雑な動物の場合，生息環境から引き離されて動物園にいる個体が示唆することはある特定の状況においては，その存在が疎外されていると述べても不適切ではないということである。これはよく世話をされていて体調もよい，ペッ

---

(5) Kymlicka (1990), p. 187（邦訳294ページ）。
(6) Kymlicka (1990), p. 189（邦訳297ページ）。

トとして飼われている個体については、より当てはまるであろう。疎外に苦しむ生物はたとえそれが人間であっても、自分の条件に気づいていないかもしれず、彼ら自身の観点からすれば、完全な満足を感じているかもしれない。これは結局、「疎外」という概念の一部である。しかしながら、動物の種が複雑な行動能力やすぐれた適応性を示しながら個性の条件に近づいていくにつれて、その種の構成員にとって満足のいくさまざまな生活様式——それには、思いやりのある人間との高度な相互作用関係の中で営まれる生活様式も含まれる——が存在する、と主張することがより意味をもつようになる。そのような場合には完成主義は理論的な選択肢として後退し始めるか、あるいは、少なくともより複雑なものになるだろう。

　「疎外」と「完成主義」の結合について議論していく上で、避けるべき誤った考えがあるが、それは人間を含む特定の種にとっての「善き生活」(good life)、あるいは、「完全な生活」(perfect life) とは、その種独特の能力を発展させるような生活であるという仮説である。この誤った考えがマルクス主義の議論の中に存在しているのをキムリッカを含む多くの人が見出している[7]。ある種と他の種を区別するものは、その種にとって卓越した生活様式を特定化する——そうした観点で語ることが妥当である場合にであるが——際に、いかなる役割も果たすことはない。少なくとも多くの人間生活の中の充足の条件は、人間がすべての、あるいは、多くの他の生物と共通にもつものであることをエコロジズムは進んで受け入れている。それは、人間と人間以外の種は密接に関係していて、埋められない溝によって分割されているわけではないと考えているエコロジズムの一般的精神の一部である。豊かな自然環境との相互作用はおそらくそうした共通の姿なのであろう。

　マルクス主義者は非搾取的で、非疎外的な社会へと向かう社会変化を達成する担い手について、明白な説明、あるいは、少なくとも一見して、妥当に思われる説明を提示していることを常に誇ってきた。歴史的に必然的な資本主義の

---

(7) Kymlicka (1990), p. 189 (邦訳298ページ)。

段階から，社会主義的，共産主義的な時代への革命的転換を達成する際のプロレタリア階級の役割は，マルクス主義者が雄弁に提示していた，確実で，単純で，彼らの自己利益につながる見通しに基づいているように思われた。

エコロジズムが求める変化はいかにして生じるのかに関するエコロジズムの予言において，何らかのその種のもっともらしい集団を明確化するのは容易なことではない。もちろん，もし生物圏が，多くの政治的エコロジストが主張するような重大な危機に直面しているのであれば，全人類はその危機を克服するために必要な事柄を行うことに，直接的で，実際的な利害を有することになる。しかし，しばしば詳しく述べてきたように，危機の判断は科学的分析に基づくのであり，それはそうした分析の過程で，代替的な解釈に対して開かれている。マルクス主義者は科学的地位さえ与えているそれ自身の理論にその事実が適用されることに気づくことはなかった。そうした代替的な解釈によって，エコロジストの予言——その予言はたとえそれが真理であるとしても，手遅れになった頃にようやく社会的に受け入れられるような種類の予言である——に対する理に適った懐疑論が可能となる役割を果たす。

しかしながら，少なくとも主流派のマルクス主義の見解とは異なり，しばしばマルクス自身によって示されたエコロジズムは人間以外の存在の道徳的配慮の対象となる可能性に基本的価値を与えるという要求に基づいた立場であり，かつ，道徳的であることを自覚した立場であることを思い出そう。したがって，多くの人が「啓蒙された自己利益」（enlightened self-interest）ゆえに，エコロジストが強く望む変化をもたらすことになるとしても，エコロジズムの観点からすれば，特定の価値基準に従って変化をもたらす者のみが正当な理由でそれを行っていることになるだろう。

もし存在するとして，人間のいかなる集団がその価値基準を受け入れる可能性が高いのであろうか。ある人々は宗教的立場にコミットしていることの結果として，それを受け入れるだろう。しかし，エコロジズムは科学的エコロジズム（scientific ecology—訳註：「生態学」）とそれに関連する学問分野が提供するような知識に基づいて，私たちが生きている生物学的現実を理解する場合にの

み，価値基準が確実に定着しているとみなすだろう。したがって，正当な理由で正当な原理を受け入れるためには，人間はエコロジズムを支えている生物学理論を理解するための十分な知的洗練さと知識をもたなければならない。さらに，人間は人間以外の存在の道徳的配慮の対象となる可能性の要求を受容する，おそらく滅多にないような種類の特定の道徳的想像力を必要とするだろう。生命に驚嘆する感覚も損なわれることなく，きわめて強い状態で存在しなければならない。それから，政治運動，知識の普及，現実の政策の定式化といった仕事に貢献するための活力と責任も必要とされる。

　先進工業国の新しい（中産）階級，すなわち，新しい社会運動の参加者の役割について理論化がなされてはいるが[8]，先の諸特徴をはっきりと見出せるような明確な人間の下位集団が存在しないことは明らかである。そのような人々は実際に存在しているし，しかも重要性をもつ。しかし，エコロジズムの政治的目標は相異なった考察によって動機づけられた，エコロジー的イデオロギーの主導者たち，利益集団，環境に配慮するビジネス，政党とそのリーダー，第三世界の農民集団など，さまざまな集団が現実主義的に協働することよってのみ達成されるであろう。

　これらにはあまりに多くのものが混在しているようにみえるために，革命的変革の担い手としてのプロレタリアートの後継者を探す者たちを納得させることはできないであろう。しかし，プロレタリアートがこうした資本主義の中心地域で歴史的使命をほとんど実行できなかったことを前提とすれば，集団や利害のこうした折衷的で，開放的で，緩やかな連合は実際に，エコロジズムが求めるような種類の効果的な変革を確実にするための，より有望な基盤であるだろう。そこに含まれている利害や動機が多様であるからこそ，万一その要素のどれか一つがおそらくは一時的にその有用性を失ったとしても，環境にかかわる変化を推し進める力は維持されるだろう。第4章で述べたように，エコロジズムにとっての危険とは，もしエコロジズムが唱える政策を支持する理由がエ

---

[8]　そうした理論化の例については，Eckersley, Robyn 'Green Politics and the New Class: selfishness of virtue?' を参照のこと。

コロジズムが指摘するものではない場合，そうした支持はエコロジズムを望まない方向へと導くかもしれないということだ。イデオロギーの支持者たちはイデオロギーの目標がこのように横道に逸れたりしないように絶えず警戒を怠らないようにする必要がある。

マルクス主義について論じるのを終える前に最後に考慮すべき点はキムリッカと他の人々によってなされた以下のような主張である[9]。マルクス主義によって非疎外的労働に付与された肯定的価値は人間の生活における生産的仕事の役割に関して，理に適った形で考えられる唯一の見解ではない。別の理に適った見解は，例えば，労働の真の目的はきわめて重要なニーズを満たすために必要なものを能率的に生産することであるというものだ。もしそのような生産が別のやり方よりもはるかに多くの人々のきわめて重要な物質的ニーズを満たすことができるとすれば，この見地からすると，職場における疎外は支払う価値のある代償であるだろう。

これは，エコロジズムが支持する一般的立場である。というのも，エコロジズムそれ自体，以下のように主張するからだ。人間の労働の主要な目的の一つは今や，他の種の幸福のための条件を破壊することなく，人間の物質的幸福を獲得する手段をつくり出すことでなければならない。よって，人間の労働組織は人間の物質的ニーズを満たす場合に，「疎外」と「搾取」を減らすことのみならず，人間以外の存在の道徳的配慮の対象となる可能性を正しく評価するために必要となる事柄に留意すべきである。したがって，人間の労働は実際多くの目的をもっているのであり，その中で，非疎外的形態の生産活動を提供するということは地球の歴史のこの段階では，それほど重要ではないものであろう。

コミュニタリアニズム――自律と伝統

「コミュニタリアニズム」（communitarianism）が提起する挑戦は主として，

---

[9] Kymlicka (1990), pp. 188-191（邦訳295-298ページ）。

自由主義の教義に向けられている。その中でも特に,「個人の自律」(individual autonomy) という概念が意味するものやその概念を達成し,実行するための条件に関する自由主義的な理解に向けられている[10]。

コミュニタリアニズム的立場の主な目的は以下の4つの命題に要約できる。
① 諸個人は自分自身では意義のある自律を達成することはできないが,彼らの企図の明確な価値や目的を自分たちが成人していく社会的環境から引き出すことができる。
② そうした価値の超歴史的な起源は存在しない。むしろそれはすべて,現実の社会的文脈に由来する。
③ 伝統と価値,慣習と制度を具体化する社会的文脈が実際に「善き生活」についての特定のビジョンを支えている。
④ それゆえに,政府は社会の基本的価値に関して,中立的立場を取ることはできない。すなわち,政府の基本的な仕事は,自らが統治する社会に固有の「善き生活」に関する特定のビジョンを維持し,促進していくことでなければならない。

キムリッカはこれらの主張に対する自由主義的な反論を用意し始める。彼はまず最初に,人間にとっての「最善の生活」(best life) についてのある見解は他の見解と同様に善きものであるとする立場に自由主義がコミットしている,という命題④に暗に含まれる主張を否定する[11]。原則として,自由主義者は,政府がすべての人にとって善である事柄を理解して,それを市民に課すことは可能であると認めている。しかしながら,この可能性に関して,自由主義が反論を行おうとしているのは,自らが認めない価値を押しつけられることによって,個人の生活はより善きものになりうるという考え方に対してである。したがっ

---

[10] コミュニタリアンの著作の典型的なものとしては,以下を参照のこと。MacIntyre, Alasdair (1981), *After Virtue* (篠崎榮訳『美徳なき時代』みすず書房,1993年), Taylor, Charles (1979), *Hegel and Modern Society* (渡辺義雄訳『ヘーゲルと近代社会』岩波書店,1981年), Sandel, Michael (1982), *Liberalism and the Limits of Justice* (菊池理夫訳『自由主義と正義の限界』山嶺書房,1999年).
[11] Kymlicka (1990), pp. 202-203 (邦訳316-319ページ)。

第9章 エコロジズムと現代政治哲学(その2)――マルクス主義・コミュニタリアニズム・フェミニズム

て,自由主義にとって,ある人の生活がうまくいくことの十分条件ではないにしても必要条件であるのは,その人が実際に認める価値に従って「内側から」生きることである。

これはいくつかの形態の温情主義とは両立可能である。人々が反省的になっている場合には「内側から」是認するが,不注意や旧悪への逆戻りを通して実際には無視しがちな事柄,そうした事柄を実行するように,自由主義社会の政府は適切な形で強制することがある。政府はまた,比較的短期的な方策として,人々がその価値を受け入れるようになるだろうという希望や期待の下に,価値のある生活様式へ彼らを導くために,人々が諸活動に従事するよう奨励したり,要求したりするだろう。

しかし,自由主義が一般的に,異なった生活形態を試みることを可能にする自由と各人がもつことを支持し,さらに,人生における「善」(good)とは何か,に関する批判や提案を同胞市民から聞く自由を各人がもつことを支持するにしても,それはその問題に関して発見されるべき真理が存在していないという見解からではなく,むしろ,人々の主張に関する可謬主義から生じている。科学的主張の真理の問題においてと同様に,人間にとっての「善き生活」という問題においても,真理は綿密な吟味を伴って自由な探究を行う体制を要求する。すなわち,双方とも,各人にとっての平等な自由と両立できる,全員の最大の自由を市民に認める政府を要求する。これは,エコロジズムが民主主義の擁護論の一部として是認するのを私たちがみてきた主張である。

それゆえに,国家の中立性を肯定することは,「共通善」(common good)という考えを拒絶することではなく,その考えに一つの解釈を与えることである[12],とキムリッカは主張しているのである。自由主義者たちにとって,「共通善」は個人の選好を社会的選択機能と結びつける政治的・経済的なプロセスの作用の結果として生じる。対照的に,コミュニタリアンの社会観においては,「共通善」は共同体によって限定された実体的概念とみなされる。すなわち,前述

---

[12] Kymlicka 1990, p. 206(邦訳323ページ)。

の命題③である。したがって、ある特定の社会におけるコミュニタリアンは新しい生活様式に関する提案について、社会の現存する価値やそれと結びついた慣行とどれだけうまく調和するかという観点から評価するのである。

この議論において、エコロジズムは両方の見解を批判する理由を見出すのである。第一に、人間社会の伝統的慣行には、この上なく神聖な地位が与えられなければならないとするコミュニタリアン的な見解をエコロジズムは拒絶するだろう。というのも、人間社会の伝統的慣行と価値観の多くはとりわけ、人間以外の存在の道徳的配慮の対象となる可能性を認識できなかったり、あるいは、それを十分に認識して、行動することができなかったために、世界中で現在の環境の状況をつくる上で主要な役割を果たしてきたからである。第二に、エコロジズムは自由主義社会において個人や集団の選好を抑制することを望み、さらに、人間以外の存在の道徳的配慮の対象となる可能性を認識するために必要な事柄を踏まえることによって、経済的・政治的なプロセスが社会的選択機能を生み出すことに制限を加えることを望むだろう。

明らかに、エコロジズムはその主要な価値要求を人々が受け入れ、内面化するように説得する必要がある。その結果、「善き生活」に関する人々の見解がそうした価値に基づくようになるだろう。もしこれが達成されなければ、エコロジズムがその価値基準や暗黙の処方箋を押しつけることによって何らかの前進を勝ち取ったとしても、それは本質的に長続きしないものとなろう。同じく重要なことであるが、エコロジズムの観点からすれば、自律は人間という「種」の繁栄の条件であり、加えて、エコロジズムはできる限りすべての生物の繁栄の条件を保障しようとしているのであるから、エコロジズムは人間の自律の条件――それは、主要な価値を内面的に受け入れることを含むものである――を保障することに関与するだろう。

このことはもちろん、政治的エコロジストが以下の事柄を受け入れなければならないことを意味する。すなわち、一部の、そしておそらくは多くの人間が他の生命体を大規模な絶滅に導く恐れのある、限りなき消費主義といった価値を求めて、その自律性を行使するであろうということだ。しかしながら、た

とえ成功する保証はないとしても、押しつけではなく説得によって価値観を変えようと試みるやり方に代わる選択肢はない。そのような試みにとって、自由主義社会に特徴的な自由は欠かせないものである。したがって、エコロジズムはこれらの価値を自分自身の政治理論の主要な一部として、しっかりと擁護するだろう。しかしながら、前述の2種類の温情主義は生態学的視座をもち、民主主義的な説明責任を果たすような政府が利用しうるものであり、それゆえに、エコロジズムの目的のために、いくつかの擁護可能な強制の形態を用いることが可能となるだろう。

さらに、エコロジズムはキムリッカが述べた自由主義的な見解、すなわち、「個人の判断や拒絶の可能性を超越したような権威を伴う実践などない」[13]という見解を支持するだろう。エコロジズムは急進的理論と同様に、多くの現存する社会的・経済的・政治的な実践を批判的に拒絶していく上で、この見解を主要な要素として是認しなければならない。キムリッカが認めるように、私たちは意味をもった形で、私たちのコミットメントのすべてを同時に拒絶することはできない。というのも、私たちは何か他のものを合理的に拒絶する立場をとるためには、何かを所与のものとみなす必要があるからだ。しかしながら、いかなるコミットメント、ないし、企図も、本質的に拒絶しえないといったものではない。時がたてば、私たちが最初に有していたものとは完全に異なる一連のコミットメントでもって終わることがありうる。キムリッカの論じるところによれば、これは自己がコミットメントよりも「優先」することを意味する。すなわち、自己は同時にすべてのコミットメントの外側に位置することができるということではなく、時が経過すると、所与の自己はそのすべてのコミットメントを変えることができるが、それでもなお、数的には一貫して同一の自己である、と意味のある形で依然として主張することができるのである[14]。

国家の中立性にコミットしている結果として、自由主義を悩ませている問題にもまた、エコロジズムは取り組む必要がある。これは、ラズ（J. Raz）が主

---

[13] Kymlicka (1990), p. 210（邦訳330ページ）。
[14] Kymlicka (1990), p. 212（邦訳332, 333ページ）。

張するように,多元論は自滅的であろうという問題である。その理由は,「善」に関する競合する概念に対して政府が中立を保っている国家は市民にさまざまな選択肢を提供できる多様な文化の存続を保証することができないからだ。このことは最も自由主義国家の中立性さえをも制限してしまう,とキムリッカは認めている。環境問題の議論へ多少踏み込んで,彼は以下の例を挙げている。未来世代が「原生自然地域」(wilderness areas)を楽しむという選択ができるように,国家は積極的にその地域を保護しなければならないだろう。完全に個人の選択に委ねられているために,人々は将来における実践を維持するために必要な資源を破壊したり,使い切ったりし,それによって,将来の選択の幅を減らすかもしれない。しかしながら,キムリッカの主張によると,国家が最大限の選択肢の幅を維持することは,国家がその選択肢のどれかを積極的に促進することと同じことではない。

　この問題に対するエコロジズムの見解は人間以外の存在の道徳的配慮の対象となる可能性にそれがコミットしていることに由来しているに違いない。自由主義は,すべての人格が平等な道徳的地位を保有することにコミットしており,国家の中立性をこの平等を保障するための最良の手段とみなしているということを思い出そう。これはつまり,基本的な道徳原則に基づいて自分たちが獲得した自由を他者の平等な道徳的地位を攻撃するために使用するような集団の活動を制限することにコミットすることを意味する。

　エコロジズムはすべての人格の平等な道徳的地位だけでなく,人間以外の存在の道徳的配慮の対象となる可能性にもコミットしている。そのために,エコロジズムは「すべての人間の道徳的平等性」(the equal moral standing of all persons)の原則によって自分たちに付与された自由を人間以外の存在の道徳的配慮の対象となる可能性を攻撃するために使用するような人間の活動を制限することにコミットする。したがって,エコロジズムにとっての多元論の問題は人間が自分たちに選択の余地があるようにいかにして選択肢を広げておくかと

---

(15) Kymlicka (1990), p. 217(邦訳341ページ)。
(16) Kymlicka (1990), p. 218(邦訳342, 343ページ)。

第9章 エコロジズムと現代政治哲学(その2)——マルクス主義・コミュニタリアニズム・フェミニズム

いう問題のみならず，人間以外の種の道徳的配慮の対象となる可能性を認識することの一部として，彼らの生存の機会をいかに維持していくかという問題でもある。こうして，自由主義の下で考えられているよりも，幾分多くの制限がエコロジズムの下にある国家の中立性に対して課されるであろう。

しかし，自由主義の下でもエコロジズムの下でも，国家の中立性が期待できない一つの領域がある。すなわち，両方が支持し，そして，自由主義国家であれ，エコロジー的国家（訳註：「エコロジー的国家」という表現は，メルボルン大学の環境政治学の教授である R. エカースレイ博士がその著作『緑の国家』の中で使用している。また，「エコロジー」(Ecology) という言葉は元来，生物学の用語であるけれども，環境保護運動が環境運動という形での社会運動に転換していった1960年～1970年代にかけて，環境運動が政治運動化していく過程の中で，ラディカルな環境運動を象徴する言葉として，「エコロジー運動」が使われてきた。本書でも，エコロジズムの政治運動的表現として，「エコロジー的」が使用されていることに留意していただきたい）であれ，それ自体の正当性の基盤を形成するような基本的な道徳的基準に関する領域である。可謬主義と自律の維持という理由で，両方の政治イデオロギーは多元論にコミットしている。その多元論は彼ら自身の根本的な道徳的基準に対してさえ挑戦がなされることを許容することを含意している。だが，そうした道徳的基準の真理にコミットしているので，いずれの理論もそれ自身の道徳的立場を批判する人々がもつことを許される影響力の大きさに制限を加えなければならない。

それゆえに，自由主義者たちは彼らの基本的基準によって，自由主義社会の中でファシスト的見解の表明をある特定の時点まで許可することを求められるだろう。しかし，その特定の時点を超えると，自由主義社会の消滅を招くという理由で，同じ基本的基準に基づいて，この見解の抑圧が要求され始める。これは，自由主義はまさに「善き生活」についての見解をもつ，というキムリッカが明らかにする見解の意味することである。ある時点で，自由主義者はその見解のために戦う心構えができていなければならないのである。

同様に，エコロジズムはすでに述べた可謬主義と自律という理由で，反エコ

ロジー的見解の表明を許可することができる。しかし、自由主義の場合と似た理由で、ある特定の時点までである。この時点の決定は論理的なものである。それは実質的な道徳的立場にコミットするとはどういうことなのかについての見解から生じる。もちろん、実際には、最初はエコロジー的な、あるいは、自由主義的な社会において、人間の人間至上主義的な見解、または、ファシスト的な見解の広まりに対する抵抗が存在しないかもしれない。それは、政治的エコロジストや自由主義者の側が真の信念を欠いていたとか、臆病であったとか、あるいは、判断を誤ったということによる場合もあるであろう。また、政治的エコロジストと自由主義者がその敵対者の立場に真の転向をしたという場合もあるだろう。しかし、先の主張の論理は依然として残っており、それゆえに、敵対的な見解の表明をいつ許可し、いつ抑圧するのかを実際に決定しようと試みるという――この試みは偽善的行為であるとする不可避だが、的はずれの非難を招くであろう――厄介な問題が残る。

　キムリッカは2種類の「完成主義」(perfectionism) を区別することに賛成する。[17]彼が主張するには、自由主義者は「社会完成主義」(social perfectionism) を支持する。そこでは、市民社会の中で人々が「善き生活」に関する彼ら自身の見解を追求した結果として、その「善き生活」が生じる。コミュニタリアンは、国家が「善き生活」についての実質的な見解を促進するとみなす「国家完成主義」(state perfectionism) を支持する。この区別との関連で言えば、エコロジズムはこの2つの両極端の間のどこかに位置する。それは人間に関しては、「社会完成主義」に向かう傾向がある。しかし、人間以外の存在に関しては、やむなく「国家完成主義」の見解をとらなければならない。なぜならば、人間以外の存在は「善き生活」についての見解を自ら表現できないからである。エコロジー的国家は「後見」制度を通じて、人間以外の存在のために、そうした見解を明確化しなければならない。そして、人間が熟議する際に、それが公平に考慮に入れられることを確保しなければならない。

---

(17) Kymlicka (1990), p. 219 (邦訳343, 344ページ)。

第9章　エコロジズムと現代政治哲学（その2）——マルクス主義・コミュニタリアニズム・フェミニズム

しかしながら，エコロジー的政府の任務は，エコロジズムが人間の自己支配の能力を受け入れることによって，より容易になされるかもしれない。その能力は第7章で論じられた民主主義の擁護論の基礎となっているものだ。この能力が意味するのは，価値と選択肢を決定する作業は国家を通じて組織化される政治的活動に基づいてではなく，むしろ市民社会における集合的な活動に基づいて行われるということである。エコロジズム運動にコミットする市民の集団では，基本的なエコロジー的価値規定が有する意味に留意する態度が広く共有されているであろう。

キムリッカの主張によれば，本節の冒頭で命題①で述べられたコミュニタリアンによる自由主義に対する批判に対抗するものとして，自由主義者が保持しているとする見解があるが，エコロジズムはそれを共有している。その見解とは，すなわち，人間は社会的動物という種であるために，「本来，社会的関係やフォーラムを形成し，それらに参加し，そこで，善を理解し追及するようになる[18]」というものだ。そのために，彼らは国家にそのように仕向けてもらう必要はない。国家の役割はむしろ，人間が行う社会的熟議に対する道徳的制限を維持することである。したがって，キムリッカの区別に戻ると，すべての政治理論はその基本的な道徳的規定に関しては，「国家完成主義者」（state perfectionist）ということになる。

キムリッカは次の事柄を正しく指摘している。つまり，市民が政治システムに正統性を認めるためには共有された価値が必要であるという，こうした自らの見解を補強するために，コミュニタリアンは歴史的な事例に言及するけれども，しかしながら，そうした事例は政治的に特権化された集団の価値と対立するような価値をもつ女性や奴隷や外国人といった集団を排除することによって，人為的に価値の同質性を達成した社会の事例なのである[19]。この理由から，その理論独自の立場の基盤を形成するとみなされている歴史についてまったく無知であるとして，キムリッカはコミュニタリアンを批判する[20]。エコロジズムは，

---

[18] Kymlicka (1990), pp. 223-224（邦訳351ページ）。
[19] Kymlicka (1990), p. 227（邦訳356, 357ページ）。

217

自らが即座に同意できるこの批判を自由主義社会にまで拡大することを望むだろう。というのも、自由主義社会もまた、特権化された人間集団の外側にいる生物の利害を全面的に排除してきたからだ。

　コミュニタリアンは自由主義社会が有する本質的に脆弱な性質であると思われる事柄に対して、別の批判も行っている。キムリッカはこの批判を取り扱う時、また、次のように主張している。社会の構成員たちがその社会における「持たざる者」を支援するために犠牲を払うようになるには、「善」についての実質的な見解を共有する必要がある、などということはないのだと。必要なのは社会の構成員を団結させるために、「正義」という手続き上の形式的な概念にともにコミットすることだけである。エコロジズムは、当該の正しい手続きは生態学的正義を含むまでに拡大される必要があるという留保をつけるにしても、これが妥当な見解であることに気づくであろう。

　共有される正義の感覚が人間社会の団結に十分であるかどうかは依然として、問題なのである。しかし、自由主義社会はその中に価値の多元論が存在するにもかかわらず、宗教に基づいたコミットメントのような、より実質的なコミットメントを一見すると共有しているように見える社会に比べて、より安定性が低いようには思えない。いずれにせよ、共有された価値という概念はそれ自体詳細な吟味をすれば、急速に複雑なものになる概念である。例えば、キリスト教徒による価値の共有があるからといって、それらについての解釈をめぐって、あるいは、それらの価値を同時に実現できない状況において、それらに優先順位を定めることをめぐって、激しい意見の対立が起こらなかったわけではないのである。

　ラズが主張したように[21]、人々は自分たちが同意しない価値を国家が支持するのを受け入れることができるし、実際、受け入れてもいる。ただし、異なる生活様式が有する価値を公共的に等級づけするための同意された手続きを経て、国家による支持が生じる場合に限られる。もしこの主張が正しいとすれば、エ

---

[20]　Kymlicka (1990), p. 229（邦訳359ページ）。
[21]　Kymlicka (1990), p. 237, n. 13（邦訳370ページ）からの引用。

コロジー的な価値の立場にコミットする国家はその正統性を失わないために，すべての市民にそうした価値を受け入れてもらうよう努める必要はないという見解が強固になる。それゆえに，エコロジー社会は不可避的に全体主義的な姿勢にコミットするとみなされることはないのである。

フェミニズムの主題──公対私・ケア対正義

　政治理論のこの分野において，最初に取り扱うべき問題は女性解放の「差異」(difference) 理論と「支配」(domination) 理論の間の論争である。「差異」理論は，女性が直面している政治問題は，教育，雇用，社会生活一般における彼らに対する恣意的偏見を克服し，その結果，社会が提供する社会的財を求めて，女性と男性がお互い公平に競い合うようになることである。「支配」理論の見解は対照的に，社会的，経済的，政治的な世界は男性によって支配されており，その支配は仕事や政治の構造そのものが男性のみのニーズと特性を前提として作り出されていることに基づくというものだ。

　このように，この見解によると，恣意的な偏見が取り除かれる時でさえ，女性はキャリアや人生の機会において，男性と比べて依然としてきわめて不利な状況に留まる。「支配」理論のアプローチはすべての人間を道徳的に平等に扱うという自由主義の基本的平等主義にコミットすることと完全に両立可能なものである，とキムリッカは主張する。というのも，その原則は，「女性の利害と経験は，社会生活を形成する上で，平等に重要であるべきだと主張する[22]」ものであるからだ。

　エコロジズムは，道徳性の要求がどのように打ち砕かれるかを理解するためのそうした「支配」アプローチに対して，とりわけ，敏感に反応を示す。なぜならば，エコロジズムは人間による地球の支配の結果として，人間以外の存在の道徳的配慮の対象となる可能性が全面的に無視されてきたという。そのあり

---

[22] Kymlicka (1990), p. 246（邦訳384ページ）。

方を強調するからである。女性の従属と人間以外の存在に対する支配を支えているのは男性の支配である、と主張することで、この類似した現象に挑戦するエコフェミニストもいる。したがって、この見解によると、環境分野における罪人は人間という種ではなく、人間の男性である。男性の支配は理性と感情といったさまざまな二元論を念入りに作成することによって、ある部分保たれてきた。この二元論に基づいて、女性に対する男性の道徳的優位性であるとか、人間以外の存在に対する人間（男性）の道徳的優位性といった主張が広まったのである。生来の主人である男性の望みに服従させられる女性として、自然がしばしば擬人化されている点を指摘することによって、そうしたフェミニストたちは自分たちの見解を補強する。この分析が示唆していることはそうした二元論を克服し、女性の「ケアをする」、養育的な特質を強調することは、男性支配がもたらす破壊から、人間社会において女性を解放するためにも、人間以外の存在を解放するためにも必要とされているということである。[23]

　この種の支配の議論は2種類の支配の間に論理的な結びつきを確立することを目標とするという利点をもつ。しかし、その結合に失敗すれば、男性による女性支配を終結させることにコミットすることは、人間による人間以外の存在の支配を終結させることにコミットすることを伴うと想定するような根拠がなくなってしまうようにみえる。この2つの問題は論理的に異なったものになってしまうだろう。

　有害な二元論によって媒介されたそうした論理的な結びつきが本当に存在するのかどうかという問いは依然として、議論すべき問題である。しかしながら、たとえ論理的結びつきを確立できなくても、エコロジズムは道徳性に対する自らのアプローチに基づいて、依然として2種類の支配を結びつけることができる。このアプローチは何度も述べたように、人間間の道徳的問題についての議論を道徳的配慮の対象となる可能性という概念が描き出すより広い領域の一部とみなす。一つの性の繁栄の条件を損ねるような別の性による人間社会の支配

---

[23]　そうした見解は、Plumwood (1993) において論じられている。さらに、Dryzek (1997), pp. 158-159において、'cultural ecofeminism' の標題の下に論じられている。

第9章 エコロジズムと現代政治哲学（その2）——マルクス主義・コミュニタリアニズム・フェミニズム

と人間以外の存在の繁栄の条件を損ねるような人間による生物圏の支配は道徳的な排他主義という同一の現象の一部である。同一の（二元論的）理論がいずれの種類の排他主義の正当化にも含まれているという意味では，ここには論理的な結びつきは存在しないかもしれない。しかし，政治的エコロジストの視座は少なくとも，双方の立場に共通の道徳的欠陥が存在するという点で結びつきを理解する。すなわち，たとえ論理的に結びついていなくとも，それらは道徳的に結びついているのである。

「差異」アプローチは明らかに，人間と人間以外の存在の関係がもつ道徳性には適用されないものである。人間と人間以外の存在は同じ社会の構成員を成してはおらず，同じ舞台で生活の機会を得るために競争しているのではない。したがって，そうした競争において，恣意的偏見を取り除くという考えは意味をもたない。しかし，「支配」アプローチの方が人間と人間以外の存在の領域により多くのものを首尾よくもたらすというのは本当か，そのように問われるかもしれない。両性間の関係という問題に適用されるものとしての「支配」アプローチにおいては一つの性に他方よりも恩恵を与えるように社会編成を構造化するという考え方が必要とされる。私たちが人間と人間以外の存在を考察する場合に，何が不当に構造化されているとみなされるのであろうか。

人間と人間以外の存在は同じ社会的空間には属さないが，まさに同じ道徳的空間には属している。しかしながら，これに気がつくのは人間だけである。このことは明らかに，人間以外の存在を犠牲にして，人間に全面的に恩恵を与えるようにその空間を構造化する機会を与える。最初に，これは唯一人間だけが道徳的空間を占めると単に主張するという問題である。それは，人間社会における女性の「私化」(privatisation) と類似しているが，その含意は，人間社会の公的領域は男性によってのみ適切に占有されうるということである。人間以外の生命体もまた，道徳的空間の占有者であるとひとたび人間が認めたとしても，自分自身の利益のために不正に空間を構造化することは依然として，可能である。というのも，人間はその空間内を意識的に探求し活動する，唯一の存在であるからだ。

これは人間以外の存在の道徳的配慮の対象となる可能性を軽視するという問題であり、さらに人間以外の存在が有するニーズと利害——人間はその存在を渋々認めるのだが——に比べて、人間のニーズと利害は計り知れないほどに重要であると考えるという問題である。しかし、人間、つまり、男性と女性が女性をその地位にとどめておくために女性の劣等性という神話を広めたといわれるようなやり方で、人間以外の存在を直接今の地位に保っておくために、その存在をこうして軽視し、それに低い評価しか与えないわけではないということ、この点は重要である。というのも、明らかに、人間以外の存在をこのようなやり方で取り扱うことはできないからだ。人間以外の存在に敵対するレトリックはもちろん、より公平に構造化された道徳的空間をみたいと願う人々に向けられているのである。

男女平等という問題に対する「支配」アプローチの主な要素は男性優位主義に含まれる伝統的な家族観に挑戦することである。この家族観は家族を当然、政府が介入できないところにある純粋に「私的な」領域とみなし、そこにおいて、女性のケア的、養育的な役割はそれにふさわしい領域をもつとする。他方で、公的領域にある外の世界に対して家庭を代表する家長としての男性の役割もまた、然る可き領域を与えられることになる。[24]

自由主義的アプローチが国家と市民社会の区別にコミットするのは公的空間から純粋に「私的な」空間の範囲を区別するためではなく、できる限り社会を国家の介入から守るためにであると、キムリッカは正しく指摘している。市民社会の領域はそれ自体が一つの公的領域であり、その中に、家庭領域、つまり家族と純粋に個人的、ないし、私的な領域——そこでは、人々はその生活の一部に関して、社会的なものから、全面的に逃れるだろう——が存在する。この純粋に私的な領域は家族の内部で適切に区分けされるだろう。というのも、丁度、国家やより広範な社会が家族や個人生活が有する家庭内の問題に不適切な介入を行うように、家族もまた、その構成員を支配することがありうるからだ。

---

[24] この主張を完全に示したものとしては、Okin, Susan Moller (1992), *Women in Western Political Thought* を参照のこと。

第9章 エコロジズムと現代政治哲学（その２）──マルクス主義・コミュニタリアニズム・フェミニズム

そのために，家族の構成員は家族それ自体の内部に私的空間を区分することにより，保護される必要がある。[25]

したがって，重要な問題は国家，社会，家族，個人的領域の間でそうした境界線をどのように引くべきかということだ。これは公的領域と私的領域の間に一本の線を引き，同時に公的領域を高等な存在である男性のみが活動できるような「より高等な天命」(higher calling) の領域とみなすことではない。この問題に関する自由主義的見解は政治や国家を「より高等な天命」とする古い見解を拒絶し，その代わりに，それを必要悪とみなすことである。それは，個人と社会がその適切な領域内で活動できる場である，複雑な社会構造を維持するために要請されるのである。キムリッカの主張によれば，これは現在の支配的な国家観であり，それゆえに，唯一の論ずべき問題は政治的なものによっていかなる種類の構造がもたらされるべきかということになる。女性を公的で政治的なものから全面的に排除し，私的で家庭的なものに閉じ込めることはできない。それが単に性別によって異なる能力や適した役割という誤った見解に基づいているからというだけではなく，それが依拠するより高等な領域としての国家という見解はもはや支持しえないものであるからである。[26]

エコロジズムは確かに，国家はすべての人格の道徳的平等を支持する形で，市民社会，家庭的なもの，私的なものを規制するという重要な役割を有するとみなす。しかし，エコロジズムはまた，すべての生物の道徳的配慮の対象となる可能性を支持するために，これらの領域を規制するという重要な任務を国家が有すると考えている。これは一種の「より高等な天命」を伴う。というのも，それは自分の要求を自ら明確に表現することのできない生物たちの道徳的要求を守るという任務であるからだ。つまり，国家は人間の相互行為を統治する基盤的機関を設置し，維持するという「監視的」任務を単に委ねられているだけではないということだ。

女性が有する独自の「ケア」を重視するアプローチは，「人間以外の存在の

---

[25] Kymlicka (1990), p. 252（邦訳392ページ）。
[26] Kymlicka (1990), p. 252（邦訳392, 393ページ）。

道徳的配慮の対象となる可能性の後見人」という役割により容易に女性を適合させるものだ，と主張したい者もいるだろう。しかしながら，これは，エコロジズムが懐疑的であるような経験的主張である。バイオフィリアの進化的基盤は，人間が狩猟採集社会で費やした果てしのない時間に由来することが第3章の議論から想起されるだろう。そうした社会における両性の役割を調べることで，男性も女性も人間以外の存在に対して同様の態度を作り上げていく必要があったことが明らかとなる。

政治的エコロジストはまた，男女は違う種類の道徳的存在であるという一部のフェミニストが支持する見解に対して，一般に懐疑的である[27]。つまり，男性は「正義の倫理」(ethic of justice) の心酔者であり，その倫理は合理性や不偏性にコミットするという特徴をもつとされる。その一方で，女性は「ケアの倫理」(ethic of care) にコミットしており，その倫理は文脈依存的で個別主義的な，物語りに基づく道徳的思想の様式が特徴であるとされる（訳註：「ケアの倫理」は自由・平等・自立を起点とした人間関係の人為的な再構築の要請であり，人間関係の感情的欲求を満たすことにある。この概念は，C. ギリガン（C. Gilligan）が1982年の著作 *In a Different Voice* の中で主張したものである）。道徳心理学のこうした主張が正しいにせよそうでないにせよ，とにかくキムリッカは，現実性のある区別がここに存在するという見解に対して，説得力のある反論を行っている。例えば，彼はこのように指摘している。複雑な状況に留意するということは留意する対象の特徴を選択するという事柄であり，そうするには，人はその選択をするための確固たる基盤を必要とする。したがって，現存する具体的な関係に留意することは本質的に排他的であるという困難が存在する。すなわち，見知らぬ他人の道徳的主張は一瞥もされないということだ。関係のネットワークをできる限り広げようと主張することによって，これに対処しようとする試みを

---

[27] 例えば，Kymlicka (1990), pp. 263-264（邦訳409, 410ページ）で引用されている，Gilligan, Carol (1982), *In a Different Voice: Psychological Theory and Women's Development*, Cambridge: Harvard University Press.（生田久美子・並木美智子訳『もう一つの声——男女の道徳観のちがいと女性のアイデンティティ』川島書店，1986年）がそうである。

第9章　エコロジズムと現代政治哲学（その2）——マルクス主義・コミュニタリアニズム・フェミニズム

正当化しようとすれば，平等な道徳的価値という基盤となる普遍的原理に言及せざるをえなくなるのである[28]。

　エコロジストにとって，「ケアの倫理」を人間以外の存在の道徳的配慮の対象となる可能性に適用するという考え方に伴う問題とは，人間以外の存在のごく一部しか，人間と関係を結ばないことである。また，人間にとって，ある特定の人間以外の存在，つまり，主として何らかの形態の相互性を提供しうるような存在に対してケアをすることの方がずっと容易である。それゆえに，それが有する利益は何であるか，それを傷つけたり，それに利益をもたらしたりするのはどのようなことかに私たちが気づいている場合に限って，ある存在に対して私たちは適切にケアを施すことができる，という重要な論点が存在している。人間以外の多数の生物に関して，それらの利益を認識することは，それらの生物との具体的で文脈依存的な相互作用を通じて生じる事柄ではなく，理論の把握にはるかに依存している。都市化が進行する現代世界では，人間以外の存在と具体的関係をもつ機会を手に入れることは，ともあれ一層難しくなってきている。

　キムリッカが提示する，「正義の倫理」と「ケアの倫理」の一つの有効な区別は，前者は不正の結果として生じたものであるような苦悩や苦痛を救済するために，私たちに何かを行うように促すのみであるというものだ。それはある特定の苦痛や苦悩を道徳的行為者自身の責任とみなす。あなたの苦痛や苦悩があなた自身の過失から生じた時に，それらに留意するように他者に要求することは（ある極端な，「よきサマリア人」の場合を除いては）不正である，とキムリッカは主張する[29]。

　対照的に，「ケアの倫理」はそのような区別をしない。つまり，原因が何であろうとも，他者の苦悩は私たちに明確な要求をする。苦痛の原因はきわめて多く存在するために，これは他者へのケアにのみ没頭するような生活に私たちを巻き込んでしまう恐れがある。それゆえに，どういった種類の痛みがまさに私たちに要求を提示するのかを決定する確固たる方法が必要となる。そうした

---

[28]　Kymlicka (1990), pp. 264-265, 270（邦訳411, 412, 419, 420ページ）。
[29]　Kymlicka (1990), p. 277（邦訳430, 431ページ）。

方法は何らかの自律的な存在をとにかく保護するために必要なのであり，また，いつ私たちは適切に助けを求め，助けを期待してよいのか，さらに，いつそうすべきでないのかを各自が知りうるためにも必要なのである。この情報はさまざまな行動を行う場合に含まれるリスクを適切に評価するために必要とされる[30]。

キムリッカが認めているように，この立場は公的生活の中で相互行為のための健康な身体をもち，精神面もすぐれた成人を私たちが念頭に置くことを前提としている。彼はこう指摘する。「子供たちは，対等にケアを返すことはできず，一定程度の利己性と彼らに向けられる注視を要求する[31]」。これは，私たちが行うケアに（十分に）返礼ができない存在との相互行為に対して，「ケアの倫理」がいかに妥当でありうるかを示している。しかしながら，それはまた，人間が自分たちの子孫に対して感じるものである，かなり自然な感情に基づいてのみ，人間はこうした非互恵的関係をうまく処理することができることを示している（その場合においてさえも，すべての人々が首尾よくそうできるわけではない）。

人間以外のきわめて多数の存在に関しては，こうしたことが望めないことは明らかである。それは私たちに人間以外の存在のケアのための確固たる基盤を支持する別の理由をもたらす。バイオフィリアは非互恵的関係という状況の下で，何らかの助けを私たちに与えてくれるかもしれないが，人間以外の存在の道徳的配慮の対象となる可能性を認識することが私たちに課すと思われる要求の大きさを前提とすれば，「正義の倫理」の中核をなす普遍化可能な道徳的思考の役割を強調する必要がある。

キムリッカが「ケアの倫理」の支持者に対して，最終的に認めている事柄は，正義の倫理に賛成してきた人々は「成人した人間はケアを必要とし他人に依存する人々を身近にもつことはない」と示唆するようなやり方で，「正義の倫理」に賛成してきたということだ。したがって，彼らは，それ自体が正義の問題である，ケアをいかに分配すべきかという問題を見過ごしてきたのである。そして，フェミニストが非難するように，正義の問題の範囲外にあるとみなされる

---

[30] Kymlicka (1990), p. 281（邦訳435-437ページ）。
[31] Kymlicka (1990), p. 281（邦訳436ページ）。

家庭内の環境において，女性が自動的にケアを施すであろうとあまりに安易に想定してきたのである。そうすることで，彼らは他者に依存する人々に対するケアに従事する必要性があるために，個々の成人の自律性がどれほど制限されるかという問題について考察することを怠ってきた。実際，このことは伝統的な家父長制の自由主義社会において，「生来のケア提供者」とみなされて，その自律性を犠牲にするよう要求されてきたのは女性であったことを意味している。対照的に，キムリッカが述べるように，自律やライフプランの追及などに関する議論は，「ケアの倫理」の中では顕著な要素ではない。[32]

エコロジストはそうした無視に対する非難に，もう一つの非難をつけ加えることを望むだろう。人間以外の存在の道徳的配慮の対象となる可能性を無視したり，単純に無知であったりすることによって，伝統的な道徳理論家は人間の自律性を保障するために必要な事柄を考える際に，人間以外の存在のニーズが簡単に無視されるのは当然であると単にみなしてきた。もし他者に依存する人々を認識することが自律性というレトリックの妥当性を低下させる。そして，もしそうだとすれば，人間以外の存在の道徳的配慮の対象となる可能性に対して適切な認識を与える必要があるのだから，個人的，あるいは，集団的な私たち自身の人間的企図の追及は制限されなければならないといった状況を認識することもまた同様に，自律性のレトリックの妥当性を低下させるであろう。「正義の倫理」も「ケアの倫理」も道徳的思考のこうした次元で問題となる事柄を把握するのに適していないのかもしれない。

これまでの4つの章を通じて，私たちは主として政治に適用された道徳性の問題に焦点を当ててきた。これまで論じてきた現代政治理論の基本的な価値規定やエコロジズム独自の基本的規定が含意するものによって，経済の働きがいかに影響を受けるかという重要な問題にも時折，触れてきた。今やこうした問題を直接考察する時であり，第Ⅳ部において，私たちはそれを行うことになるだろう。

---

[32] Kymlicka (1990), p. 285（邦訳441, 442ページ）。

第Ⅳ部

政治経済学的考察

第10章
エコロジズムは資本主義を転換することができるか
——持続可能な開発・エコロジー的近代化・経済民主主義

　もし現代世界において生物多様性を維持し，それにより生態学的正義の要求を満たすことを私たちが望むのだとすれば，どのような形式と水準の経済活動を許容することができるのだろうか。現代の世界は膨大な数の，しかも急速に増大しつつある人口を有する世界である。最も豊かな社会は世界の大多数の人々が手に入れることを切望する一人当たりの富の水準を有しているが，その社会はもっぱら生息環境を破壊し，多くの種を減少させるだけではなく，絶滅さえさせることによって，その富を獲得してきた。これは以下のことを意味するのではないだろうか。すなわち，世界の大多数の人々のそうした願望を実現しようとすれば，必然的に多数の人間がますます多くの生息環境を破壊し，ますます多くの種を絶滅させることになるであろう。さらに，そうした行為が終わされるのは生物圏があまりに大きく損なわれてしまった結果，それ以上の経済成長は人間の生活の生物学的基盤自体を破壊せざるをえない，ということをすべての人が明確に認識する時点であろう。

　環境に関心をもつ多くの人々の間で一般的なこの問いかけに対する応答は，もし人類が現在の進路に従っていけば，これは実際に当然，生じる事柄であるというものだ。したがって，もし私たちが前述の打算的理由や道徳的理由といったあらゆる理由により，生物多様性を守ろうと本当に思うのであれば，人口の上昇を止めるために何か迅速で効果的な事柄を行うだけでなく，私たちの経済活動の方式を根本的に変えなければならない。

　本書の第Ⅳ部では，生態学的正義が求める要求を尊重しながら，人間が自分たちの繁栄に必要な物質的利益やその他の利益を獲得できるという保証を与えうるような，そうした経済的・政治的な生活の組織化のいくつかの可能性について検討していく。しかし，回避不可能な一つの事実がこの議論全体に難問を

提示することになる。すなわち，自由主義的資本主義における政治経済は特有の隆盛や衰退を経ながらも，今もなお，支配的であり，地球全体でより一層支配的になりつつあるという事実である。

政治的エコロジストや環境に関心を有する他の人々はこの事実を強い関心をもって考えていくべきもっともな理由があり，それについては後ほど詳しく論じていくつもりである。その事実に対する彼らの反応は大雑把に言って，2種類に分けられる。悲観主義者は資本主義の基本的性質を変えることは現実的には望めないと考え，それゆえに，環境が確実に保護されるような未来がくる可能性もないとみなす。私たちはいわば，制御できない列車の車中に閉じ込められており，その列車は環境上の限界に直面するまで止まることはないであろう。

より楽観的な者はその問題に関して，柔道の教えに基づくアプローチを選択している。つまり，資本主義自体の傾向と勢いを用いて，資本主義を転換させることをめざす。そうすれば，それが有する現在の傾向にもかかわらず，資本主義は少なくとも，生態学的な健全性と正義の要請に従い始めるであろう。資本主義がこの要請を十分に受け入れることは決してないであろうが，このアプローチは資本主義に代わるものを見出すための時間を稼ぐことを少なくとも望むのである。

政治経済学——批判と反批判

最初に，これからの議論のための舞台を整えるために，「政治経済学」（Political Economy）の問題に関して，環境に関心をもつ人々とその批判者たちの間の一般的討論を概説していく。この分野には，2つの異なる問題が含まれる。第一の問題は，私たちの現在の経済活動が物質的に存続可能かという問題であり，この問題はさらに以下のような2つの一般的な問題を含んでいる。

① 資源問題：急速に増加する人口の経済活動を支えるための自然資源を私たちは獲得できるだろうか。ここで言う，「自然資源」（natural materials）には，土地，水，燃料，鉱石などが含まれる。

② 吸収源問題：清浄な水，土地，大気などの資源を汚染したり，破壊したりしないで，経済的生産がもたらす廃棄物を私たちは処理できるだろうか。

　第二の問題は，人間にとっての経済活動の意義に関するものである。というのも，私たちは単に身体的ニーズを満たすためだけに生産しているわけではないからだ。物質的生産，すなわち，「実践」（praxis）の過程で，私たちは有意義な方法で私たちの生活と私たち自身を変える。人間はその想像力，感情，道徳的見解，宗教的信条を物質的生産の過程で働かせる。新しいテクノロジーや労働方式の発明により，物質的生産の問題を確認し，克服することで，人間は自分たちにとってより理解可能なものへと世界を作り直すようになった。ヘーゲル（G. Hegel）の見解のような一定の見解によると，結局，人間はその結果として，この世でより一層「くつろぐ」ようになった。もしこれが正しい分析であるならば，人間の経済活動の基盤を変えようという提案は，それらの提案は実行可能な実践になるのか，という問題に直面することになる。

　エコロジストはこの問題のリストにさらにもう一つの問題をつけ加える。それは，もし私たちが資源問題と吸収源問題を回避したり，最小化すると同時に貧困問題を処理するような，人間にとって満足のいく経済活動形式を見出すことができるとしても，その経済活動の形式は果たして生態学的正義の要求をも満たすことができるのか，という問題である。

　環境主義者が最初に認識し強調したのは，①と②の問題である。人類がまさに物質的資源を使い果たし，最終段階にまで地球を汚染しつつあるという彼らの分析から，恐怖に満ちた未来像が出現した。この未来像は人間の自己利益に直接向けられる訴えかけを支えるものであり，また，私たちが明らかにコミットしている経済的生産のシステムは人間の幸福につながらないどころか，短期間に計り知れないほどの大規模な悲惨な事態をもたらすであろうという考えに帰結した。

　こうした診断から，よく知られている環境主義のテーマが現れる。
① 国民総生産（GNP）と国内総生産（GDP）に基づく現在の経済成長の概念に対する批判。それは，私たちが従事する浪費的で，不公正な経済活動形態

によって，自らが招いた被害に対してとらなければならないすべての手段を人間の幸福への積極的な貢献として評価するものである。⁽¹⁾

② 廃棄物の量を削減し，製造過程で使用された物質をできるだけリサイクルするようにとの命令。さらに，再生可能なエネルギー資源へと転じ，再生不可能な化石燃料と環境配慮が可能かどうかという疑いのある原子力の消費を削減する必要性を強調する。

③ 現代の製造業や輸送方式において使用される化石燃料によって放出された二酸化炭素などの温室効果ガスや汚染ガスの増加を非難する。同時に，人間による生物圏への大規模な悪影響の例として，地球温暖化やオゾン層破壊を強調する。

④ 汚染をもたらし，生態学的に有害で，非人道的な現代の大量生産型の農業形態を非難する。そして，有機的で，人道的で，生態学的に有益な食物栽培方法に農民たちが目を向けるように促す。

⑤ 人口や経済活動が生物の生息環境と生物多様性に悪影響を及ぼすと主張する。人間以外の存在の道徳的配慮の対象となる可能性に関して，政治的エコロジストが主張に言及することなく，人間にとっての経済的な資源，生態学的なサービス，人間文化の繁栄に必要な条件にとってこの悪影響が何を意味するかという観点にのみ立ったとしても，この悪影響は重要であるとみなされる。

⑥ 現代の経済システムがもたらす環境への悪影響を破滅的な段階にまで高めるおそれのある人口の大幅な増加は，少なくともある程度は，貧困がもたらしたものである，と主張する。この貧困は世界の貧しい人々の間に有害な経済活動形態を拡張することによってではなく，より平等な資源分配をすることによって対処されなければならない。

---

(1) GNP／GDP による成長の「測定，費用・便益分析」，「シャドー・プライシング」などに基づく新古典派経済学とそこから派生した環境経済学に対する批判は，以下の著作で詳細に述べられている。Daly, Herman and John Cobb, (1990), *For the Common Good*; Michael Jacobs, Michael, (1991) *The Green Economy*; Dietz, Frank and Jan van der Straaren, (1993), 'Economic theories and the necessary integration of ecological insights'.

第10章　エコロジズムは資本主義を転換することができるか——持続可能な開発・エコロジー的近代化・経済民主主義

　これらの主張はすべて，正統派経済学が理解する意味での現行経済システムや経済成長を擁護する人々から，激しい反批判を受けてきた。その反批判をみていく前に，最初に，環境主義者の視座から，前述の現象の原因と思われるものを提示する必要がある。

　この問題に関して，環境主義者たちの間では論争が生じている。ある人々は，生態学的に有害な経済システムを作り出した主要な犯人は現代の産業主義の勃興であることを強調する。これは莫大な量の原材料と化石燃料を採取し，利用することを要求する大量生産の時代をもたらした。この見解によれば，産業主義とは，資本主義体制，社会主義体制，その他の体制のいずれの体制の下で生じたものであれ，生態系の維持という観点からの要請に従って，徹底的に再構成されなければならないものである。この見解と一致したものとして，よりシンプルで，非物質的な生活スタイルを採用せよ，そして，環境を破壊するのではなく，環境と調和するような，より精神的に有益な活動に転じよ，という訴えかけが存在する。[2]

　デービッド・ゴールドブラット（David Goldblatt）を含む他の論者はこの「産業主義＋物質欲」といった分析をあまりに表面的なものとみなし，資本主義の内的なダイナミックスこそが主要な原因だ，と指摘する。[3]このダイナミックスは絶え間ない利潤の追求とともに，常に新しい市場を作り出し，物質的財やサービスに対する人間の需要を無限に刺激しようとする衝動を有する。こうした見解に対しては，以下のような明確な批判が存在する。すなわち，資本主義を廃止し，人間のニーズを直接満たすために，経済活動の合理的な計画システムを活用しようとした社会では，環境に関する今世紀最悪の記録が見出されるというものである。しかし，それに対して，ゴールドブラットは，そのような社会は資本主義社会に存在する民主主義的な防御手段をもたずに，資本主義の実践を模倣しようとしたのだと答える。そうした防御手段は環境保護のため

---

[2]　この傾向に関しては，Lee, Keekok (1993), 'To de-industrialise- is it so irrational?' を参照のこと。

[3]　David Goldblatt, (1996), *Social Theory and the Environment*, pp. 34-38 を参照のこと。

の社会運動の出現を可能にすることによって，資本主義がもたらす最悪の結果のいくつかを軽減してきたのだ，と彼は主張する。[4]

これには，以下のような主張がつけ加えられる。産業主義はそれ自体では，私たちにとって既知の20世紀後半の環境破壊をもたらすことはなかったであろう。ゴールドブラッドは以下のように述べている。産業主義は資本主義システムをその呪縛から解放した後で，その資本主義システムの内部で組織された。こうした経緯があったからこそ，石炭を基盤としたエネルギーの生産形態の発見がもたらした，経済活動を従来の生態学的制約から解放するという可能性が現実のものとなったのである。[5]

こうした視座からすれば，環境に関心をもつ人々の目標は生物圏の保護という関心の下に，資本主義の仕組みを厳格に管理すべきであるということになる。この管理は国家的・国際的な規制，課税政策，許認可体制，資本主義的企業などの民主的な説明責任の増大などの組み合わせからなるであろう。それはまた，「エコロジー的近代化」（Ecological Modernisation）という標題の下で行われる活動へ従事することを資本主義的企業に促すことを含むことになるだろう。「エコロジー的近代化」の活動の中心にあるのは環境への損害を最小限に抑えるような生産工程によって，環境に有益なテクノロジーを実現することである。例えば，それは経済的生産や輸送による環境への悪影響を減らすための触媒コンバーターやその他の装置のことである。

政治経済学の問題に関する環境主義的な視点をここまで概説してきた。ここからは，「対立者」（contrarians）と呼ばれることもある人々がこれまでに述べてきた事柄のすべてに対して提示している批判を列挙していきたい。[6]

---

[4] Goldblatt (1996), p. 49.
[5] Goldblatt, (1996), p. 35.
[6] 以下において，Dryzek, John (1997), *The Politics of the Earth* の中でドライゼック（J. Dryzek）が明らかに区別している理論家たちと理論を私はひとまとめにしている。ドライゼックは「プロメテウス主義」と「経済合理主義」を区別している。両方とも，急進的な環境的言説（ディスコース）に敵対しており，市場，私有財産，私的利益，人間の発明の才の結合に，人間のさらなる物質的進歩の望みを託している。しかし，両者の主な相違点は，プロメテウス主義

第10章 エコロジズムは資本主義を転換することができるか——持続可能な開発・エコロジー的近代化・経済民主主義

先に箇条書きにした環境主義的見解を批判する人々の基本戦略は以下のように主張することである。問題が本当に存在しているにしても，20世紀後半に存在している経済体制の中で人々はそれらの問題に十分に取り組むことができ，そして，実際取り組んでいる。しかも，「問題」のほとんどは現実には存在していない（あるいは，もっと控えめな言い方をするならば，問題が本当に存在しているという主張は未だに確固たるものになっていない）のである。そのため資源問題は代替的な原材料やエネルギー資源を発見するという通常の手段によって，処理されつつある。人間の発明の才がそれらの問題を解決するための鍵となる。太陽エネルギーやその他の再生可能なエネルギー形態，核廃棄物を出さない新しい原子力エネルギーの形態，さらに，長い間求められてきた核融合エネルギーさえもがエネルギーをより効果的に使用するというすでに証明された能力とともに用いられるならば，私たちが要求するであろういかなるエネルギーのニーズにもうまく対処するだろう。たとえ人口が大幅に増加した場合においても，同じようなことが言えるだろう。

新しい素材や生産技術は起こりうるいかなる資源の欠乏にも対処するだろう。人間の発明の才はここでもまた，最重要の資源となる。それゆえに，私たちが望むいかなる物質をも原子からつくり出すナノテクノロジーの可能性は原料の欠乏が引き起こす可能性のある危機をすべて取り除くことを約束するだろう。そして，そのテクノロジーへの主要な前進はすでに生じている。どんな場合でも，多くの現代テクノロジーはコンピュータに基づいているが，大幅な計算能力の増大が達成されたにもかかわらず，コンピュータの生産において使用される素材の量は減少している。さらに，将来における経済成長の多くは産業革命の初期段階の「煙突産業」(smokestack indurstries)（訳註：汽船・機関車・工場等

者が成長の限界を拒絶するのに対して（それゆえに，彼らは豊穣さの信奉者でもある），経済合理主義者は少なくとも，そのような限界の可能性について考える意思をもっているということだ。私の目的にとって必要なのは，環境主義に対する批判者の主張をより概説的なアプローチで述べることである。以下の著作はこの分野における古典的な参考文献である。Beckerman, Wilfred (1974), *In Defence of Economic Growth*, Kahn, Herman and Julian Simon (1984), *The Resourceful Earth*.

の煙突のことで、在来型の産業のことを意味している）に比べて、格段に少量の物質やエネルギーしか使用しない活動形態から生じるであろう。情報と教育は将来の経済成長の鍵であるが、これらは従来、経済成長をもたらしてきた産業よりも、はるかに少量の物質資源しか使用しないのである。

　汚染と廃棄物の分野において、環境主義を批判する人々は工場、発電所、自動車といった個別設備の汚染を発生させる活動はすべて、近年急激に減少してきた点を指摘する。それはある部分、汚染をもたらす生産形態が大抵、非効率な生産形態であることが認識されたことの結果である。彼らは生物圏の復元力を強調し、海への大規模な原油流出といった不運な事故（環境主義者は「災害」（disasters）という間違った呼称を用いている）から迅速に回復する生物圏の能力を強調する。彼らはオゾン層を破壊するフロンガスの代替物が発見されたことを指摘し、オゾン層が急速に自己回復するか、あるいは、少なくともこれ以上は悪化しないだろうと自信をもって予想している。彼らの主張するところによれば、この問題自体がそもそも誇張された問題だったということなのだが。彼らは、地球温暖化が人間の活動によって大気中に放出された温室効果ガスによって生じるという主張には、強く異議を唱える。そして、たとえ地球温暖化が生じていようとも、その影響が精力的な処置を行って防がなければならないほど有害であろうとも想定すべき根拠はない、と主張する。彼らの見解によれば、地球温暖化の影響がどのようなものになるかは、私たちにはわかっていない。私たちが知る限りでは、温暖化は有害であるのと同じほど、全体としては有益な影響をもたらしそうである。

　農業分野では、環境主義を批判する人々は以下のように主張している。殺虫剤による環境汚染問題は主として、一時的なものであり、精巧に調整された殺虫剤の発明により克服された。さらに、遺伝子操作された植物種によって、殺虫剤の使用を減少させることが可能である。環境主義を批判する人々は有機農業を非現実的な一時的流行にすぎないとして退け、科学と化石燃料を基盤とした農業が成し遂げた農業生産性の大幅な上昇を指摘している。そして、生物工学のさらなる発展が将来の農業生産性の上昇をも約束するだろう。したがって、

彼らは以下のように主張する。環境を守るという誤った関心の名の下に，市場に密接に結びついた科学的農業の下で生じうる進歩が妨害されるというようなことがない限り，20世紀初頭以来西洋諸国の恵まれた市民が馴染んできた方法で，増加が予想される人々は皆，将来十分に，あるいは，申し分なく，食事をすることができるであろうと。

　生息環境の衰退と生物多様性の喪失に関して，批判者たちは種の深刻な消滅が生じている，あるいは，生じる可能性があるという主張を疑う傾向を強くもっている[7]。たとえ環境主義者たちの主張がこの点については正しいとしても，批判者たちは生物圏に対する何らかの深刻な損害が続いて起こるという見解や失われた種の中に潜在的に存在する大規模な経済的，科学的，医学的な恩恵を人間が軽視しているという見解に対して，異議を唱える。生息環境の減少や断片化が，絶滅，あるいは，ともかく大規模な絶滅をもたらすなどということは証明されていない，と彼らはさらに主張する。いずれにせよ，人間が優先されるのであって，もし人間にとって望ましい生活を作り出すための代価がいくつかの種や生息環境の喪失であるということであれば，それは支払うべき価値のある代価であるだろう，と彼らは論じるのである。

　エコロジストの道徳的な主張はもちろん，拒絶される。人間以外の存在は人間の経済的・美学的な便益，あるいは，必要とあらば，精神的な便益に必要な限りにおいて，ただ道具的価値をもつものとみなされる。人間以外の存在が道徳的に配慮可能なものであるとか，内在的に価値を有するものだとかいった見解は，満ち足りた西洋の中流階級の建前であり，現代科学の成功と信仰の喪失の結果生じた，世界の脱魔術化に対する反発から生じているとみなされる。したがって，そうした見解は真面目に受け取るべきではないのである。

　批判者たちは次のように述べる。しばらくの間，第三世界の農民として，飢餓，干ばつ，地震，洪水，病気，昆虫から象に至る野生動物がもたらす破壊，こうした絶え間のない脅威に直面しながら生活してみよう。そうすれば，人間

---

[7] こうした懐疑主義の最近の例としては，Easterbrook, Greg (1984) *A Moment on Earth* (1996) を参照のこと。

以外の自然界の真実がすぐにみえてくるだろう。すなわち，自然界は人間の幸福と繁栄にとって常に脅威であるということだ。次のような場合，人々は自分たちを幸運だと考えるだろう。すなわち，自分たちの祖先が大いなる経済的・技術的な努力によって，子孫を自然界の奴隷という身分から解放してくれた結果，自然界を人間の意志に服従させ，完全に人工化されたものである都市や田舎の環境がもたらす快適さを前提として，より美的に満足できる自然界の諸側面についてあれこれ考えることができるようになったという場合である。これは当然のことながら，すべての人間が切望する状況である。

　批判者たちは従来通りに理解された経済成長を賞賛することによって，また，資本主義，自由貿易，市場経済がそうした成長をもたらし，かつ，維持する上で不可欠な道具の重要性をもつ，と主張することによって，環境主義者の主張に対する前述の反論を補強している。この点で，資本主義市場のメリットとそうしたメリットと人間同士の正義，平等，自由といった問題との関係という，より馴染み深く多くの議論を経てきた問題に私たちは直面している。それは，これまで述べてきたように，環境主義者が直接，関心をもつ問題ではあるが，これに関心をもつのは彼らだけではない。

　環境主義者とその批判者の間のこの一連の論争は，明らかに，一部は経験的な問題を，そして，一部は対抗する価値体系にかかわる問題を扱っている。経験的な問題の場合には，批判者たちは，環境主義者は資源問題を誤解しているか，あるいは，誇張しているという主張に最も強固な基盤を築いている。ここにおいて，人間の発明の才は私たちの物質文化を維持するために必要なエネルギー資源や原材料を発見するための鍵として，実際，依然として有望なものである。

　しかしながら，生物圏の健全性が問題となる領域に足を踏み入れていくにつれて，批判者たちはどんどん説得力をもたなくなっていく。彼らは化石燃料を基盤にした大規模な農業の可能性について，自信過剰であるようにみえる。そうした農業の単一栽培的な基盤はいつ失うかわからない運次第であるのにもかかわらず，である。調査対象となった一部の殺虫剤がイギリスの野鳥の生活に

及ぼした間接的な悪影響を述べた1997年のイギリスの報告書から判断するならば、殺虫剤に関連した問題は現在では克服されているという彼らの確信は時期尚早である。[8]

彼らが少なくとも西洋で、製造や輸送の設備がもたらす汚染を減らす上で、重要な前進があった、と述べるのは正しい。しかし、彼らが明らかにしていないことは、第三世界が西洋的な産業化のパターンに追いつくにつれて、生産や輸送の設備の数を激増させるであろうから、それが設備当たりの汚染の減少の効果を帳消しにするであろうということだ。

オゾン層の破壊はもし実際にフロンガスの放出によるものであるならば、少なくとも原則的には、容易に解決できる問題である、とする彼らの見解は正しいように思える。しかし、地球温暖化問題に無関心であるという点では、彼らは幾分、傲慢にみえてくる。温暖化の影響がもしあるとすれば、どのようなものであるかに関して、私たちが無知であることは、明らかにその通りである。だが、地球温暖化が生じつつあること、人間の活動がそれを生み出す要因となっていること、その影響が大変顕著なものとなるであろうこと、その影響が有益なものとはほど遠いものであるという可能性が少なくともあること、こうしたことを想定することは明らかに不合理なことではない。少なくとも、これは大規模なロシアン・ルーレットのゲームのようにみえる。

彼らは生物多様性と生息環境の破壊に対する態度において、より一層傲慢であるようにみえる。エコロジストが言及した種の喪失は、人間が容易に数えることができる、きちんと積み重なった目に見える死体の山といった結果にはならないだろう。種は、特にきわめて重要な熱帯雨林という生息環境にいる種は大抵、体が小さく、特定の場所に集中する生物であろう。絶滅は急速に進行した場合でさえ、たとえ経験豊かで熟練した観察者に対しであれ、劇的で目に見える現象をもたらすとは限らない。エコロジストたちが強く印象づけ、かつ、正確に指摘するように、そのような形で失われた種は永遠に失われる。もしそ

---

[8] Campbell, L. and A. S. Cooke (eds.) (1997) *The Indirect Effects of Pesticides on Birds*, London: HMSO.

の存在に私たちが気づく前に消滅してしまったならば，生物工学の魔法で復活をもくろむ術さえない。

　環境主義の批判者たちがしばしば行うように，以下のような指摘は正しい。すなわち，大規模な原油流出のような劇的な汚染事故が起こった場合でさえ，自然的過程が機能しさえすれば，それは影響を受けた環境を非常にすばやくほぼ元の状態に戻すことができることを示す証拠があると。過去6億年の絶滅の事例の歴史が明らかにしてきたように，自然は実際，非常に強靱である。だが，生物圏を修復できないほど破壊することは難しいにしても，歴史はそれが不可能だとは言っていない。かつて，小惑星が地球との衝突によって，恐竜や多数の他の生命体を絶滅させたが，それほどの大規模な破壊を人間が生物圏にもたらすことは難しいだろう。しかし，人間間の全面核戦争はそれに匹敵するものだろう。

　このことが示唆するのは1940年代以降，重大な，おそらくは決定的な危害を生物圏に与える類いのない力を人間は手に入れたということである。飽くなき物質欲，同サイズの哺乳動物には前例のない膨大で，しかも急速に増大する人口，人間の活動が生物圏に及ぼす明確な影響についての私たちの無知，これらを前提とすれば，生物圏は人間が及ぼすすべてのものを受け止められるかを判断する際に，きわめて慎重にならざるをえない。

　しかしながら，ほとんどの人間にとって，その歴史のほとんどの期間，生物圏は人類が生存を維持するための条件を提供するだけでなく，多くの不愉快な現象で絶えず人類の生存を脅かしてきたという事実を強調する時に，批判者たちは明らかにもっともな主張をしている。これらの脅威から自らを守ることは，まさに人間の活動にとって主要な優先事項である。しかし，これを以下のような事実と比較して考えて，バランスをとらなければならない。自然環境が有する現実の，あるいは，潜在的な過酷さにもかかわらず，第三世界の農民たちですら，自然環境に対して愛情を示す。そして，実際に環境保全の活動をしながら，経済的理由によってだけでなく，環境が重要であるとみなす第三世界の人々が数多くいる。そのような人々の中には，しばしば自らの命の危険を冒し

第10章　エコロジズムは資本主義を転換することができるか——持続可能な開発・エコロジー的近代化・経済民主主義

てまでも，一生を環境保護に捧げる者もいる。

　多くの第三世界の環境保護団体が存在するが，その構成員の中にはしばしば，目の前の自然環境が政府，企業，権力をもつ個人の強欲さや軽率さがもたらす脅威にさらされていると考えている農民層出身の構成員がいる。したがって，人間以外の存在の福祉に対する関心が単に西洋の中流階級の一時的流行にすぎないと考えるのは全くの間違いである。このことを理解するには，以下の点を思い起こすだけでよい。すなわち，第三世界で，そして，大抵の土着の人々の間で普及している多くの宗教的・道徳的な見地が示しているように，彼らは私たちの同胞たる生物に対して，適切な敬意を表することを重視しているのである。

　人間が戦争や大量殺戮といった形態でお互いにもたらす脅威は，自然界がもたらす脅威と少なくとも同程度のものであること，人間以外の世界が人間に及ぼす悪影響は人間の悪意や愚かさが往々にして関与していること（食物が十分に供給されているのに，飢餓に直面する人々にそれを与えないといった状況の下に，どれほどしばしば飢饉が起こったのかを考えてみること）をさらに付け加えることができるだろう。

　エコロジストの道徳的な見解に対する攻撃に関する限り，本書の第Ⅱ部と第Ⅲ部で行った主張を継続するより他ないだろう。これらは誤っているかもしれないが，もしそうならば，それが誤っているということを思慮が足りない中流階級の西洋人による感傷的な思い込みとして，偏見に訴えて非難することによってではなく，合理的討論という正規のプロセスによって示さなければならないのである。

「持続可能な開発」に関する諸見解

　制約を受けない資本主義の作用について，環境主義者が憂慮することは正しいとこれまで主張してきたので，ここからは，環境的観点から資本主義を改善するためのいくつかの方法について考察する必要がある。これに関連するもの

として,「持続可能な開発」(Sustainable Development),「エコロジー的近代化」(Ecological Modernisation),「経済民主主義」(Economic Democracy) という3つの見解について以下で論じることにしている。さらに,次章では,資本主義に対する2つの代替的体制,つまり,「市場社会主義」(Market Socialism) と「グローバル・エコロジー」(Global Ecology) の可能性について考察するつもりである。

1980年代後半のブルントラント報告書の出版以来,次のような考えが展開されてきたと述べることが,今では通例となっている。すなわち,私たちが座っている生物圏の枝をノコギリで切るような方法を用いることなしに,広い地域にまたがる人間の貧困に対処するために必要な経済成長を達成することは可能である,とする考えである[9]。その考えによれば,人類は,「持続可能な開発」のプロセスを作り出す可能性をもつのであり,それを実行すれば,私たちが祖先から受け継いだ世界と同じ位よい世界を子孫に残すことになろう。

「持続可能な開発」の概念が妥当かどうかは別として,国連の主要な報告書が経済活動が営まれる際の基盤を再考する試みが必要だと考えるようになったのは環境思想家の影響によるものである。しかしながら,エコロジズムは何らかの形態の「持続可能な開発」の概念を受け入れることができるのか,それとも,そうではなくて,政治的エコロジストは伝統的な経済的目標を徹底して放棄することを提案しなければならないのか,この点について,私たちは考察する必要がある。この提案は少なくとも物質的な面ではるかにシンプルで物をもたないライフスタイルからなる,はるかに低水準の経済活動を制度化すること,さらに,物質資源として私たちが所有するものを共有しようとするより強い意思を制度化することを含むであろう。

ムンダ (G. Munda) が指摘するように,「持続可能な開発」が実際は何であるのかについて,少なくとも2つの考え方がある[10]。新古典派経済学の一分野で

---

[9] World Commission on Environment and Development (1987), *Our Common Future*, (大来佐武郎監修・環境庁国際環境問題研究会訳『地球の未来を守るために』福武書店,1987年) を参照のこと。

ある，いわゆる「環境経済学」(Environmental Economics) では，「弱い意味での持続可能性」という基準に合致するように「持続可能な開発」を理解すべきだというのが，支配的な見解である。ムンダの定式化を用いるとすれば，もしある経済が自然資本と人工資本の総消耗量以上に蓄積を行うならば，その経済は「弱い意味で持続可能性」であるとみなすことができる。ターナーら (R. K. Turner et al.) は次のように述べている。

> 道路や機械，あるいは，他の人工（物質的）資本ストックを増加させることによって，環境の喪失を相殺する限り，次世代に残す環境は少なくてもよい。あるいは，より多くの湿地帯や種々の森林，あるいはより多くの教育によって補償される限り，道路や工場が少なくてもよい。[11]

ムンダがこうした考え方に対して異議を唱える主たる理由は，自然資本と人工資本という異なった形態の資本が完全に代替可能であるとそれが想定しているためである。彼は以下の理由から，この考え方は拒絶されるべきである，と述べている。

① 人工資本は自然資本から独立したものではない。資本をつくり出すには，自然資源を使用しなければならないのであるから，人工資本を自然資本の代わりに使用するという試みは人工資本の増加のために必要とされる自然資本の投入量の程度によって制限されるであろう。この制限が支障とならないようにする唯一の方法は製造中に使用される自然資源にまさる生産性をもつ資本を作り出すことである。しかし，こうしたこと

---

[10] Munda, Giuseppe (1997), 'Environmental economics, ecological economics and the concept of sustainable development' p. 215. 本節において，私はこの大変有益な論文に大きく依拠している。

[11] Turner R. K. et al. (1994), *Environmental Economics: An Elementary Introduction*, p. 56 （大沼あゆみ訳『環境経済学入門』東洋経済新報社，2001年，57ページ）の Munda (1997), pp. 217-218。

第Ⅳ部　政治経済学的考察

　　が可能であると想定することは全くできない。
　②　人工資本は単一機能をもつ（道路は交通のためだけに存在する）のに対して，自然資本は多くの機能をもつ（森林は，食物と住まいを提供し，二酸化炭素の吸収源として作用し，また，木材の産地でもある）。[12]

　これに，環境経済学分野において研究活動を行っている二人の経済学者，デービッド・ピアス（David Pearce）とケリー・ターナーが提示する重要な考察をつけ加えなくてはならない。彼らは自然資本のストックを維持することは「持続可能な開発」の条件である，と主張している。というのも，生物圏がいかに作用するのかということや人間の経済システムを支える生物圏の正確な役割は何かということについて十分な科学的知識をもたない以上，私たちはできる限り広範囲に生物圏を保持しなければならないからである。そうでなければ，私たちの経済的福祉やその他の福祉にとって決定的に重要であることが後になって判明するかもしれないものを修復不可能なまでに破壊してしまうことになるだろう。[13]

　「持続可能な開発」に対する別の見解は，「エコロジー経済学」（Ecological Economics）という新たに登場してきた学問分野によって提案されたものである（訳註：「エコロジカル経済学」と呼ばれることもある）。この経済学は新古典派の環境経済学が保持する多くの前提を退ける。例えば，あらゆる要素を比較できる単一の基準としての貨幣的基準に還元することによって，異なった経済活動の費用と便益を計算するという可能性を退ける。「エコロジー経済学」は「持続可能な開発」には強い意味での持続可能性の基準を用いなければならない，と主張する。ムンダが述べるように，このことはある種の自然資本は生物圏の健全性にとってきわめて重要であるということ，そして，そのような資本

---

[12]　Munda (1997), p. 217.
[13]　この主張は，Munda (1997) p. 218 において，Pearce, David and Kerry Turner, *Economics of Natural Resources and the Environment* (1990) の引用として，提示されているものである。

は人工資本によって代替不可能であることを想定している。その代わりに，自然資本の重要なストックとフローを直接，物理的に測定することに基づいて，生態学的持続可能性の非貨幣的指標を発展させる必要がある。

これは多くの理由で，本質的に問題を孕むものであろう。その理由の一つに，さまざまな行為者が彼らの好む解釈を採用するよう意思決定者に説得を試みるがゆえに，そうした指標は科学的不確実性や，政治的な交渉にさらされるであろうという事実がある。したがって，強い意味での持続可能性を組み込んだ経済活動を地球全体で維持するために何をなすべきかについて十分な検討を行うためには，共約不可能な価値観や考察を明確にし，交渉を行うための民主的なプロセスの発展が必要となる。

もし私たちが，エコロジズムは「持続可能な開発」に関するどの見解を支持すべきかと問うとすれば，「エコロジー経済学」が採用する見解を支持すべきというのが答えであることは明らかだ。種の内在的価値を根拠にして生物多様性を擁護する人々は事実上，もっぱら貨幣的観点だけで，種を評価することを拒絶する立場にいる。つまり，彼らは，それぞれの種が人間の経済的目的のための資源になりうることを認めているけれども，もっぱら「自然資本」としてのみ種を扱うことは拒否するという立場を支持するのである。

したがって，互いに相容れず還元不可能な異なった価値が正統性をもって作用しているという事実を受け入れる，そうした経済的意思決定の見解に対して，彼らは魅力を感じるに違いない。彼らはさらに，自然資本を維持することが必要であると強調する「持続可能な開発」の見解を手にする時，最も満足を得るであろう。というのも，その見解は生物多様性を保存すると思われる自然の生息環境を保存せよ，といった主張をより容易に受け入れることができるものにする可能性があるからだ。

最後に，意思決定の民主的なプロセスの重要性を「エコロジー経済学」が強調していることは本書の第Ⅲ部で略述した民主的な意思決定と「後見」制度を支持するエコロジズムの主張に適合する。第8章で述べたように，たとえそうした「後見」制度の構成員を民主政治のいくつかの直接的影響から隔離すべき

しかるべき理由が存在するとしても，意思決定過程にとって重要であるとみなされる民主的な討論において，「後見」制度は重要な行為者となるであろう。

しかしながら，討論を行うために，自然環境の中に存在する重要な要素の指標を見つける方法を考案することには大変な困難が伴うことは明らかである。「後見」制度の設立は拒否権の確立をある面でめざしていたのであるが，「エコロジー経済学」が討論に参加するいずれかの団体に拒否権を与えるという考えに賛成しているようにはみえないことも明らかである。しかしながら，自然資本のきわめて重要な要素を破壊するような提案を誰かが阻止できるようにすべきである——特に，そのような決定はほぼ常に不可逆的であるから，阻止できるようにすべきである——という考え方は異なった形態の資本の間の代替は不可能であるという論理の一部である。したがって，もしそれを維持するための科学的知識が存在する場合には，自然資本の重要な要素を破壊することに対する拒否権が必要となる。

グレイ（R. H. Gray）が力強く主張したように，持続可能性をめざす民主的意思決定を実行可能にする重要な要素は，それによって，資本主義的企業の経済活動が「ヒューマン・エコノミー〔人間が営む経済〕の持続可能性」（the sustainabilitty of human economy）に対して与える正確な影響を民主的意志決定者が知ることができるように，企業の会計手続きを根本的に変えるというものである。彼は非常に説得力のある議論を行っている。すなわち，企業による自発的な行動も，市場の働きも，彼が「持続可能性のための報告」（reporting for sustainability）と呼ぶものに向かって，十分，かつ，迅速に前進することはないであろう。20世紀末の時点では，市場も企業も，財務的指標に対してのみ反応している。環境プロセスに及ぼすそれらの影響がしばしば財務用語による表現にはなじまないという事実があるために，その活動に関する新しい報告の形態が考案され，義務づけされることが必要となる。しかしながら，たとえそうした

---

(14) Gray, R. H. (1994), 'Corporate reporting for sustainable development', pp. 17-45.
(15) 彼はこれを行うための3つの方法を検討している。すなわち，「目録アプローチ」（The Inventory Approach），「持続可能なコストアプローチ」（The Sustainable Cost Approach），

ことが実現したとしても,資本主義的企業は自らの活動の持続可能性について十分な情報に基づいて決定を下すことはないであろう。また,持続可能な行動をするという責任を企業にのみ要求することも,理に適ったことではない。このことはより広範な社会による民主的な意思決定にかかわる問題であり,すべての多様な要素にかかわるトレードオフに関する判断を必然的に含むのである。

これまでのところ,「持続可能な開発」の概念はエコロジズムにとってかなりの関心事であるとはいえ,かなり抽象度の高いものにとどまっている。政治経済の「緑化」(greening)のためのより具体的な戦略,とりわけ,資本主義的形態の政治経済下での戦略は「エコロジー的近代化」として知られているものである。

エコロジー的近代化

「エコロジー的近代化」(Ecological Modernisation)の概念は容易に説明できるほどに単純である。ドライゼック(J. Dryzek)の定式化では,この概念はより環境的に健全な方向に沿って資本主義的政治経済を再構築することを意味している。[16] 環境への悪影響は20世紀後期の資本主義経済における生産過程と流通過程を組織化する方法から生じるのであって,資本主義形態それ自体から固有の諸困難が生じるとは考えられていない。それゆえに,例えば,汚染のような環境への悪影響を減少,ないし,最小化させつつ,収益性を守るという方法で,資本主義的企業内で適切な形態の経済的再組織化を行うということが解決策となる。

こうした取り組みにおいて,これまで最も成功を収めた資本主義経済はドイツ,オランダ,日本,スウェーデン,ノルウェーであった,とドライゼックは

そして,「資源フロー／産業連関アプローチ」(The Resource Flow/Input-Output Approach)である(Gray, R. H. (1994), pp. 32-37)。

[16] Dryzek (1997), p. 141 と Weale, Albert (1992), *The New Politics of Pollution* は,「エコロジー的近代化」に関する有益な研究である。

論じている。(例えば,よりエネルギー効率の高い工程に変えることにより)国民所得のエネルギー効率を上げること,経済活動から生じる有害な排出物の量を削減すること,産出される廃棄物の量を削減することなどにおいて,これらの国々は群を抜いた成功を収めてきた。[17]ある面で,そのコーポラティスト的な政治文化の結果とも言えるが,これらの国々は適切な手段に関して政府と資本主義的企業の間で合意と協力をもたらした。この点を最も明白に示す事柄は,1989年に可決された「オランダ国家環境政策計画」(The Dutch National Environment Policy Plan)の作成であった。

ある面で,これらはまた,これらの国々の資本主義的企業が経済的な存続をもたらす要因を毎年の収益報告書に基づいてではなく,より長期的な観点で捉える意志を比較的もっていることによって,もたらされている。そのために,ドイツでは,「予防原則」(the precautionary principle)が,現在幅広く受け入れられている。それは,環境的脅威の性質や程度に関して,科学的確実性が欠如しているからといって,脅威に取り組むための試みを何もしないことを正当化するものではない,という原則である。これは,資本主義的活動の短期主義とは両立しないとしばしばみなされている,将来を見通した賢慮の行使である。

しかしながら,ドライゼックがさらに指摘するように,利潤の確保が資本主義の主たる目的でなくなったわけではない。むしろ,「エコロジー的近代化」はビジネスに役立つものとみなされている。彼は,資本主義的企業が「エコロジー的近代化」に取り組む場合の主要な利点を5つ挙げている。環境に害を与えない生産形態ほど効率的である。早い段階で問題に取り組むことはその後の段階で増加するコストを未然に防ぐことになる。被雇用者はよい環境の中で,より幸福となり,より働く。「環境配慮」の証明書付きの商品やサービスを環境への関心をますます高めている市場に売ることで,利益を得ることができる。汚染を削減,ないし,防止するように設計された製品を生産し販売することによって,利潤が生じる。[18]以上の点を以下のようにまとめることができるだろう。

---

[17] Dryzek (1997), p. 137.
[18] Dryzek (1997), p. 142.

第10章　エコロジズムは資本主義を転換することができるか——持続可能な開発・エコロジー的近代化・経済民主主義

これらの分野では，財務上の表現を与えられる要因のみを通常扱う伝統的な会計方法が資本主義的企業をよりよい環境をもたらす方向へと向かせるのだと。

　エコロジズムにとって重要ないくつかの事柄がこうした現象から生じている。第一に，政府は，「より広範な公共善」（The wider public good）の名の下に，資本主義的企業の組織を変えようと試みる正統性を有する任務があること，この点を資本主義的企業が明らかに認めるつもりがあるという事例をそれは提供している。第二に，長期的な見解は資本主義的関心と全く両立しないわけではないこと，をそれは示している。第三に，生態学の全体論的で，システム志向的なアプローチや人間と自然の相互作用に関心をもつエコロジズムを資本主義的企業と政府の両方が受け入れる可能性があることをそれは示している。最後に，たとえ市場システムを完全に計画化された経済に置き換えることがもはや実行可能な選択肢ではないにしても，経済と環境の関係という領域では計画化の余地があることをそれは示している。「オランダ国家環境政策計画」は環境の質に関する目標とそれを達成する期間を達成プロセスに関する理論的理解に基づいて定めている[19]。

　これらの要素がすべて示唆しているのは，「エコロジー的近代化」は少なくとも，生態学的正義が実現できるような政治経済システムの形態が存在可能である——もちろん，これは依然として長い道のりではあるが——を明らかにしているということである。もし資本主義システムがしばしば声高に主張される「自由」に対する政府の正統的な一定の介入を受け入れる用意があるとすれば，後見団体が示す民主主義が及ぶ範囲の制限も資本主義システムとそれほど矛盾しているようにはみえない。

　しかしながら，「エコロジー的近代化」は今のところ，豊かで成功を収めている資本主義諸国にとってのゲームのようにみえる。それらの国々は利潤と競争力が損われない限りにおいて，自国内で限定的であれ何らかの明確な環境の改善を成し遂げるために，経済プロセスをテクノロジーで改善することに賛成

---

[19] Dryzek (1997), p. 138.

するつもりがある。しかし，他の国々には，こうしたことを行う余裕はないだろう。さらに，有害廃棄物の輸出や第三世界から低価格で原材料を収奪することに含まれる環境的不正義は，この現象がほとんど見せかけのものであることを意味している可能性もある。

それにもかかわらず，ドライゼックが述べるように，これらの発展は資本主義のより根源的なエコロジー的な再構築への扉を開くかもしれない[20]。クリストフとヘイジャー（M. Hajer）にならって，ドライゼックは国際的次元をも含むようなやり方で，すべての社会を包含する環境計画策定に対する民主的な参加を制度化する，というそうした方向で「エコロジー的近代化」の発展を論じている[21]。この点で，より広範な民主的な意思決定の必要性を考察し始める時，「エコロジー的近代化」の議論は前節の「持続可能な開発」に関する議論と結びつく。ドライゼックの指摘するところによれば，長期的に見ればこのプロセスは，「産業社会からの離脱」にさえ帰結するかもしれない[22]。それは効果的な処理方法のない深刻な環境リスクを生み出す社会，つまり，ベックが「危険社会」（the Risk Society）と呼ぶものがもたらす影響の結果として，生じるかもしれない[23]。

とは言え，私たちは明らかに，今なお，産業社会の中にとどまっている。産業社会は資本主義に駆り立てられて，現時点では深刻な障害を受けていない地球上の新しい地域へと広がりつつある。この点で，「エコロジー的近代化」が有する有望さにもかかわらず，資本主義の特徴に留意することには意味がある[24]。そうした特徴があるからこそ，エコロジズムの観点からすれば資本主義が問題を孕んだものにみえるのである。

---

[20] Dryzek (1997), p. 145.
[21] Dryzek (1997), p. 148.
[22] Dryzek (1997), p. 149.
[23] Beck, Ulrich (1992), *The Risk Society* (1992)（東廉訳『危険社会』法政大学出版局，1998年）。
[24] 資本主義が有する環境的に妥当な将来の方向性についての肯定的な評価は，Elkington, John and Tom Bourke, (1989), *The Green Capitalists* に見出されるだろう。

第10章　エコロジズムは資本主義を転換することができるか――持続可能な開発・エコロジー的近代化・経済民主主義

　資本主義は断固として「人間至上主義者」（human-chauvinist）を志向している。資本主義が容認できる倫理的に重要な唯一の要求は人間の幸福や選好の充足である。したがって，環境問題は打算（人間の幸福にとって道具としての役割を果たすもの）という観点からか，あるいは，人間の「生活の質」（Quality of Life）という観点からか，のいずれかで表現される。人間以外の存在が人間の経済活動を制限する道徳的配慮の対象となる可能性をもつかもしれないという考えは資本主義には含まれない。なぜならば，資本主義は市場で表明される人間の選好にしか応答しないように創られているからである。資本主義者である個人はより広範な道徳的関心をもてるけれども，資本主義者としての彼らは，市場で表明された選好に関心をもつ他ないのである。

　しかしながら，人間の選好に対する資本主義の応答でさえも，その選好が市場で表明されることを条件とする。資本主義は市場で表明されない人間の選好には，直接応答することはできない。逆に言えば，これが意味しているのは以下のことである。すなわち，資本主義が人間以外の存在の選好やニーズに応答するためには，それらはまず最初に，人間の選好として再公式化されなければならない（例えば，「特定の種」は存在し続けるべきだというように）。さらに，そうした選好やニーズは，（「環境配慮型」の製品・サービスに対する）消費者の選好と，政治的規制や「市場」メカニズム（税や補助金），のいずれかまたは両方によって，資本主義的企業に対して，顕在化されなければならない。したがって，資本主義それ自体は人間以外の存在の利益に（あるいは，多くの人間の利益に対しても）敏感に応答するという内在的傾向をもたないのである。

　対照的に，利潤動機は資本主義にとって中心的なものである。この事実だけをもってしても，「ステイクホルダー化」（stakcholding：利害関係者化）や「倫理的投資」（ethical investment）といった概念を資本主義の中に組み込むことは難しい。というのも，それらは利潤動機と競合する傾向を明らかにもつからである。さらに，利潤動機は資本主義的企業を破産させたくなければ，資本主義者が全面的に忠誠を尽くさなければならない動機であるからである。先に指摘したように，資本主義者により大きな環境責任を課すという提案は商業的に実

行可能なものであることを示さなければならず，そうでなければ資本家は耳を貸さないであろう。その上，もし消費者の選好，政府の規制，「市場」の働きが資本主義的企業の収益性を脅かすとすれば，企業は利潤を得る機会が減少しないように，消費者の選好を形成，操作し，さらには，政府の活動に政治的に影響を及ぼそうと試みるといった強い傾向をもつようになる。

利潤動機を資本主義から除去することはできないし，経済成長への貢献もまた除去することはできない。ジャクソン（T. Jackson）は資本主義的金融市場の重要な構成要素，すなわち，資本投資に必要な融資に対して利子を課すことがこれら2つの現象をいかにして結びつけているかについて，明確に説明した。大雑把な言い方をすれば，以下のようになる。投資は常に融資を必要とする。融資には利子が伴う。利潤が生じて初めて利子を支払うことができる。さらなる融資とによって可能となる追加的な投資が行われ，その結果，さらなる利子が生じ，それらの返済のための産出の増大やコストの削減が行われるが，こうして，生産を維持することができる（こうして，経営を維持できる）。これらすべてが一体となって，「経済成長」（Economic Growth）となる。この主張の重要性はなぜ，成長が資本主義の不可欠の姿であるのかを説明するために，資本主義の構造内にある諸力を指摘している点にある。この主張は，資本家が強欲だとか，貪欲だとかする分析には基づかない。たとえ一部の人々はそうであり，資本家であるがゆえに，資本主義的生活に引きつけられる人々がいるとしても。そのために，資本家がそのような悪徳に陥らないようになったからといって，成長への指向を解消することはできないであろう。

資本主義的収益性にとっての重大な脅威は当然，市場での競争者たちから生じる。競争は効率性や技術革新を促進し，消費者の権力を生み出す上で重要である。それらは市場システムの主要な利点とみなされており，生産手段の私的所有による資本主義的な市場形態において，この利点は最も高まるのである。しかし，この競争の必要性によって，資本主義は競争的優位を維持・獲得する

---

[25] Jackson, Tim (1996), *Material Concerns*, pp. 167-168.

ために，環境問題であれ，その他の問題であれ，それらを無視すると言う傾向を常にもつことになる。

　もし資本主義が必然的に収益性にコミットし，もし収益性が産出高の増大を必要とするのだとすれば，資本主義は必然的に成長にコミットする。これまでみてきたように，物質の使用を減らし，汚染や廃棄物を少なくしながら経済成長を達成する方法は存在する。しかし，資源の利用や汚染という面での環境影響をゼロに削減することはできない。成長率が一定，あるいは，増加傾向にある場合，ある段階で，成長曲線は急激に上昇し始める（「幾何級数的成長」（exponential growth）という有名な現象である）。私たちは成長率を下げることによって，これを先延ばしすることはできる。しかし，成長率を無限に下げ続けることができなければ，ある段階で急激な上昇が起こってしまうに違いない。したがって，ジャクソンが提案するように，実行可能な別の政治経済システムを見出すまで，資本主義に関して私たちが実行可能な最善の方法は当分の間，資本主義が生み出す環境影響を削減させることである[26]。

　この期間中，資本主義内部に存在する環境的に有益な一つの展開が成果をもたらし続けることを私たちは望むであろう。その成果とは，つまり，物質やエネルギーの使用に際して，より汚染が少なく，より節約的な生産を行うことは，コストを減らし，収益性を高めるという発見である。しかし，前述した点は資本主義をより環境配慮型のものにする主な駆動力は資本主義の外側から，つまり，消費者の圧力，政府規制，市場の働きから，生じなければならないことを意味している。

　したがって，エコロジズムは以下のように結論づけるべきである。資本主義をより環境影響の小さなものにするために直ちに多くのことを行うことができるであろうし，さらに，最貧国では人間の幸福を改善するために，資本主義的なものであれ，それ以外のものであれ，経済成長が一定期間，必要となるだろう。しかし，他方で，もし私たちが人間の幸福を確実なものにしつつ，人間以

---

[26] Jackson (1996), p. 176を参照のこと。

外の存在の道徳的配慮対象となる可能性を許容するような政治経済を望むのであれば,成長を志向する経済システム一般,特に資本主義的な成長志向のシステムを超えてその先を展望する必要がある。

そのようなシステムとは一体,どういったものであろうか。現段階で,私たちに言えることはただ,次の事柄である。そのシステム内では,物質的な「スループット」(単位時間当たりの物質の処理能力のことを意味している)を最小化するようなやり方で,安定した人口の物質的ニーズが満たされるであろう。また,そこにおいては,人間の主な関心は物質的富の蓄積から,愛情,創造性,美の熟視,人間同士の交際の喜び(おそらく,ほとんど非物資的な基盤に基づいて満足を得られるもの)といった,非物質的なニーズへと移行しているであろう。[27]

経済民主主義

最後に,資本主義的企業の内部構造における民主化の可能性とその問題点について,エコロジズムの観点から検討することにしている。「経済民主主義」(Economic Democracy)と呼ばれるこうした可能性は最近,アーチャー(R. Archer)によって論じられているものである。[28] アーチャーはいかに行動するかを自分自身で選択することとして理解される,個人の自律性,これに基本的価値を与えることに基づいて,そうした民主主義の擁護論を行っている。共同的な意思決定における自律の擁護論は民主主義一般に対する擁護論と2つの特定の原則に帰結する。

① 「影響を受けるすべての人々という原則」:選択を行い,それにしたがって行動する自らの能力が(資本主義的企業のような)組織の決定によって影響を受けるすべての人はそうした決定がなされるプロセスに対する支配力を共有すべきである。[29]

---

[27] Jackson (1996), 第7章を参照のこと。そこでは,どのようにして物質的財をそれらが提供するはずのサービスに置き換えるかについて,興味深い提案がなされている。

[28] Archer, Robin (1995), *Economic Democracy*.

② 「服従するすべての人々という原則」：組織の権威に服従するすべての人は，その組織の決定に対して，直接的な支配力をもつべきである[30]。

原則①は，資本主義的企業の「ステイクホルダー」（stakeholders：利害関係者）に適用される。それは，被雇用者，消費者，株主，原材料や生産財の供給者，金融機関，自分の生活が企業の外部性によって影響を受ける地域の，あるいは，地域外の住民から成り立っている。そうしたステイクホルダーの支配力は間接的でなければならない。つまり，会社の内部の決定に参加しないということである。ステイクホルダーにとって利用可能な2つの間接的な支配方法は労働者，消費者，株主などとしての企業との関係から退くこと，すなわち，「退出」(exit)と，支配力を行使する手段として退出を用いることができない場合にはとりわけ，政府による規制を行うという方法である。

原則②は，資本主義の下で，自分の勤める会社の権威に服従する被雇用者たちに適用される。つまり，被雇用者として，彼らの活動は会社の経営管理者の選択によって支配されており，彼ら自身の選択によって支配されているのではない。原理②は，企業内で，彼らの活動に関する直接的な意思決定が行なわれることを命じる。株主には，「退出」するという支配のための戦略が残っているだろう。それは現在の状況下においてさえ，大抵の場合，株主による支配の主要な手段である，とアーチャーは主張する。

そのような意思決定が資本主義的企業の経済的効率性を損なうかどうかという問いに対する答えはまだ出されていない，とアーチャーは述べる。しかしながら，もし経済民主主義が現在の資本主義の形態よりもはるかに非効率であると確実に証明できるならば，それを受け入れられるかどうかが真剣に問われなければならなくなるだろう，と彼は論じている[31]。これは自律性という前提の下で，十分に理解できる。というのも，非効率に運営される経済は人々からいくつかの選択の可能性を奪うことによって，人間の自律性の行使にとって有害な

---

[29] Archer (1995), p. 27.
[30] Archer (1995), p. 32.
[31] Archer (1995), p. 63.

ものとなるであろうからだ。しかし，あるシステムの存続可能性という問題は価値負荷的なものであり，私たちがそのシステムに何を要求するかによって左右される。もし経済的効率性が私たちの唯一の目標ではないとすれば，私たちは何らかの他の目標を達成するために，より効率の悪い経済システムを理にかなった形で受け入れることもありうるだろう[32]。

　すでに述べた通り，エコロジズムの観点からすれば，自律に基づく経済民主主義の擁護論は魅力的なものである。しかしながら，アーチャーの分析の一つの要素はエコロジズムの観点からの批判を受けることになる。というのも，ステイクホルダー，すなわち，組織の決定に影響を受ける人々のリストから，その活動によって，自らの幸福に悪影響を受けると思われる人間以外の生物が外されていると断言できるからだ。これらのステイクホルダーにとって，「退出」は支配の手段として可能ではない。というのも，生物は人間の組織と意識的な関係を結んでおらず，そのため支配力を行使するために「退出」という手段を採用することはできないからだ。悪影響から逃れることができる動物もいるだろう。だが，たとえそれが何らかの理由で組織に不利益を与えるにしても，それは依然として支配には相当しない。また，政治の参加者でないために，生物は自分たちの利益を守るために，政府による規制の成果を直接手にすることもできない。

　もちろん，消費者と株主が生態学的正義の要請を無視する企業との関係から退く場合，さらに，選出された政治家が関心を有する市民の支援を得て，生態学的正義の要請を強制するために規制を立法化する場合には，「退出」と「規制」の両方がもたらす便益を彼らは間接的に受け取ることができる。

　これが明確にしているのは，エコロジズムの観点からみて，経済民主主義の正当化は主として，人間の自律性に基づいてなされるであろうが，とは言え，その正当化は経済民主主義の実践が外的な支配の形態に服することに基づいて行われるだろうということだ。とりわけ，生態学的正義の要請が確実に満たさ

---

[32] Archer (1995), p. 63.

れることをめざすあらゆるレベルの「後見」制度が生み出す外的な支配の形態に服することを要求するであろう。生態学的（あるいは，環境的）正義の尊重を保証するようなものはいかなる民主主義の概念にも備わっていない。このことはまた，経済民主主義にも当てはまるのである。

　政治経済システムの現行の支配的形態に関する広範な批判をエコロジズムが即座に提示すべき理由について概説し，さらに，それをエコロジー的に有益な方向に転換する可能性に関して，楽観的，かつ，注意深くあるべき理由を概説してきた。最後に，最近の討論の逆の方向から生じている主張に焦点を当てる必要がある。最近のこの種の「緑派」（Green）の議論は，「持続可能な開発」というレトリックに対する徹底した懐疑主義を保持し，そして，現代のいかなる形態の資本主義とも全く異なるタイプの政治経済学をつくり出そうと試みている。しかしながら，私たちは最初に，「緑」の陣営ではなく，社会主義の陣営から生まれた，資本主義に対する独創的な代替案について検討し，その後，それをエコロジズムの観点から評価すべきである。

第11章

「緑」の資本主義へのオルターナティブ
——市場社会主義とグローバル・エコロジー

市場社会主義とは何か

　市場社会主義に関する最近の擁護論の中で最も徹底しているのはデービッド・ミラー（David Miller）によるものである。自由主義的資本主義に対する最も明確な代替案である，国家社会主義の中央計画経済は存続不可能であることが徹底的に示されたようにみえ，より急進的な形態の経済的自由主義の優位性が圧倒的であるように思われた，そうした時代において，ミラーは実現可能な社会主義経済を見出そうと試みたのであった。ハイエク（F. Hayek）は，市場が中央計画に全面的に取って代わることに対する決定的な認識論的反論と思われるものを確立した理論的な主張を行っているが，それはこの点で，特に重要である。きわめて簡潔に言えば，それは以下のような主張からなる。すなわち，中央の計画立案者は大規模で，複雑な経済の生産活動や流通活動を決定するために必要とされる知識を原則としてすら，獲得できない。というのも，その知識は膨大な数の人々のニーズと欲望にかかわるものであり，いつの時点であれ，それらを知りうるのは諸個人でしかないからである。

　したがって，ミラーは一方で，ある種の市場システムは経済を存続可能にする上で必要不可欠である，と述べるための歴史的，理論的な理由を考慮に入れつつ，他方で，社会主義者のために，そうしたシステムは配分的正義という要求に応えることができ，さらに，長い間，資本主義の中核とみなされた悪であ

---

(1) Miller, David (1989), *Market, State and Community*.
(2) Hayek, Friendrich (1949), *Individualism and Economic Order*, pp. 77-78（嘉治元郎・嘉治佐代訳『個人主義と経済秩序』春秋社，1997年，77-79ページ）。

第11章 「緑」の資本主義へのオルターナティブ──市場社会主義とグローバル・エコロジー

る「搾取」(exploitation)と「疎外」(alienation)を回避したり，あるいは，少なくとも最小化するという必要に応えることができることを示そうと試みた。資本主義的市場システムに取って代わる，しかも，資本主義のダイナミズムの多くを保持できるような別の市場システムを一貫性をもって記述できることを彼は経済的自由主義者に対して示さなければならなかったのである。

エコロジズムは人間が繁栄するための条件に関する基本的な関心から導かれるような人間の幸福という観点からのみ，これらの問題に関心を抱いているけれども，資本主義的市場に対するいかなる代替案であれ，それは資本主義よりも生態学的正義の要求に応えることができるものでなければならない。ミラーはこの問題をあまり扱っていないが，先に概説した目標を考慮に入れるならば，それは驚くべきことではない。[3] 私たちはこの領域において彼の議論を補うことはできるだろうか。それとも，この問題に関して，「市場社会主義」(Market Socialism)と「市場資本主義」(Market Capitalism)の間に差異はない，と結論づけなければならないのだろうか。

ミラーが関心をもっている市場社会主義の「純粋な」モデルは，以下のように略述される。

> すべての生産企業は「労働者協同組合」(worker's co-operatives)として構成され，その資本を外部の投資機関から借りている。各企業は製品，生産方法，価格などを独自に決定し，市場において顧客を求めて競争をする。純益はプールされ，そこから賃金が支払われる。各企業は労働者によって民主的に管理されており，協同組合内部でいかに所得配分を行うかどうかについては，労働者が決定すべき事柄に含まれている。[4]

エコロジズムの観点から，このタイプの市場社会主義を肯定的に評価する理

---

[3] しかしながら，Miller は *Market, State and Community* (1989) の p. 324 において，社会主義にコミットすることは環境保護に関する特定の見解を課すものではない，と指摘している。

[4] Miller (1989), p. 10.

第Ⅳ部　政治経済学的考察

由は，それが以下のような経済的意思決定手続きをまさに組み込もうと試みているからである。その手続きは明らかに，組合員である労働者の自律性というニーズに留意するものであり，さらに，国家の投資機関（あるいは，投資諸機関）が行う，投資のための資源割り当て量の制御を通じて，より広範な社会が企業構成員の生産活動に関与できるような手続きである[5]。さらに言えば，市場社会主義は市場資本主義と比べて，「搾取」と「疎外」の可能性を減少させるというミラーの主張は一定の妥当性を有している。人間の繁栄への関心には，これらの現象を減少させるという関心を伴わなければならないのである[6]。

　しかしながら，第9章で述べたように，「疎外」の回避は経済システムの作用との関連で考慮すべき最も重要な事柄では必ずしもない，という主張がエコロジズムの観点からなされる可能性がある。もし，人間以外の存在の存続と繁栄の条件を保存するためには，ある程度まで「疎外」をもたらすような人間の経済的行為を容認することが必要であるならば，それはおそらく，生態学的正義が正当に要求する代価であるだろう。エコロジズムの観点からこの見解を正当化しうるかどうかはある時点における正確な状況に大きくかかわってくるであろう。

　「市場社会主義」は資本主義よりも生態学的正義の要請を満たすことができるのかどうかを懸念する理由は明らかにその市場的性質から生じている。「労働者協同組合」は競争し，利潤を得ることが期待されている。もしその生産活動が市場で失敗した場合，彼らは破産を免れえないだろう。というのも，消費者による選択権の行使は（この場合もまた「退出」である），生産的資源の配分を決定する必須の方法として市場資本主義から継承されており，さらに，それは社会が望む投資先に関する必要な知識を国家投資機関に与えるものであるからだ[7]。

---

[5]　Miller (1989) は，pp. 310-312において，一つ以上の機関が存在することが望ましいこと，また，それらを「政治の中枢から一定の距離をおいたところに」保つ必要があることについて論じている。

[6]　Miller (1989) の第6章，第7章，第8章を参照のこと。

[7]　市場社会主義における消費者主権の役割の適格な弁護については，Miller (1989) の第5章

第11章 「緑」の資本主義へのオルターナティブ——市場社会主義とグローバル・エコロジー

「労働者協同組合」は人々に雇用の場を与えるという完全に人間中心主義的な目的を果たすためではなく，生態学的正義の要求を満たすために，その生産活動のあり方を変更し，修正するつもりがあるのだろうか。そうであると想定するための先験的な理由は存在しない。というのも，そのような正義の要求は生産活動にとって外在的であり，それゆえに，その要請を無視しても，特定の労働者グループの幸福を直接の危険にさらすことはないからだ。それに対して，生産的な労働者の一時解雇は，私たちが考察の対象としたどのようなタイプの市場経済システムにも本来備わっている可能性である。したがって，システムを操作する人々は生じる可能性のある事態として，一時解雇を考慮に入れなければならない（もちろん，資本主義システム内の経済民主主義の働きに対しても，そのような考慮は当てはまる）。

したがって，少なくとも，ミラーが描く市場社会主義システムの構造自体から生産単位それ自体が生態学的正義の要請に関心を払う内在的傾向をもっているであろうと想定する理由を引き出すことはできないように思われる。それらは資本主義下にある時よりも容易に，国家の強制力によって，生態学的正義の要求に関心を払うようになるかもしれない。しかし，この目的のために，国家投資機関を利用しようとする提案は官僚政治に直面することになる。市場社会主義経済システム内の「後見」団体は困難な仕事に直面していることに気づくだろう。それは市場システム内で利益獲得の機会を追求することに没頭する強力な機関が生態学的正義の要請に対して，口先だけの好意を示す以上のことを行わせるという仕事である。これらは，強力な私企業がそういった抵抗を行う資本主義において直面する困難以上のものではないが，おそらく，それ以下ということでもないであろう。

したがって，エコロジズムの観点からすれば，市場社会主義が資本主義システムや国家社会主義システムがもたらした環境悪化に対する万能薬であるとは思えない。市場経済主義が「疎外」と「搾取」をほとんどもたらすことなく，

を参照のこと。

人間の幸福にとって必要な財を提供する能力をもつシステムであると仮定するならば，エコロジズムにとって市場社会主義が魅力的であるのは人間の幸福の改善への期待である。しかし，生態学的正義の面で，それが著しくすぐれた成果をもたらす能力をもつかどうかというと，それには明らかに疑問の余地がある。

グローバル・エコロジー

「持続可能な開発」（Sustainable Development）――環境経済学（新古典派経済学）が規定するものであれ，エコロジー経済学によるものであれ――の可能性に対する最も根源的批判は，ザックス（W. Sachs）が編集した論文集の名前にちなんで，「グローバル・エコロジー」（Global Ecology）と呼ばれる見解の支持者たちによってなされてきた。[8] この見解は1960年代，および，1970年代に顕著であった環境主義的批判の再開を象徴する。その見解によれば，ブルントラント報告以後の「持続可能な開発」というレトリックの登場によって，こうした環境主義的批判は打倒され，資本主義が原動力である経済成長の勢いに対して無害なものに変えられたのであった。

　この見解の中で示された「持続可能な開発」に対する批判は多くの否定的立場と肯定的立場の中で表現されるだろう。以下の要約はザックスの著作で提案された見解に基づくものである。[9]

① 否定的な立場として，グローバル・エコロジーは最初に，人間の経済システムの目的としての開発を放棄することを支持する。その主たる理由は，グローバル・エコロジーが有限な地球がもたらす「成長の限界」（The Limits to

---

(8) Sachs, Wolfgang (ed.) (1993), *Global Ecology: A New Arena of Political Conflict* .
(9) 議論の目的のために，以下の要約は必然的に，そして，おそらくは誤って，実際は多様な個人であるのに，彼らが単一の観点を保持しているという印象を作り出すということを心に留めておく必要がある。略述した考え方は以下において好意的に受け入れられている。Paterson, Matthew (1996), 'Green politics', Burchill and Andrew Linklater (eds.), *Theories of International Relations*, pp. 263-266.

第11章 「緑」の資本主義へのオルターナティブ——市場社会主義とグローバル・エコロジー

Growth）を新たに強調するものであるからだ。「持続可能な開発」の概念はグローバル資本のヘゲモニーを許容するための、さらには、資本主義の「先進」世界出身の「グローバルな」政治家や官僚や「専門家」の権力を強化するための、レトリック装置とみなされる。例えば、ハーマン・デイリー（Herman Daly）のような西洋の経済成長の概念に批判的な人々による「成長」（Growth）と「開発」（Development）の区別でさえ、そうした区別は不可能であるとして拒絶される。この反成長の立場を逆から言えば、以下のような経済様式を促進することが必要であると強調する立場ということもできる。すなわち、全く生態学的な意味で、よりシンプルで、より持続可能であり、消費主義をあまり支持しないか、もしくは、それに反対し、交換価値ではなく、使用価値に焦点を当てる、そうした政治経済の様式である。

② ストックホルム会議やリオ会議といったイベントに関連した国際的な環境レジーム構築のプロセスはよく言っても無駄なものであり、十中八九、環境保護の関心に明確な害を及ぼすものとみなされる。そのプロセスの唯一の帰結は、そうした国際的な、かつ、資本主義に基づく西欧流のエリートを西洋の専門家と企業がもつテクノロジーと科学的知識からなる万能薬を提供する、管理主義的権力の座につかせることであった。ただし、その万能薬は地球温暖化やその他の彼らが表向き関心をもつと称する問題からなる種々の「グローバルな」環境問題を処理するためには、ほとんど役立たないものである。それらの主な帰結は手続きに見かけ上の妥当性を与える、主として西洋を基盤としたいくつかのNGOを西洋の諸国家と諸企業の仲間に引き込んだことであった。

③ 「グローバル・エコロジー派の人々」の主張によれば、「持続可能な開発」

---

(10) Sachs, Wolfgang 'Global ecology and the shadow of "development"', in Sachs (1993), p. 6. 「地球環境と「開発」の影」（川村久美子・村井章子訳『地球文明の未来学——脱開発へのシナリオと私達の実践』新評論，2003年所収，61，62ページ）．

(11) Sachs in Sachs (1993), p. 9（邦訳66, 67ページ）．

(12) Hildyard, Nicholas 'Foxes in charge of the chickens', in Sachs (1993), pp. 28-35.

(13) Finger, Matthias 'Politics of the UNCED process', in Sachs (1993), p. 46.

において用いられている「開発」の概念は未来へと至る唯一の経済的進路であるという見解に依然として基づいている。西洋の自由主義的資本主義社会は,すでにその進路を辿り終えており,世界の「開発途上」地域はその後を追うようにと促されている。ただし,今ではそれとなく,「持続可能な」方法でそうするように促されている。実際の所,「開発」の方を担当するのは西洋であろうし,第三世界の側は環境に有害な西洋の振る舞いの埋め合わせをするために,西洋の廃棄物の吸収源を供給し,自身の経済成長を抑制する形で「持続可能性」を提供することになろう。[14]

④ 「一つの地球」(One Earth) というメタファーを使用することによって,また,すべての人間が互いに協力して解決しなければならない単一の問題群に一枚岩の「人類」が直面していると常に言及することによって,「持続可能な開発」というレトリックの不公平さは隠されている。問題を生み出しているのは圧倒的に西洋であるという事実,西洋が迅速,かつ,根本的に行動様式を変える場合にのみ,問題が処理される望みがあるという事実はこのレトリックによって好都合にも隠蔽されている。環境破壊の主な脅威は今や,第三世界の貧困からもたらされている,という主張,そして,それらの国々の貧困者が「彼らの」環境問題を適切に処理できるようにするためには,西洋流の成長路線に沿って前進する必要がある,という主張によって,開発擁護論は補強されてさえいる。

⑤ 過去における西洋の「開発援助」の性質は通常,受け入れ国の一般市民のニーズに対して明確に有害で,疑いもなく不適切なものであった,と「グローバル・エコロジー」は主張する。同様に,世界銀行の「地球環境ファシリティ」(Global Environmental Facility) のような,リオ会議後の開発と結びついたこの種のテクノロジー的解決は,科学的な「専門家」や西洋で訓練されたその他の「専門家」たちがグローバルなレベルや国家のレベルで国際的管理主義によってつくり出された不適切な解決策を押しつけることを示すも

---

[14] Sachs, Wolfgang (1993) の Introduction to Global Ecology, p. xvi を参照のこと。

のである。これらすべてから最終的に利益を受ける人々はいつもの人々，すなわち，西洋の多国籍企業と第三世界のエリートたちである。[15]

⑥　具体的に批判の的となるのは資本主義システムにおいて伝統的に認識されてきたものとしての，資本蓄積過程に固有の行為様式，すなわち，残存する共有地，特に第三世界の国々に残存する共有地を収用し，国有財産や私有財産へ転換する行為である。[16] 共有地の役割を肯定的に捉える見解は以下に説明されている。

⑦　西洋の科学と専門知識がもたらす悪影響に対する批判は科学としての生態学をも含むところまで拡大される。最近のさまざまな批判によれば，生態学は自然システムを阻害したり，破壊したりせずに，人間は自然に対して何をなしうるかという問題について，何ら確固たる指針を与えることはできなくなっている。さらに，そうした批判は，生態学は今や自然界における安定したパターン極相の存在に関する初期の確信を捨て去ってしまい，極相を固有のバランスを欠いたものとして描き出している，と主張している。生態学的な「均衡」（equilibrium）やバランスがないところに，不均衡やアンバランスはありえない。したがって，科学に基づくテクノロジーや経済学一般の有害な拡張主義に対して，一定の道理に適ったチェックができるように思えた唯一の科学的専門分野は見かけ倒しのものとなってしまった。[17]

⑧　前述の論点から明らかなように，グローバル・エコロジーは，それが科学的なものであろうと道徳的・政治的なものであろうと，「普遍主義的言説」（universalist discourse）を拒絶するか，あるいは，それに対して大いに疑念をもっているか，のいずれかである。普遍主義的言説（ディスコース）とは環境問題やそれに関連する問題に関する国際的討論のあり方を支えるために，さらには，国

---

[15] この点と前述の点については，Shiva, Vandana 'The greening of the golbal reach' in Sachs (1993), pp. 149-156. を参照のこと。

[16] インドの事例は，以下で論じられている。Kothari, Smitu and Pramod Parajuli, 'No nature without social justice: a plea for cultural and ecological pluralism in India', in Sachs (1993), p. 226.

[17] Worster, Donald 'The shaky ground of sustainability', in Sachs (1993), pp. 136-140.

際会議において「グローバルな」問題への「解決策」を規定するために，用いられる種類のものである。それゆえに，グローバル・エコロジーは理性の普遍主義的概念という啓蒙主義の遺産に対する初期の環境主義者の批判のいくつかを再度，取り上げている。グローバル・エコロジーはこの啓蒙主義的な理性観に対して，言語や知識形態，文化の内在性と多様性という概念を対置し，さらに，これらを融合して，単一の普遍的な言説にすることは不可能であることを強調する。

人間以外の存在に対する道徳的配慮の対象となる可能性を適切に考慮するような，生態学的にみて持続可能な政治経済形態を積極的に提示する概念は前述の批判の中に必然的に示唆されている。それは，先の章ですでにみてきたある種のコミュニタリアン的見解を内包するものであり，以下のように要約できるだろう。

グローバル・エコロジーにとって，人間の社会的・経済的な組織の理想形態はインドの一部の地域で今もなお見出されるような，伝統的で共同体規模の農業的形態をほぼ踏襲したものである。そのような共同体は，それが帰属する特定の自然環境と密接な相互連関性をもつとみなされる。これらの環境はもちろん，「共同体」（communities）の生活を維持するための資源を提供するが，さらにまた，自然環境との相互作用を有する共同体の文化の発展にもかなりの影響を与えている。そうした共同体の構成員たちは，共同体が彼らが帰属する生態系を保存し，ひいては，生態系と結びついた生物多様性を保存することを可能にするような，伝統・習慣・その他の慣習を発展させるのである。

そうした共同体が所有する知識はもちろん，西洋において高く評価されている種類の科学的・理論的な知識ではない。とは言え，それは長い時間をかけて発展した実践に基づく知識であり，それは，人々が居住する場である複雑な生態系が有するニーズにとくに適応したのである。そうした知識は共同的に所有

---

(18) Lohmann, Larry 'Resisting green globalism', in Sachs (1993), pp. 157-167.

(19) 例えば，Apfell, Frederique and Purna Chandra Mishra, 'Sacred groves-regenerating the body, the land, the community', in Sachs (1993), pp. 187-206. を参照のこと。

第11章 「緑」の資本主義へのオルターナティブ──市場社会主義とグローバル・エコロジー

されており，特定の「自治組織」(communes) の文化の中に埋め込まれている。したがって，人間以外の存在の多様性，つまり，生物多様性の保存と人間文化の多様性の保存の間には密接な関連性がある。反対に，人間文化の多様性の破壊と生物多様性の減少との間にもまた，相互関連性がある。

　ある特定の生態系がある特定の人間文化に及ぼす影響の一例としては，土地を耕作しない期間が必要である，といった実用的な要請と宗教的慣行や神話的要素を相互に結びつけることが挙げられる。後者は特定の祭りや儀式におけるように，実用的なものを象徴的・美学的・社会的なものと結合するのである。そうした伝統は特定の生態系の中で発展し，意味をもつ。この生態系は自然のパターン・象徴・経験を提供するのであり，それらが伝統に対して，実用的な目的を与えるのみならず，伝統の具体的な形態を与えるのである。合理主義的で，理論偏重の先入観に染まった西洋の観察者たちはそのような行事は時代遅れの原始主義であるとみなすだろう。つまり，興味深いものではあるが，ひとたび「進歩」(Progress) や「開発」(Development) が軌道に乗れば，一掃されることになるか，あるいは，おそらく，観光用に保存されるかであるとみなすであろう。

　伝統的な自治組織に固有の具体的な経済様式は「共有地」(commons) である。共同体が依存する資源は共同的に所有されているものとみなされ，その利用はすべての構成員が受け入れる一連の伝統的な規則と慣行を通じて，自治組織それ自身によって規制されている。第6章で述べたように，これはギャレット・ハーディン (Garret Hardin) が分析したことでよく知られている共有地とは全く異なったものである。彼の言う共有地は，実際は「誰でも自由に利用できる」場 (open access) という体制であり，その体制の下では，資源の利用は全く規制されていない。本来の共有地は共有地内の生態系の保存と生物多様性にうまく適応している。したがって，自己利益を有する人々が「囚人のジレンマ」(a prisoner's dilemma) に陥るのを防ぐために，国家が共有地に強制を課す必要はないし，自由主義的資本主義が好む方法で，「適切に保護し」，そして，「合理的に開発する」ために，共有地を囲い込み，私有財産として設定する必

要もない。ところが，西洋が好むこれら2つの対処法はいずれも，生態学的にみて有害で，文化的に壊滅的な単一栽培の押しつけへと帰結し，種を破壊し，人々から彼らの歴史・文化・アイデンティティを奪ってしまうのである。

したがって，グローバル・エコロジーの目標は囲い込みや「開発」という悪に対抗して，数は次第に減ってはいるが，依然として，存在する共有地に基づく共同体を守るよう努めることである。今，世界全体は諸国家へと分割されているために，このことは現実の政治的観点から言えば，西洋志向のエリートや国際機関に支配されている中央政府から，共同体の自律性をできる限り守り，強化することを意味している。それはまた，生物多様性保護のための，一般に好まれている西洋流の国家主導の解決策，すなわち，国立公園や自然保護地域の設置に抵抗することを意味する。というのも，そうした保護地域から，従来居住していた人々は排除されるのであり，彼らは彼らの伝統的な環境管理技術をこれらの地域で実践することができないからである。

このように述べたからといって，そのようなすべての自治組織が邪悪な世界に残された理想郷だと言っているのではない。しかしながら，それらは自由主義的資本主義世界の消費主義的な大衆社会よりも，人間以外の世界と人間の幸福を保護するための，よりしっかりした基盤であるとみなされている。ただ，グローバル・エコロジストは伝統的な自治組織の改善に向けて，以下のようないくつかの提案を行っている。自治組織を徹底的に民主化すること。より明確に生命地域，あるいは，生態系に沿って自発的な再組織化を行い，国家官僚がつくり出した恣意的な境界を克服すること。自治組織間の新しい相互関係の形態を民主的につくり出すこと。その意図は相互の自然資源基盤の格差を是正するために，自治組織が相互に支援し合えるようにしようとするものである。[20]

そのような自治組織で達成可能な生活水準は人間にほどよい充足をもたらすものと思われる。しかし，それにもかかわらず，商品があふれる西洋と比べれば質素なものであるだろう。多様な人間以外の世界の保護，人間らしい規模で，

---

[20] 例えば，Kothari and Parajuli in Sachs (1993), pp. 233-234. を参照のこと。

第11章 「緑」の資本主義へのオルターナティブ——市場社会主義とグローバル・エコロジー

根を下ろしているという経験, これらと結びついた生活の文化的・精神的な豊かさの中で自治組織が獲得する利益は自治組織内の物質的生活の簡素さを十分に埋め合わせられると考えられている。

さて, 今度はすでに概要を述べたグローバル・エコロジーが有する困難のいくつかを考察してみよう。まず最初に, 伝統的な農業的な自治組織が生態学的に有益な性質を有するとするグローバル・エコロジー支持者の見解がどれほど正確なものなのか, 当然, 疑問に思われるだろう。植民地時代以前においてさえも, そのような基盤の上に組織された社会が大規模な絶滅や生息環境の破壊に関与したという証拠が確かにある。例えば, ニュージーランドのマオリ族は飛ぶことのできなかった鳥を絶滅させたのである。グローバル・エコロジストが伝統的社会における生態系と文化の相互連関性の密接さを賞賛することには誤解が潜んでいるかもしれない。これは, 人間文化と人間以外の自然がそうした社会では密接に結びついているために, 人間以外のすべての存在が配慮されているだろうと仮定することである。だが, 人間以外の自然界のある特定の側面には関心が示されるが, それ以外の側面は, とりわけ, それに接する人々にとって明白な経済的価値や文化的価値がない場合には, 無視されたり, 攻撃されたりすること, そして, その結果として, そうした相互作用がしばしばかなり不公平なものになるといったことは少なくともありうることである。

グローバル・エコロジーが黄金時代の神話を押しつけているという非難を避けるためには, その支持者たちは生態学的な健全性の点からみれば, すべての人間社会に欠陥が存在する可能性があるということを認める方がよいだろう。自治組織と共有地の擁護論は伝統的なシステムと近代のシステムとでは, 生態学的な有害性の程度が著しく異なることに言及しさえすればよい。程度の違いはしばしば決定的な重要性を有するからである。

第二に, すべての開発を——西洋的概念と結びついたすべての開発さえも——, 果たして遠ざけることができるのだろうか, と人々は疑問をもつであろう。人類の幸福と繁栄の条件を促進することに関心をもっている場合には, とりわけ, そうであろう。植民地時代以前のインドのような農業社会における伝

統的な自治組織は現代社会に比べれば，より快適な場所であっただろう。というのも，世界の自治組織では，遠く離れていて失敗ばかりしている官僚制や市場に基づいた経済的圧力によって，その生活基盤が崩されてしまったからだ。しかしながら，伝統的な自治組織は栄養不良，飢餓，高い幼児死亡率，短い寿命，病気，不衛生，苦役，単調な食事といった慢性的な問題に直面していただけでなく，性差別，無学，恐怖，抑圧といった社会病理によって特徴づけられてもいた。いずれにしても，20世紀後期においてこうした伝統的共同体に居住する人々の多くは，その共同体がそのような欠陥にさらされているとみなしている。さらに，彼らはたとえ古くからの伝統の破壊や生態系の荒廃という犠牲を払ったとしても，西洋的な開発モデルがこれらの欠陥のいくつか，あるいは，すべてを改善する見込みがあるものと認識している。

　したがって，共有地に基づく生態学的に持続可能な新たな共同体の形態は伝統的な自治組織内の生活が有する退屈さや苦役を軽減するために，学校，健康管理，適切なテクノロジーの必要性を認めるものでなければならないようにみえる。さらにまた，グローバル・エコロジーは民主的であり，参加型であり，かつ，寛容であるような共同体を作ろうとしている。それは自らの伝統を讃える一方で，他の共同体の伝統に対しても開放的であり，自分たちの殻に閉じこもったりしない共同体である。これらの重要な事柄を開発や進歩として語るべきではないとする理由を理解することは困難である。したがって，少なくともいくつかの開発目的がさらに，普遍主義的な西洋流の開発概念の明らかに一部であるような目的も認められる余地がなければならないこと，といった点もまた，明らかであるように思われる。

　ともあれ，非西洋諸国のエリートたちは明らかに，西洋に「追いつく」（catching-up）こと，すなわち，自由主義的資本主義が確立した観点でほぼ完全に理解される企図にコミットしている。そうした過程において，独特の文化的特色が失われることに関して，ある程度の関心が払われるであろう。だが，そのエリートたちに，「追いつく」過程を終わらせる試みに着手させるほどに，そうした関心が高まることは明らかにないであろう。インドなどの国々の非エ

リートたちの間では，こうした過程が伝統的な文化的価値に及ぼす影響について，より多くの疑念が生じるであろう。しかしながら，新しい農業エリートが，国内市場で販売する利益の上がる換金作物や単一栽培食物のために，ますます多くの農地が利用されるようになるにつれて，伝統的な自治組織に暮らす庶民の多くはかつて，自分たち自身のために育てることができたものを購入するために必要な賃金を得る上で，土地を捨て都市へ向かわなければならなくなっていることにすでに気づいている。

　もちろん，田舎出身の人々は都市において，西洋流の消費主義的・個人主義的な価値観や進歩の概念に容赦なくさらされている。もっとも，彼らが田舎にいる時に，それらに未だ出会っていなかったと仮定すればの話だが。企業家的な価値観や技能が社会生活において常に一定の役割を担ってきたインドや中国などの国々では，新しい商魂たくましい人々は，彼らの政府が経済成長と商業的成功を抵抗すべきものとしてではなく，古くからのしきたりや失敗からの解放として強調することを知っている。

　明らかに，これらの考察の論点は以下のようなものである。すなわち，グローバル・エコロジーが「共同体」と「自治組織」の重要性を強調するにしても，それらが今でも存在する社会においてさえ，それを強調するタイミングがすでに遅すぎるために，強力な経済的・文化的な諸力が有する破壊的傾向に対抗して，伝統的形態を強化することはできないということである。しかしながら，西洋の開発モデルが環境的災害の前兆になるというエコロジズムの見解が正しいとすれば，このことは現時点では，止めることがほとんど不可能と思われる力を一過性の流行に変えるには十分であるかもしれない。インドのような国々では，ガンジーの思想はアダム・スミスの思想との戦いに結局のところ，勝利する可能性もある。

　グローバル・エコロジストが下す診断に伴う第3の問題は共有地や伝統的自治組織の事例を見出すことはもはや事実上，不可能であるような社会で，一体，何をなすべきかについて，説得的な回答をもたないことである。現存する自治組織と共有地を保存せよと提案することは少なくとも理解できる。しかし，

それらがほぼ完全に失われてしまっている時に，西洋の自由主義的な民主制の隙間の中で自治組織をつくり出そうとする環境保護団体や宗教団体の試みを別にすれば，一体，どのようにしてそれらを再構築するのであろうか。もちろん，生物多様性への関心という観点からすれば，グローバル・エコロジストの戦略は，伝統的な自治組織が今でも存在する社会は生物多様性の維持にとってまさに重要なものであるという正当化の根拠を少なくとももっている。したがって，これらの社会で伝統的な組織化の様式を保存することは実行可能で決定的に重要な事柄であると思われる。「先進国」の世界は物質主義的な目的を追求する中で，すでにその生態学的な豊かさの多くを捨ててしまったために，そのような社会で生態学的に有益な経済形態を取り戻そうとすることはさほどの重要性をもたないだろう。

しかしながら，もちろん，それに伴う問題は地球温暖化，オゾン層破壊などに関連する世界の環境に対する悪影響に対する責任のほとんどがそうした国々にあるということだ。また，その中枢にダイナミックな資本主義的市場システムを有するこれらの国々は本質的に拡張主義的であり，世界経済システムを支配しており，さらに，原材料や吸収源の提供能力を求めて，伝統的な自治組織を基盤とした社会を利用している。明らかに，もしこれらの国々が現在の軌道上にとどまるならば，生態学的にみて破壊的な彼らの活動に対抗して，万里の長城を建設するような実際の見通しは存在しない。それらの国々は何らかの方法で緑化されなければならない。そして，グローバル・エコロジーはどうすれば効果的，かつ，迅速にそうした緑化を行うことができるのかについて説明する必要がある。

グローバル・エコロジストが行う分析に伴う前述の事柄に関連していえることは世界の「先進国」(developped) 地域と「開発途上国」(undevelopped) 地域の双方において，より多くの人々が住むようになっている都市に，共有地と自治組織の概念がいかに適用されるのかという問いに対して，その分析が沈黙を守っているという問題である。もちろん，「自治組織」が管理する「共有地」という考え方は都市生活に全く適用できないわけではない。それは中世のギル

第11章 「緑」の資本主義へのオルターナティブ——市場社会主義とグローバル・エコロジー

ドの例をみればわかるだろう。しかしながら，現代の都市は，生産的資源が圧倒的に個人の手中にあるような都市であり，ほとんどの人が賃金労働者として個人化された生活様式を営んでいるような都市である。

　さらに，経済生活のモデルとしての農業的な自治組織の魅力は，それが生態系と文化の相互浸透という明白な概念を含んでいることにある。というのも，そのモデルにおいては，特定の自治組織は自らが管理するものであり，逆に自分たちを形成するものでもある特定の生態系と関係をもつからである。しかしながら，現代の都市生活は，人間が自然の生態系との日常的な相互作用からほぼ完全に切り離されるような生活様式の典型である。そのことが都市住民の生活の没価値的状況や文化的画一性をある程度，説明するということがグローバル・エコロジストが行う分析の長所である。しかし，未来の地球環境の健全性が依存するような種類の文化的・生態学的な知識を発展させるために，地球上の人間という居住者の大多数がやがて住むことになる環境をいかに変えるべきかについて，何も述べていないことが彼らの分析の短所である。

　都市，とりわけ，多くの人間が現在住んでいる巨大な大都市圏は人口，地理的範囲，エネルギーと資源の消費量，消費財の量やそれが生み出す関連廃棄物の量といった点で，理想としては，その規模を縮小すべきだというのがグローバル・エコロジストが行う分析が示唆することである。そのためには，人々が自治組織の輪郭に沿って組織された田舎に自発的に戻るように仕向けることがある程度必要であろう。ポルポト支配下のカンボジアにみられるようなイデオロギー的理由によって，人々を強制的に田舎に向かわせたという事例はこの点で恐怖をもたらすものである。都市農園のような農業活動が都市生活に浸透することによって，さらに，都市の境界内の広大な地域で生息環境を再生することによって，グローバル・エコロジーの目標が達成されることもある。都市に関して何がなされるべきかについての説明がなければ，グローバル・エコロジ

---

(21) The report on the UN Habitat II summit in *The Guardian*, on 5 June (1996) を参照のこと。そこにおいて，ジョン・ヴィダル（John Vidal）は，2025年までには，都市生活をする人々の数は1990年の二倍である50億に達すると予想されていることを報告している。

ストが行う分析は，人間がもたらす大規模で加速化される開発に対処するための戦略を奪われた状態にあることになる。そうした開発は都市を基盤とした「アグリビジネス」（agribusiness）が未だ席巻していない，世界に残存する農業地域で生み出される生態学的福祉にとっての獲得物を帳消しにするであろう（訳註：「アグリビジネス」とは1950年代後半に，ハーバード・ビジネススクールのR.コールドバーグが使用した言葉で「農業に関する幅広い経済活動」のことを意味している）。

　最後に，グローバル・エコロジーが提示する分析に対する，より理論的な種類のいくつかの反論が存在する。第一に，その分析は人工物だけでなく，価値観や概念をも包含する人間文化という見解を支持しているが，その見解は境界性と移転不可能性を強調するものであり，それゆえに，自治組織と国家の関係を規定するに際して，民主主義，正義，自律といった普遍主義的概念を使用することと齟齬をきたすことになる。実際の自治組織の事例は多くの点で完全とは程遠いものであること，つまり，種々の形態の抑圧と権威主義に服しているのみならず，時折，自然界との関係のまさにその性質に対する反批判にも当然のことながら，時折，さらされていること，こうしたことをグローバル・エコロジズムは認識している。この点において，それは言語と文化に関する自らの具体的理論が不可能なものとして除外しているはずの超越的視点を採用しているようにみえる。

　自由主義的資本主義と第三世界の文化の関係に対する批判において，グローバル・エコロジズムは文化横断的な適用の可能性を有すると想定された「支配」と「搾取」という概念の観点から，前者は後者を直接支配し，搾取するものとして描いている。つまり，搾取であるという判断は「搾取する人々」と「搾取される人々」の双方が正しいものとして，しかも，同じ意味で正しいものとして，その判断を認識することが想定されている。グローバル・エコロジストであれば，どのような文化的出自であろうと，この判断に同意すると想定されており，それゆえに，その判断は文化を越えたもののようにみえる。しかし，もし特定の普遍主義的概念が正統性を有するものとして許容されるのであ

第11章 「緑」の資本主義へのオルターナティブ──市場社会主義とグローバル・エコロジー

れば,なぜ,他のものが拒絶されるべきなのかがわからなくなる。彼らの普遍主義はそれ自体反論にはなりえない。

ともかく,グローバル・エコロジストによる文化と生態系の関係についての説明には,憂慮されるべき物象化が明らかに作用している。ある特定の生態系とそれが支え,相互作用を有するある特定の文化はともに固定した境界をもつものとして描写されているが,それはどちらの現象にも当てはまらないものである。ある目的のために,おおよその範囲内で,文化と生態系を個別化することはもちろん可能であるが,しかし,エコロジズムが正確に強調している一つの大きなテーマは人間のものであろうと人間以外の存在のものであろうと,現象の相互連関性にある。特定の生態系と人間文化は時を越えて,そしてまた,ある時点において,相互に連関している。特定の目的のために,境界線は引かれ,目的が変われば再び引き直されるのである。

グローバル・エコロジズムがそうした相互関連性を除去するために多様性と独自性を強調することを意図しているわけではないこと,さらに,その目的はただ,あまりに「グローバル」な方向へ行きすぎた議論に,ある程度のバランスを回復することであることなどはありうることである。しかし,この方針を取ることには明らかに,以下のような危険が存在する。ある点で,人間以外の世界を統一体として扱うことが重要であるような場合に,そうした扱いをしないことになる。さらに,道徳的で,文化的な人間同士の相互連関性は文化と道徳の双方に損害を与えるほどに無視,あるいは,軽視されるだろう。

人間以外の存在の幸福を著しく減じることなしに人間の幸福を促進するために,人間はいかに自然界と相互作用すべきかに関して,生態学は一定の指針を与えるものであるが,そうした生態学を拒否していること──いささか驚くべきことだが──について,最後に考察しなければならない。自然界が,人間が人間以外のシステムに与える影響を測定するための基準を与えるものである,「安定性」(stability)や「均衡」(equilibrium)の典型例を体現するものであるという考え方を最新の生態学理論が放棄したことは事実であろう。しかし,このことから,人間が何を行っても人間以外の世界に悪影響を及ぼすことはない

とか，開発の名目で実行される少なくとも特定の人間の活動に反対するための生態学的理由が存在しないとか，といったようなことにはならない。結局，明らかに人間の活動はいくつかの種の絶滅をもたらし，人間や人間以外の存在の双方に損害を与える程に生息環境を改変し，さらに，オゾン層，気象システム，湿地，水路といった地球の純粋に物理的な環境の大部分を改変することさえ行っている。

　それらを祝福すべきか，それとも，嘆くべきかについて判断を下す際に，人間の活動がなければ，人間以外の自然が到達した可能性のあるような，何らかの理論的に確証可能な均衡という状況を参照して，特定の変化を理解することはもはや不可能であろう。しかし，何が生じているのか，それは将来にどのような影響を及ぼすものか，それは生命体の幸福に対して，さらには，その存在に対してさえも，どのような影響を及ぼしそうか，これらを理解するためには，生態系，ネガティブ・フィードバックやポジティブ・フィードバック，キーストーン種，順応性，生態学的地位といった主要な生態学的概念を使用する必要があることは明らかだ。一例だけを挙げれば，絶滅率の評価のためには，「島嶼生物地理学」(island biogeography)における種の数を測定するための公式がきわめて重要であることを思い出してほしい。つまり，農業的な自治組織の伝統に固有の実用的知識がしばしば有益であることは確かであるにしても，それを支持して，生態学において具体化された科学的理論化を拒絶することは理に適ったことではない。

　ここまでグローバル・エコロジーの主張を検討し，その見解が直面する困難のいくつかについて考察してきた。ここからは，その主張がどのくらい支持できるものであるかを判断する必要がある。以下に述べる点は，グローバル・エコロジーにとって有益な論点である。

　西洋の，資本主義に基づく，テクノクラート的な管理主義の手段であるとして，「グローバリズム」の概念に疑念を表すのは道理に合ったことである。というのも，その管理主義は20世紀後期に至るまでに，主に西洋が作り出してきた環境危機に対して，国際機関や国際レジームを通じて，偽りの解決策を課し

たり，あるいは，解決策に当たらないものを課したりする傾向があるからだ。そうした「解決策」の主たる受益者はおそらく不均衡なまでに，（伝統的な経済学的観点で「便益」を理解している）西洋を基盤とした企業であり，西洋の一部の人々である。危機と言われているものの主犯は「人類」ではないし，そして，気候変動のような「グローバルな」現象に関してさえ，「人間」のすべての構成員が平等に苦しむわけではない，と主張することは正しい。

　グローバリズムに反対の立場についても，述べるべきことが多くある。すなわち，環境問題の真の解決策は地域の人々を関連する生態系から切り離そうとする抽象的な理論に基づいて，中央が無理強いする解決策ではなくて，特定の生態系に関する地元の知識を使用し，それらの生態系と直接関連した人々の利害と関心を引き出すことで，大抵の場合，地方レベルで最もよく見出されるという立場である。

　このことの政治的含意もまた，重要である。つまり，それは意思決定を分権化せよと中央政府からのより大きな自律性を地方に与えよという要求である。とりわけ，農業的な環境における経済組織の様式としての共有地が有する自己調整的な性質についての分析を行う場合に，そのことは重要である。人間と人間以外の存在の利害がどのようにしてある種の調和に至るのかを知ろうとする上で，現存する共有地と伝統的な自治組織の保存は確かに考慮すべき重要な事柄である。

　ここには，本章の冒頭に述べた主張，つまり，市場に基づく意思決定を支持して中央の経済計画に反対したハイエクの主張と興味深い対応関係がここに存在する。ハイエクは選好についての知識に基づいて分配の決定がなされなければならないが，その知識は選好を有する諸個人の心の中にしか存在しない，と主張した。壮大な経済計画の基盤を形成するために，そのような知識を一つの場所に集めることはできない。同様に，グローバル・エコロジーは生態学の一般化を行うに先立って存在している基礎となるきわめて多種多様である生態系を私たちに思い起こさせる。これは以下のことを意味している。すなわち，現実の生物圏を構成する相互作用についての知識はミクロのレベルでそれらのシ

ステムと相互作用している人々の心の中にしか見出されないこと，それゆえに，私たちが深刻な環境問題の解決策を見出すために当てにすべきなのは中央にいる科学的知識をもつ専門家たちの集団ではなく，実際にシステムと相互作用している人々なのである。

そうした知識が部分的なものであることは不可避的であるが，しかし，直接相互作用を行っていることがもたらす大きな利点をもつ。つまり，そうした知識の所有者はシステムの中で絶え間なく起こっている特定の変化を辿ることができ，さらに，地域のシステムに害を与えたり，恩恵をもたらしたりしそうなものに関する帰納的理解を蓄積していくことができるのである。これが適切に機能していくには，当然のことながら，このレベルで働く人々が自分たちの地域の生態系がどのように機能しているかを知ろうと努力するための動機をもたなければならない。これは経済組織としての共有地の重要性を強調するための，さらなる理由である。

このことがさらに示唆することは，特定の文化的構成の中に埋め込まれた環境についてのこうした知識の活用に関して中央国家が担うにふさわしい役割は解決策を強制する立場ではなく，支援する立場として行動することである。国家が遂行可能で，有益な任務は地方の文化的編成を破壊する恐れのある影響力から地方を守り，さらに，近隣の自治組織との協調関係を促進すると共に，特定の地域が獲得しえない環境情報を提供することである。

しかしながら，これらの要求は，自治組織が存在する社会において，自治組織の構造や慣習の変化をモニターするために，中央集権的「後見」制度を設立せよ，という主張を容認することになる。自治組織が存在しない場合，さらに，それらを容易には復元できない場合，「後見」制度の役割は依然としてきわめて重要であり，それは必然的に，生態学と関連学問分野の理論的分析から主として情報を得なければならない。

（少なくとも潜在的に）生態学的に健全な経済の様式としての「共有地」を支持する主張の強みは，共有地と自治組織が資本主義が支配的である社会内に存在している場合に，それらを保護する方法を求め，それらの活動を広げること

をめざすという，こうした企図をまさに支えることにある。しかし，先述したように，個人主義，市場，消費主義，技術革新への志向が圧倒的である西洋においては，これは非常に困難な仕事となるであろう。

「開発」——持続可能なものであれ，そうでないものであれ——というレトリックに対する一般的な反対論は現代の急進的な環境的批判がどのようなものであるかを思い起こさせてくれる点で，貴重である。というのも，「開発」と「進歩」は啓蒙主義の大きな目標，すなわち，近代性の特徴であり，これらの概念に挑戦する中で，環境的批判は，人類は地球上で何を達成しようとすべきかという問題の核心に入り込むからである。というのも，環境的な批判は「人類」が何らかの単一の目標をもっていると仮定するようないかなるレトリックに対しても，私たちが懐疑的になるようにさせるからである。「成長」の限界の新たな強調と西洋の成長モデルは第三世界の人々の幸福と環境に役立ってきたのかという正当化できる懐疑主義はグローバル・エコロジーのもう一つの貴重な特徴である。

だが，「開発」の名で知られるものすべてが等しく有害であると認めることはより困難である。第三世界の人々の繁栄を改善するためには，明らかにいくつかの変化が必要である。自由主義的資本主義世界の地域においても同様に変化が必要であるにしても，その点に変わりはない。西洋が辿った進路はすべての人が辿らなければならない唯一の真の進路であると考える開発モデルから，これらの変化を切り離すことはできるかもしれないが，しかし，その開発モデルといくらか重複する部分が存在することは避けられないだろう。公衆衛生，教育，栄養の改善，基本的なインフラとしての運輸，通信，下水道，清浄な水の供給，これらはすべて，最も生態学的に手本とすべき自治組織においてさえ，人間の幸福を改善するためには不可欠なものである。

老齢や病気の場合に助けとなる一定の社会福祉システムも，おそらく同様に不可欠なものであろう。自治組織は相互扶助と連帯に基づいて，福祉のための支援を提供することができるだろう。しかし，これは，ある特定の自治組織がどれくらい生存維持のレベルを達成しているかによる。自治組織は個々の家庭

に対して，そうした福祉の主たる提供者になることを求めるかもしれない。その場合，もし家庭において高い幼児死亡率を伴うなど健康管理が不十分であるならば，老齢期に頼ることができる人を求めて，人々は大家族をもつようになるという現象に直面するだろう。この現象は第三世界の国々における人口増加の主な要因の一つである。

　経済的余剰を生み出すことなしに，開発のこれらの要素をどうやって達成しうるかを理解することは難しい。これらの開発のために資金を提供する上で必要とされる資本蓄積を可能にするために，経済的余剰は必要なのである。これらの開発のためには，建設のための物的資本だけでなく，医学的，工学的，教育的，金融的技能という人的資本や関連する制度も必要である。このことは自治組織に基づく完全に生存維持的な経済形態を拒絶しなければならないことを示唆している。しかし，そのような拒絶は一定程度の経済成長にコミットすることを意味することとなる。(22) そうすると問題となるのは，一方で交換価値のための製品の製造や市場，専門化，消費財の発展などといった，否応なしに完全な西洋モデルへと向かわせる勢いがつかないようにしつつ，他方で人間的にみて必要とされる成長に資金を提供するに足る経済成長をいかに達成するかということである。

　「成長」という純粋に量的な概念と「開発」という質的な概念との間の，デイリーが支持した種類の区別が重要となるのは，ここにおいてである。たとえ実際にはその区別が何を意味するのかを明確，かつ，完全に述べることが困難であるとしても，その区別なしでは，擁護可能なエコロジー的立場をいかに発展させうるかを理解するのは困難である。しかしながら，グローバル・エコロジーに固有の地域主義から引き出される貴重な提案によれば，単一の支配的な

---

(22) Ekins, Paul 'Making development sustainable', in Sachs (1993), pp. 96-97. は，この点を強調し，以下のように主張する。「少なくとも，短期，及び，中期」において，地球の南側の国々では「環境の再生と最も環境的に進歩したテクノロジーを用いた慎重な工業化との双方に留意する，バランスのとれた持続可能な成長」が必要となる。慎重な工業化は，「北側から南側への重要なテクノロジーの移転」を意味する。しかしながら，この見解は他の寄稿者による見解の一般的方向性と幾分，齟齬を来たしている。

第11章　「緑」の資本主義へのオルターナティブ——市場社会主義とグローバル・エコロジー

開発の概念は存在すべきではないのであり，その概念の内容は特定の文化的編成に基づいて地域が主に決めるべきである。

　伝統的な自治組織の中で生じた「開発」の質的概念におそらく含まれるものの中には，西洋的な「進歩」の理想の中に存在する個人の自律や自己発展の考えを軽視し，その代わりに，自然と調和しながら，隣人と共に管理する自治組織の中で働くことで得られる喜びを強調するような実践の概念がある。しかしながら，グローバル・エコロジーが多くの伝統的な自治組織を修正しようとする際に，より多くの民主主義や参加をめざすという志向があることが思い出されるであろう。自治組織の自律という理想と比べれば軽視されているにしても，個人の自律という理想もまた，存在することをそれは意味している。

　以上，すべての結論は以下のようなものである。すなわち，「持続可能な開発」という概念はそもそも現在の私たちの苦境をもたらしたものである西洋の成長への熱狂に対して，単に体裁を取り繕うようなものとして作用する危険があるので，グローバル・エコロジーには，「持続可能な開発」という概念に対する一定の有益な反論を提供するものとしての位置づけを与えるということである。グローバル・エコロジーは分権化，生態系と文化の多様性，および，それらの相互作用の多様性を強調し，さらに，国家が従属的役割を演じることを強調している。また，西洋のテクノクラートによる支配と潜在的帝国主義に対して懐疑的であり，多くの伝統的な自治組織に存在する生態学的知恵を賞賛し，分析する。実際の共有地を「オープン・アクセス（誰でも自由に利用できる）」の体制から区別することの重要性をさらに，経済開発についての誤った概念の名の下に行われる収用から残存する共有地を守ることの必要性をグローバル・エコロジーは強調している。これらはすべて，重要な事柄である。

　しかし，グローバル・エコロジー自身の処方箋のいくつかを理解するためにも，啓蒙主義のいくつかの遺産を保持しておく必要があることは明らかである。国家は共有地の促進者として，さらに，他の国家と共に地球の「オープン・アクセス・システム」を規制する主要な規制者として，依然として重要である。地域の自治組織はいくつかの生態学的現象を処理できないために，一定の形態

の国際協調が必要となる。西洋の自由主義的資本主義社会の活動がそれらの現象をもたらした主要な原因ではないという意味合いを込めて，これらの生態学的現象を「グローバルな」現象と呼ぶことは誤解であるかもしれない。しかし，それにもかかわらず，地域に基づいてそれらを処理することはできない。さらに，自由主義的資本主義世界で，共有地を基盤にして自治組織を設立する見込みはあまり期待できないために，国家は環境的にみて有害な活動を規制し，管理する上で，はるかに積極的な役割をそこで果たさなければならない。

自由主義的資本主義世界に関するエコロジズムの目標は「成長」と「開発」の区別を明らかにして支持を得ること，現状が従来通りに進行することを単に許容しないようなやり方で，「持続可能性」の概念を明確にしようと努めることなどであり，これらは継続させなければならない。この点において，前章の終わりで結論づけたように，エコロジー経済学によって広められた「持続可能性」の概念は最も有望なものにみえる。民主的な議論や討論を含むやり方で，経済的決定を行う必要性があることをそれが強調していることは，少なくとも，グローバル・エコロジズムによる民主主義や参加の強調を補足する。

第三世界に関しては，成長のいくつかの要素と成長に必要な科学的，技術的基盤は人間の幸福にとって，依然として不可欠なものである。他の点のみならず，生態学的にも賞賛すべきものである伝統的な農業的自治組織が人間の繁栄を維持することに適しているともっともらしく主張することは平均余命，乳幼児死亡率，罹患率，文盲率が劇的な改善をみせるまでは，当該の自治組織の住民に対してさえ，きわめて困難であろう。

グローバル・エコロジズムは科学と技術についてもっともな懐疑の念を表明し，伝統的な形態の知識の利点を強調するけれども，特に「生態学」という形態における科学的知識が環境上，健全な未来にとって，依然として決定的に重要であることは明らかである。

グローバル・エコロジーは資本主義的自由主義の道標に沿って，世界の「開発途上国」地域を急き立てるのではなく，むしろ西洋と第三世界をより接近させることによって，地球上の人間という居住者の条件をより均等化しようと意

図していると結論づけられるだろう。第三世界は西洋の道に従うことなしに，開発されるべきである。そして，地域主義，共有地，人間以外の世界との近さ，自然を前にしてのより大きな謙遜といった，第三世界の貴重な側面は，西洋において守られ，発展させられるべきである。

　しかしながら，本章の結論は自由主義的資本主義の経済を転換することをめざすための明確な代替案をもたないものとして，エコロジズムを位置づけることである。資本主義は確かに存在しており，より広がりつつあり，数十億の新しい支持者たちの忠誠を引きつけているので，現実主義的な考え方に立つ限り，ともあれ，以下の事柄を要求する。エコロジズムが現在向かうべき方向は生態学的正義や環境的正義を資本主義的企業に推進させるための方法を広範に，かつ，綿密に検討することである。

　これは根本的に新しい経済システムのための特定の提案というよりも（すでにみてきたように，少なくともこうした提案のいくつかを支持する理由はあるけれども），むしろエコロジズムがとる独特の立場である。明らかにこれは大規模で複雑な仕事であるが，エコロジズムが人間の経済という領域において自分が何を行いたいか，なぜ，それを行いたいかを理解していることはエコロジズム自身にとってかなりの助けとなる。もし私たちがそのことを明確に理解していれば，大いに賞賛されている人間の発明の才は環境に有益な方向へと進路を変え，私たちが自らに対して行いたいことをどのようにしてなすべきかを示すことになるであろう。

第12章

結　論

　哲学者にして，小説家である，アイリス・マードック（Iris Murdock）はかつて，こう指摘した。哲学の主たる目的は明白な事柄を述べるための適切な文脈を見出すことである，と[1]。この啓発的な意見に基づけば，芸術と哲学には直接的な結びつきがあることになる。というのも，人間が常に従事してきたこれらの活動はいずれも，ある意味で私たちが皆，明らかに気づいている事柄を適切に把握しようと試みているものであるからだ。ここで言う「適切」（proper）な理解とは，一定の現象が有する含意と重要性についての明確な見解を意味する。芸術や哲学に従事する際に私たちが目を向けているのは人間生活の中核となる事柄である。私たちの死すべき運命，私たちが有する共感の限界，人間関係における愛情や嫌悪の可能性と現実性といった現象はすべてその好例である。これらの存在は誰にとっても新奇なものではない。しかし，芸術や哲学が行う事柄は一方は推論に基づく主張という手段によって（さらに，文学的でレトリック的な装置によって），他方は美学的な特質が有する力を利用することによって，私たちの心をこれらの現象に集中させ，そして，人間生活においてそれらが有する力の強さと重要性を理解させることである[2]。

　こうした主題を取り扱う伝統的な学問分野における特定の哲学教義はすべて，前述の事柄を行う試みである。西洋の歴史において支配的であった，イデオロギーはすべて，私たちに関するある基本的事実，すなわち，私たちが皆，熟知している事実が人間生活にとって有する重要性を継続して熟考してきたものと

---

[1] これは1970年代後半にBBCが放送した偉大な哲学者に関する一連の番組の中で，ブライアン・マギー（Brian Magee）との会話においてなされた発言である。
[2] 私（Baxter）はこれらの主張の含意について，私の 'Art and embodied truth' (1983) において，さらに論じている。

みなされるであろう。異なるイデオロギーはその主たる関心事としてこれらの事実のあるものを取り上げ，そして，他のイデオロギーが中核的な事実として扱うものを適切な従属的位置に置くことをめざしている。

したがって，自由主義にとって，私たちに関する基本的事実は，私たちが合理的な生物だということである。そのような生物に必要な生活には合理的に擁護可能な社会制度編成と合理性の可能性や私たちが要求している自律性の尊重を含んでいる。保守主義者にとっての基本的事実は，私たちが文化の創設者であるということだ。自分は誰であるのかという感覚は慣習と伝統の特定の構造に私たちが埋め込まれていることから得られる。こうした構造は私たちの価値観と生活において，何が可能かについての認識を与えてくれるものである。社会主義者にとっての基本的事実は，私たちが「社会的生物」(social creatures) だということである。したがって，それは私たちの価値観や相互の関心を支えるような，個人間の密接な相互関係を必要とする。というのも，敵対関係や競争関係において私たちを引き離すような社会関係が人間性の中核をなすものを毀損するからである。

これらのイデオロギーの支持者は，競争相手が指摘した事実を否定しないのが特徴的である。自由主義者，保守主義者，社会主義者たちは皆，私たちが文化を創造し，合理性を有する社会的生物であることに同意する。彼らは，私たちに関するそうした「明白」な事実の相対的な重要性に関しては，意見を異にし，また，明白な事実とは正確には何を意味すると考えるべきか，その含意は何かということに関しても，意見を異にする。しかし，それぞれの理論の中に，さらに，それぞれの多様な変種の中に，私たちに関するこうした基本的事実のそれぞれが存在するための場所が見出されるのである。

エコロジズムもまた，同様である。エコロジズムは，私たちに関する最も重視されるべき基本的事実は私たちが自然の生物であることだ，と主張している。すなわち，私たちは豊かで，複雑な生物学的文脈に住まう動物の種であるということだ。この事実は他の政治イデオロギーによって，無視されるか，あるいは，意識的に軽視されてきた。私たちが合理性を有していること，さらに，と

りわけ，私たちの文化的活動がもつ効力と精巧さは私たちを特別で違ったもの，ある意味で，残りの自然から切り離されたものにしていると考えられてきた。エコロジズムはこれは間違いだ，と主張する。私たちはきわめて独特の能力をもつ動物の種ではあるが，ひとたび他の自然界を認識して自らを適切な文脈の中で考察し始めるならば，私たちは私たち自身と自然界との間の重要な連続性を理解することができる。

この事実に直面することによって，自然界がどのように進行しているのかについて，今まで以上に関心をもたなければならない。さらにまた，私たちは，生物が私たちに対して行う道徳的要求について，より敏感にならなければならない。私たちの幸福と運命が他の生物たちのそれといかに絡み合っているかを知らなければならない。（人間以外の自然界から祖先が生まれたと考える）最近の「ダーウィン主義的な生物学」（Darwinian biology）と古代部族の教えの双方が，私たちは他の生物と共通の血統を有しているのだ，という主張を行っている。それゆえに，エコロジズムは，人間活動が地球に及ぼす影響についての大部分打算的な懸念を当初，表明する中で，他のイデオロギーや哲学的立場が適切な関心を払うことができなかったと思われるような形で，私たちに関する基本的事実に焦点を合わせるようになったのだ。

そのために，エコロジズムは，私たちが合理的（それゆえに，道徳的），かつ，社会的で文化を創造する生物であることを否定しない。私たちの性質のこうした構成要素はすべて，私たちが自然の生物であるという事実によって条件づけられる，とエコロジズムは考える。このことは人間性のこうした側面についての私たちの理解に大きな違いをもたらしている。私たちが選んだものではないが，私たちの活動のすべてにとって不可欠の背景を形成する，そうした関係のネットワークの中にいる生物として，私たちが出現しているということの重要性を私たちは十分に理解し始めている。一つの種として特定の自然環境内で生活する必要があるという観点で，私たちは自らの合理性を理解している。さらに，私たちの進化の歴史を私たちの生活様式の諸側面から分離させていくようなあり方で，世界を改変するために合理性を使用する時，その合理性がどのよ

第12章　結　論

うに私たちを困難に導くかについて理解している。例えば，私たちが私たちの生産活動に対する現存する限界を超える時，そして，「共有地の悲劇」(the tragedy of the commons)と誤って呼ばれるものに直面するようになった時に，「囚人のジレンマ」(prisoner's dilemma)と呼ばれる合理性の罠が姿を現し始める。

　私たちの文化的活動は人間以外の自然という文脈を必要とするものとして，より容易に理解されるようになる。そうした文化的活動を通じて，私たちのアイデア，インスピレーション，メタファー，アイデンティティ，モチーフの源泉となっているのである。さらに，特定の場所と景観への愛というきわめて重要で文化的に規定された感情はこうした自然という文脈に焦点を当てている。たとえそれが達成可能だとしても，巨大な人工物へと完全につくり変えられることによって，世界が私たちの文化的生活と発展の源泉を脅かすことはずっと容易に理解されるようになってきた。

　私たちの社会性も同様に，より陰影に富んだ形で把握されるようになる。私たちは個人と個人の関係の媒介としての，人間以外の自然界の重要性を理解し始め，さらに，私たち自身の社会性と他の社会的生物の社会性との結びつきを理解し始める。そうすることによって，私たちは社会性が帯びる特定の形式を理解し始め，さらになぜ，どこでそれが壊れるのかを理解し始める。明白ではあるが，十分に気づかれていない私たちに関するもう一つの事実という点で，私たちはガーデニング，ペットの所有，家畜の所有において，私たちが人間以外の存在との間に築き上げようとしている社会的な結びつきの重要性に注目する。他のイデオロギーにとって，そのような現象は大抵，無意味な性癖である。エコロジズムにとって，その現象は，私たちが未だ十分に把握していない，私たちの自己了解にとって根本的なものを気づかせるものである。

　私たちは「自然的生物」(natural creatures)であるという基本的事実を自己了解の中核に据えることが人間生活の行動や構造にとって，何を意味するのかについて本書は引き出そうと試みてきた。これを品位を傷つける我慢のならない思想だと思う者もいるだろう。エコロジズムはそのような人々に対して，私

たちが自然界の構成員であることは，私たちが口を閉ざすべき事柄だという結論を出す前に，自然界がどのようなものであるかについてもっと十分に注意を払うようにと忠告している。自然界への愛情はエコロジズムを多くの人々にとって魅力的な思想体系にするものである。愛情が表明される場合であっても，愛という感情の完全さは愛されるものの過ちや欠点についてしっかりとした判断をもち，さらに，愛情と盲目的な崇拝の相違について十分に理解することを要求する。これらは思想的な要求であるために，感情の中には存在しないと思われるかもしれない。だが，そう思うのは人間のような合理的生物にとって，感情は信条によって形成され，信条の変化によって助長されたり，消去されたりするものだということがわかっていないからだ。

　あらゆる哲学作品においても言えるように，本書は事実や価値に関する特定の信条が有する思想的な主張と含意を確定することに力を注いできた。だからといって，私たちの忠誠心に基づいて教義体系が有する主張を確定していく上で，感情が有する，とりわけ，強力な感情である愛情が有する決定的な重要性を軽視してはならない。人間の構想力の中心に，感情が存在するか，あるいは，かきたてられて確立されていなければ，思想的な主張は役に立たないことは明らかだ。思想的な主張は常に誤りに陥りやすく，反論にさらされており，決して決定的なものではない。しかし，エコロジズムは，人間は「自然的生物」として，自らの豊かで肥沃で美しい世界に対して，ある種の愛情をもつことができ，その結果，その世界に対する自らの責任を自覚するようになるという確信——おそらくは信念に基づく行為，あるいは，直感——に，依拠している。このことはまた，人間が彼ら自身，および，彼らと親密な関係にある人々に「善き生活」(good life) を保障するという完全に擁護可能な彼らの努力に対して，彼らのより広い愛情の対象となっているものたちが生存し，よりよく生きるために必要としているものに配慮することによって，緩和することにつながらなければならない。

　もしエコロジズムが人間の中にこうした感情が存在していること，また，それが有する力について，考え違いをしているとすれば，その場合，自己利益の

第12章　結　論

みが人間の略奪から人間以外の世界を守ることができるということになる。人間以外の世界にそれが必要としている保護を世界に与えるのには自己利益のみで十分かもしれない。しかし，自己利益がこの世界を保護することはないであろうと想定することは，もし疑う余地のない私たちの発明の才により，自然のサービスを私たち自身が考案するサービスに取って代えることができる場合には，とりわけ，不合理なことではない。

　イデオロギーは改宗者にしか受け入れられないことが時折ある。本書で試みてきたことは，未だエコロジズムの支持者でない人々が人間以外の存在に対して，私たちのすべての行為に際して考慮に入れなければならない道徳的地位を与えるようなやり方で，私たちの道徳理論を再考するための，理に適った主張，もっと言えば，強力な根拠をもっていると彼らが気づくような主張を提示することであった。たとえ彼らが納得しなくても，少なくとも，この信条を生み出しているのは明らかに，混乱でも，感傷でも，邪悪な意図でもない。

　むしろ，ひとたびそれが明確化されるならば，それが有する真理は明白であろう，と私は信じている。

引用・参考文献

Aitken, Gill (1996), *Extinction*, Lancaster University: Thingmount Working Paper TWP 96-02.

Allaby, Michael (1996), *The Basics of Environmental Science*, London and New York: Routledge.

Archer, Robin (1995), *Economic Democracy: The Politics of Feasible Socialism*, Oxford: Oxford University Press.

Attfield, Robin (1991), *The Ethics of Environmental Concern*, 2nd edn, Athens, Ga., and London: The University of Georgia Press.

Attfield, Robin and Andrew Belsey (1994), *Philosophy and the Natural Environment*, Cambridge: Cambridge University Press.

Barry, Brian (1996), 'Circumstances of justice and future generations', in R. Sikora and B. Barry (eds.), *Obligations to Future Generations*, Cambridge: White Horse Press.

Barry, John (1996), 'Sustainability, judgement and citizenship', in B. Doherty and M. de Geus (eds), *Democracy and Green Political Thought*, London: Routledge.

Baxter, Brian (1983), 'Art and embodied truth', *Mind*, XCII, pp. 189-203.

Baxter, Brian (1996), 'Ecocentrism and persons', *Environmental Values*, 5, pp. 205-19.

Baxter, Brian (1999), 'Environmental ethics - values or obligations?', *Environmental Values*, 8, pp. 89-105.

Beck, Ulrich (1992), *The Risk Society: Towards a New Modernity*, London: Sage.（東廉訳『危険社会』法政大学出版局，1998年）

Beckerman, Wilfred (1974), *In Defence of Economic Growth*, London: Cape.

Beitz, Charles (1979), *Political Theory and International Relations*, Princeton, NJ: Princeton University Press.（新藤栄一訳『国際秩序と正義』岩波書店，1989年）

Benton, Ted (1991), 'Biology and social science: why the return of the repressed should be given a (cautious) welcome', *Sociology*, 25, pp. 1-29.

Benton, Ted (1993), *Natural Relations: Ecology, Animal Rights and Social Justice*, London: Verso.

Booth, Douglas (1997), 'Preserving old-growth forest ecosystems', *Environmental Values*, 6, pp. 31-48.

Callicott, J. Baird (1989), *In Defense of the Land Ethic: Essays in Environmental Philosophy*, Albany: SUNY Press.

Cater, Alan (1993), 'Towards a green political theory', in A. Dobson and P. Lucardie (eds.), *The Politics of Nature*, London and New York: Routledge.

Christoff, Peter (1996), 'Ecological citizenship and ecologically guided democrasy', in B. Doherty and M. de Geus (eds.), *Democracy and Green Political Thought*, London: Routledge.

Cooper, David (1995), 'Other species and moral reason', in D. Cooper and J. Palmer (eds.), *Just Environments*, London: Routledge

Cooper, David and Joy Palmer (1995), *Just Environments*, London; Routledge.

Daly, Herman and John Cobb (1990), *For the Common Good*, London: Green Print.

Davies, Paul (1983, 1990), *God and the New Physics*, London: Dent; Harmondsworth: Penguin Books.'

de Geus, Marius (1996), 'The ecological restructurjng of the state', in B. Doherty and M. de Geus (eds.), *Democrasy and Green Political Theory*, London: Roudedge.

Devall, Bill and George Sessions (1985), *Deep Ecology: Living as if Nature Mattered*, Salt Lake City, Utah: Peregrine Smith.

Dickens, Peter (1992), *Society and Nature: Towards a Green Social Theory*, London: Harvester Wheatsheaf.

Dietz, Frank and Jan van der Straaten (1993), 'Economic theories and the necessary integration of ecological insights', in A. Dobson and P. Lucardie (eds.), *The Poiittcs of Nature*, London and New York: Routledge.

Dobson, Andrew (1995), *Green Political Thought*, 2nd edn, London and New York: Routledge. （松野弘監訳　栗栖聡・池田寛二・丸山正次訳『緑の政治思想』ミネルヴァ書房，2001年）

Dobson, Andrew (1996a), 'Democratising green theory', in B. Doherty and M. de Geus (eds.), *Democracy and Green Political Thought*, London: Routledge.

Dobson, Andrew (1996b), 'Representative democracy and the environment', in W. Lafferty and J. Meadowcroft (eds.), *Democracy and the Environmemt*, Cheltenham and Brookfield, Vt.: Edward Elgar.

Dobson, Andrew and Paul Lucardie (eds.) (1993), *The Politics of Nature*, London: Routledge.

Doherty, Brian and Marius de Geus (eds.) (1996), *Democracy and Green Political Tought*, London: Routledge.

Doyle, Timothy and Doug McEachern (1998), *Environment and Politics*, London: Routledge.

Dryzek, John S. (1990), *Discursive Democracy: Potitics, Policy and Potitical Science*, Cambridge: Cambridge University Press.

Dryzek, John S. (1997), *The Politics of the Earth: Environmental Discourses*, New York: Oxford University Press.

Dworkin, Ronald (1981), 'What is equality? Part1: Equality of Welfare' and 'Part2: Equality of resources', *Philosophy and Public Affairs*, 10, pp. 185-246 and 283-345.

Easterbrook, Greg (1996), *A Moment on Earth*, New York and London: Penguin.

Eckersley, Robyn (1989) 'Green politics and the New Class: selfishness or virtue', *Potitical Studies*, XXXVII, pp. 205-23.

Eckersley, Robyn (1992), *Environmentalism and Political Theory: Towards an Ecocentric Approach*, London: UCL Press.

Elkington, John and Tom Bourke (1989), *The Green Capitalists*, London: Victor Gollancz.

Fishkin, James (1982), *The Limits of Obligation*, New Haven and London: Yale University Press.
Fox, Warwick (1990), *Toward a Transpersonal Ecology: Developing New Foundations for Environmentalism*, Boston, Mass.: Shambala.（星川淳訳『トランスパーソナル・エコロジー――環境主義を超えて』平凡社，1994年）
Gare, Arran (1995), *Postmodernism and the Environmental Crisis*, London and NewYork: Routledge.
Goldblatt, David (1996), *Social Theory and the Environment*, Cambridge: Polity Press.
Goodall, Jane (1971), *In the Shadow of Man*, Glasgow: Collins.
Goodin, Robert (1992), *Green Political Theory*, Cambddge: Polity Press.（太田義器・丸田健訳『緑の政治理論』ミネルヴァ書房）近刊）
Goodin, Robert (1996), 'Enfranchising the Earth, and its alternatives', *Political Studies*, 44/5, pp. 835-49.
Goodpaster, Kenneth (1978), 'On being morally considerable', *Journal of Philosophy*, 75, pp308-25.
Gould, Carol (1990), *Rethinking Democracy*, Cambridge: Cambridge University Press.
Gray, R. H. (1994), 'Corporate reporting for sustainable development: accounting for sustainability in 2000 AD', *Environmental Values*, 3, pp. 17-45.
Harris, Richard (1996), 'Approaches to conserving valuable wildlife in China', *Environmental Values*, 5, pp303-34.
Hayek, Friedrich (1949), *Individualism and Economic Order*, London: Routledge.（嘉治元郎・嘉治佐代訳『個人主義と経済秩序』ハイエク全集1-3，春秋社，2008年）
Hayek, Friedrich (1960), *The Constitution of Liberty*, London and Henley: Routledge & Kegan Paul.（気賀健三・古賀勝次郎訳『自由の条件Ⅰ――自由の価値　ハイエク全集1-5』春秋社，2007年，気賀健三・古賀勝次郎訳『自由の条件Ⅱ――自由と法：ハイエク全集1-6』春秋社，2007年，気賀健三・古賀勝次郎訳『自由の条件Ⅲ――福祉国家における自由　ハイエク全集1-7』春秋社，2007年）
Hayward, Tim (1995), *Ecological Thought: An Introduction*, Cainbridge: Polity.
Hayward, Tim (1996), 'What is green political theory?', in I. Hampshire-Monk and J. Stanyer (eds.), *Contemporary Political Studies*, Belfast: Politlcal Studies Association of the United KJngdom.
Hayward, Tim (1997), 'Anthropocentrism: a misunderstood problem', *Environmental Values*, 6, pp. 49-63.
Holbrook, Daniel (1997), The consequentialist side of environmental ethics', *Environmental Values*, 6, pp. 87-96.
Jackson, Tim (1996), *Material Concerns: Pollution, Profit and Qua1ity of Life*, London: Routledge.
Jacobs, Michael (1991), *The Green Economy: Environment, Sustainable Development and the Politics of the Furure*, London: Pluto.
Jamieson, Dale (1998), 'Animal liberation is an environmental ethic', *Environmental Values*, 7, pp. 41-57.

Johnson, Lawrence (1993), *A Morally Deep World*, Cambridge: Cambridge University Press.

Kahn, Herman and Julian Simon (1984), *The Resourceful Earth: A Response to Global 2000*, Oxford: Blackwell.

Kant, Immanuel (1948), *Groundwork of the Metaphysic of Morals*, trans. by H. Paton as *The Moral Law*, London: Hutchinson & Co. (土岐邦夫・観山雪陽・野田又夫訳『人倫の形而上学の基礎づけ』中央公論新社, 2005年)

Kymlicka, Will (1990), *Contemporary Political Philosophy: An Introduction*, Oxford: Clarendon Press. (千葉眞・田中拓道・関口雄一・施光恒・坂本洋一・木村光太郎・岡崎晴輝訳『現代政治理論』日本経済評論社, 2002年)

Lafferty, William and James Meadowcroft (1996), *Democracy and the Environment: Problems and Prospects*, Cheltenham and Brookfield, Vt.: Edward Elgar.

Lawton, John and Robert May (eds.) (1995), *Extinction Rates*, Oxford: Oxford University Press.

Leakey, Richard and Roger Lewin (1996), *The Sixth Extinction*, London: Phoenix.

Lee, Keekok (1993), 'To de-industrialise - is it so irrational?', In A. Dobson and P. Lucardie (eds.), *The Politics of Nature*, London and New York: Routledge.

Lovelock, James (1979), *Gaia: A New Look at Life on Earth*, Oxford: Oxford University Press. (スワミ・プレム・プラブッタ訳『地球生命圏――ガイアの科学』工作舎, 1984年)

Low, Nicholas and Brendan Gleeson (1998), *Justice, society and Nature*, London: Routledge.

Lynch, Tony and David Wells (1998), 'Non-anthropocentrism? A killing objection', *Environmental Values*, 7/2, pp. 151-163.

MacIntyre, Alasdair (1981), *After Virtue: A Study in Moral Theory*, London: Duckworth. (篠崎榮訳『美徳なき時代』みすず書房, 1993年)

Mackie, J. L. (1977), *Ethics: Inventing Right and Wrong*, Harmondsworth: Penguin Books.

Martell, Luke (1994), *Ecology and Society: An Introduction*, Cambridge: Polity Press.

Mathews, Freya (1991), *The Ecological Self*, London: Routledge.

Mathews, Freya (ed.) (1996), *Ecology and Demoracy*, London: Frank Cass.

Miller, David (1989), *Market, State and Community: Theoretical Foundations of Market Socialism*, Oxford: Clarendon Press.

Munda, Giuseppe (1997), 'Environmental economics, ecological economics and the concept of sustainable development', *Environmental Values*, 6, pp. 213-233.

Naess, Arne (1989), *Ecology, Community and Lifestyle*, Cambridge: Cambridge University Press. (斎藤直輔・開龍美訳『ディープ・エコロジーとは何か――エコロジー・共同体・ライフスタイル』文化書房博文社, 1997年)

Niskanen, William (1971), *Bureaucracy and Representative Government*, Chicago: Aldine-Atherton.

Norton, Bryan (1987), *Why Preserve Natural Variety?* Princeton, NJ: Princeton University Press.

Norton, Bryan (1991), *Toward Unity among Environmentalists*, Oxford and New York: Oxford University Press.

Nozick, Robert (1974), *Anarchy, State and Utopia*, London: Blackwell.（嶋津格訳『アナーキー，国家，ユートピア——国家の正当性とその限界』木鐸社，1992年）

Okin, Susan Moller (1992), *Women in Western Political Thought*, 2nd edn, Princeton, NJ: Princeton University Press.

O'Neill, John (1993), *Ecology, Policy and Politics: Human Well-being and the Natural World*, London: Routledge.（金谷佳一訳『エコロジーの政策と政治』みすず書房，2011年）

O'Neill, Onora (1997), 'Environmental values, anthropocentrism and speciesism', *Environmental Values*, 6, pp. 127-142.

Ophuls, William (1977), *Ecology and the Politics of Scarcity*, San Francisco, Calif.: W. H. Freeman.

Parfit, Derek (1984), *Reasons and Persons*, Oxford: Clarendon Press.

Passmore, John (1980), *Man's Responsibility for Nature*, 2nd edn, London: Duckworth.（ジョン・パスモア，間瀬啓允訳『自然に対する人間の責任』岩波書店，1979年）

Paterson, Matthew (1996), 'Green politics', in Scott Burchill and Andrew Linklater (eds.), *Theories of International Relations*, London: Macmillan.

Pearce, David and Kerry Turner (1990), *Economics of Natural Resources and the Environment*, New York: Harvester Wheatsheaf.

Pepper, David (1993), *Eco-Socialism: From Deep Ecology to Social Justice*, London: Routledge.

Plumwood, Val (1993), *Feminism and the Mastery of Nature*, London: Routledge.

Popper, Karl (1972), *Objective Knowledge: An Evolutionary Approach*, Oxford: Oxford University Press.（森博訳『客観的知識——進化論的アプローチ』木鐸社，2004年）

Raup, David (1991), *Extinction: Bad Genes or Bad Luck?*, Oxford: Oxford University Press.（渡辺政隆訳『大絶滅——遺伝子が悪いのか運が悪いのか』平河出版社，1996年）

Rawls, John (1972), *A Theory of Justice*, Oxford: Oxford University Press.（矢島鈞次・篠塚慎吾・渡部茂己訳『正義論』紀伊國屋書店，1979年）（1999年の改訂版の翻訳としては，川本隆史・福間聡・神島裕子訳『正義論』紀伊國屋書店，2010年）

Regan, Tom (1983), *The Case for Animal Rights*, Berkeley, Calif.: University of California Press.

Rolston, Holmes (1988), *Environmnental Ethics*, Philadelphia: Temple University Press.

Routley, Richard and Val Routley (1979), 'Against the inevitability of human chauvinism', in K. E. Goodpaster and K. M. Sayre (eds.), *Ethics and the Problems of the Twenty-first Century*, Notre Dame: University of Notre Dame Press.

Ruse, Michael (1986), *Taking Darwin Seriously: A Naturalistic Approach to Philosophy*, Oxford: Blackwell.

Ruse, Michael (1993), *Evolutionary Naturalism: Selected Essays*, London: Routledge.

Sachs, Wolfgang (ed.) (1993), *Global Ecology: A New Arena of Political Conflict*, London and Atlantic Highlands: Zed Books; Halifax, NS: Fernwood.（同書所収の Wolfgang Sachs, 'Global ecology and the shadow of "development"' の翻訳は，「地球環境と「開発」の影」川村久美子・村井章子訳『地球文明の未来学——脱開発へのシナリオと私達の実践』新評論，2003年所収であ

る。)

Sale, Kirkpatrick (1985), *Dwellers in the Land: The Bioregional Visions*, San Francisco, Calif.: Sierra Club Books.

Sandel, Michael (1982), *Liberalism and the Limits of Justice*, Cambridge: Cambridge University Press.(菊池理夫訳『自由主義と正義の限界』山嶺書房, 1999年)

Saward, Mike (1993), 'Green democracy?', in Andrew Dobson and Paul Lucardie (eds.), *The Politics of Nature*, London: Routledge.

Shiva, Vandana (1989), S*taying Alive: Woman, Ecology and Development*, London: Zed Books.(能崎実訳『生きる歓び――イデオロギーとしての近代科学批判』築地書館, 1994年)

Sikora, R. and Brian Barry (eds.) (1996), *Obligations to Future Generations*, Cambridge White Horse press. .

Simon, Julian (1981), *The Ultimate Resource*, Princeton, NJ: Princeton University Press.

Singer, Peter (ed.) (1994), *Ethics*, Oxford: Oxford University Press.

Singer, Peter (1995), *Animal Liberation*, 2nd edn, London: Pimlico.(戸田清訳『動物の解放』技術と人間, 2002年)

Smuts, J. C. (1926), *Holism and Evolution*, New York

Sylvan, Richard and David Bennett (1994), *The Greening of Ethics: From Anthropocentrism to Deep-green Theory*, Cambridge: White Horse Press; Tucson, Ariz.: University of Arizona Press. .

Taylor, Bob Pepperman (1996), 'Democracy and environmental ethics', in W. Lafferty and J. Meadowcroft (eds.), *Democracy and the Environment*, Cheltenham and Brookfield, Vt.: Edward Elgar.

Taylor, Charles (1979), *Hegel and Modern Society*, Cambrjdge: Cambridge University Press.(渡辺義雄訳『ヘーゲルと近代社会』岩波書店, 1981年)

Taylor, Michael (1987), *The Possibility of Cooperation*, Cambrjdge: Cambridge Univensity Press in collaboration with Maison des Sciences de l'Homme, Paris.(松原望訳『協力の可能性――協力, 国家, アナーキー』木鐸社, 1995年)

Taylor, Paul (1986), *Respect for Nature: A Theory of Environemtal Ethics*, Princeton, NJ: Princeton University Press.

Turner, Frederick (1997), *John Muir: From Scotland to the Sierra*, Edinburgh: Canongate Books.

Turner, R. K., D. W. Pearce and I. Bateman (1994), *Environmental Economics: An Elementary Introduction*, London: Harvester Wheatsheaf.(大沼あゆみ訳『環境経済学入門』東洋経済新報社, 2001年)

Van Parijs, P. (ed.) (1992), *Arguing for Basic Income*, London: Verso.

Walzer, Michael (1983), *Spheres of Justice: A Defence of Pluralism and Equality*, Oxford: Robertson.(山口晃訳『正義の領分』而立書房, 1999年)

Weale, Albert (1992), *The New Politics of Pollutio*n, Manchester: Manchester University Press.

引用・参考文献

Williams, Bernard (1981), *Moral Luck: Philosophical Papers 1973-1980*, Cambridge: Cambridge University Press.

Williams Bernard (1985), *Ethics and the Limits of Philosophy*, London, Fontana.（森際康友・下川潔訳『生き方について哲学は何が言えるのか』産業図書，1993年）

Wilson, Edward (1978), *On Human Nature*, Cambridge, Mass., and London: Harvard University Press.（E・O・ウィルソン，岸由二訳『人間の本性について』筑摩学芸文庫，1997年）

Wilson, Edward (1980), *Sociobiology* (abridged edn), Cambridge: Belknap Press of Harvard University Press.（E・O・ウィルソン，坂上昭一他訳『社会生物学』新思索社，1999年）

Wilson Edward (1984), *Biophilia*, Cambridge, Mass.: Harvard University Press.（狩野秀之訳『バイオフィリア』ちくま学芸文庫，2008年）

Wilson, Edward (1992), *The Diversity of Life*, London: Allen Lane.（大貫昌子・牧野俊一訳『生命の多様性（上）（下）』岩波現代文庫，2004年）

Wilson Edward (1997), *In Search of Nature*, London: Allen Lane, The Penguin Press.（廣野喜幸訳『生き物たちの神秘生活』徳間書店，1999年）

World Commission on Environment and Development (1987), *Our Common Future*, London: Oxford University Press.（大来佐武郎監修・環境庁国際環境問題研究会訳『地球の未来を守るために』福武書店，1987年）

Yearley, Stephen (1992), *The Green Case: A Sociology of Environmental Issues, Arguments and Politics*, London: Routledge.

解　説

〈持続可能な社会論〉の可能性と政治的エコロジズムの役割
――環境社会から，エコロジー社会への展望

松野　弘／松野亜希子

　今日の環境問題の原点は「人間――自然（生態系）」との関係を地球という同じ共同体（community）に共存する生命体の観点からどのように均衡的に維持していくかという，自然に対する人間の価値観にある。人間は長年，キリスト教的自然観，すなわち，神〉人間〉自然という人間中心主義的，かつ，ヒエラルキー的な自然観を保持し，自然を人間の征服物として扱ってきた。18世紀の産業革命以降，経済発展のための資源調達という名目で，人間の自然破壊を加速化させ，自然資料を製品へと転換させることで，「大量生産――大量消費型」の近代的な産業社会システムを構築・推進してきた。石炭・石油等の化石燃料を収奪していった結果，地球の資源は枯渇の恐れが予測されるとともに，地球の生態系の均衡がくずれ，公害問題や環境問題という近代産業社会の病理現象が生み出されたのである。こうした状況に対して，地球を一つの生命体として捉え，動植物と同様に，自然と共存していくための生態系の維持という観点から登場してきたのが生物学の世界で使われている「生態学(エコロジー)」という概念であった。動植物が自然環境に適応していくように，人間も同じ生命体の種として，自然環境に適応した生態系を維持すべきというのが環境問題への第一歩であった。こうした生物学としての「生態学」が環境問題を解決していくための思想的な理論装置として機能したのは，1960年代の米国の環境運動であった。それまでの，一部エリート層の環境保護運動から，一般市民を巻き込んだ社会運動としての環境運動の思想的柱となったのが自然の生態系の維持を前提とした自然との共存思想であり，自然を産業社会の道具として利用してきた，人間中心主義的な自然観を批判し，生態系中心主義的な自然観を基盤としたエコロジー思想であった。このことはさらに，産業社会システムを制度的に支えてきた政治システムの変革を要請し，〈緑の社会〉の価値基盤となる政治哲学としての

「エコロジー思想」，すなわち，「政治的エコロジズム」（Political Ecologism）を産み出したのであった。

はじめに――「エコロジズム」の起源と意味

　周知のように「エコロジー」（Ecology）という言葉は「生態学」という意味で，生物学の分野で使用されていた。この言葉，ドイツの生物学者のエルンスト・ヘッケル（1834～1919）が『一般形態学』（1886年）という著作の中で，ギリシア語の「オイコス」（oikos[家]）とロゴス（logos[論理]）を組み合わせて，「有機体とその環境の間の諸関係の学」という意味から定義し，「エコロギー」（Oekologie）というドイツ語で表現したものである。この言葉は，「有機体と有機体の外部としての環境を結びつけている網（ウェブ）」であり，「有機体の生命サイクル，環境，およびエネルギー利用サイクルにおける有機体の位置」を示したものであり，全対論的生物学への移行の必要性を示唆したものである（Bramwell, 1989 = 1992：66）。また，このエコロジー概念の基本的な考え方は，「生物の種は相互依存・対抗関係にあるというダーウィンの考えを受け継ぎ，形態学や生理学のほかに，生物が環境や他の生物と相互作用するありさまを研究の学問の必要性」をヘッケルが主張したものであり，この考え方から，生物と環境が生態系（Ecosystem）を形成し，自然環境の安定的な平衡性を保持することを提起したものであった（尾関他編，2005：12）。

　このように，「生態学」概念は生物学の一分野としての起源をもち，「生物と自然（環境）」との関係を扱う学問としての位置づけをもっていたが，人間も生物という有機体の一部であるという社会有機体論的な認識が深まるにつれて，「人間と自然（環境）」を対象とする社会学分野の「人間生態学」（Human Ecology）を起点として，1960年代の米国では，環境運動が社会運動化するにつれて，環境政治思想としての「エコロジー」概念へと変容していったのである。さらに，人間の物質的欲求の現実的形態としての近代産業社会の出現により，自然質量を活用した「大量生産―大量消費」型の社会経済システムが出現し，さらに，推進されていった結果，人間環境や自然環境の破壊による近代産

業社会の負荷現象としての公害問題や環境問題等が人類共通の社会問題となったのである。

1．「政治的エコロジズム」登場の背景
——啓蒙的な環境保護運動から，社会変革のための環境運動へ

すでに，指摘したように，これまでのエリート層を中心とした環境保護運動は1960年代の，「企業改革を含む消費者運動，復活した公衆衛生運動，産児制限と人口増加の安定化を求める団体，平和主義者と参加民主主義者，直接的な行動に走る若者，政治の新しい課題を求める広範な運動」という既存の政治体制に対する批判を発信する一般大衆を中心とした社会運動を背景として，公害問題，生態系の破壊，資源枯渇等の過剰な工業化の進展によるさまざま産業文明の病理現象に対して，政治行動を基盤とした直接行動主義的な環境運動（Environmental Movement）へと転換していったのである（McCormick 1995＝1998：57）。こうした環境運動の原動力となったのが環境問題の解決を阻害している，人間中心主義的な政治的・経済的・文化的な制度であり，それらを変革し，生態系の維持を前提とした生態系中心主義的なエコロジー思想をさまざまな社会問題解決のための思想的装置として登場したのが「政治的エコロジズム」（Political Ecologism）であり，ラディカルな環境運動としての「エコロジー運動」（Ecological Movement）なのである。これまで，文化運動としての環境保護運動の考え方を転換させる重要，かつ，影響力のあるイデオロギーがこの「政治的エコロジズム」であったといえるだろう。

こうした「政治的エコロジズム」を環境運動やエコロジー運動のイデオロギー的推進力となったのが当時の英国の環境政治学者のアンドリュー・ドブソン教授（Andrew Dobson —キール大学）の提唱する「緑の政治思想」（Green Political Thought）であり，「緑の政治学」（Green Politics）であった。本書の著者である，英国の政治哲学者ブライアン・バクスター博士（Brian Baxter）も環境運動やエコロジー運動に対する彼の環境政治思想上の価値基準（criterion），すなわち，経済成長と生態系の維持を両立させる人間中心主義的な環境思想と

しての,「環境主義」(Environmentalism),生態系の維持を前提とした生態系中心主義的な環境思想としての,「エコロジズム」(Ecologism)に触発されて,本書の基本テーマである「エコロジズム」の政治哲学的分析を多角的に行い,「エコロジズム」の環境思想的な重要性を提起したのである。

2．「政治的エコロジズム」の役割——経済成長と生態系の維持との関係

本書の著者のバクスターは環境政治学者のドブソンによる「環境主義」対「エコロジズム」の価値比較によって「政治的エコロジズム」の視点・考え方を提起したが,ドブソンにこの考え方を産み出させたのは,ノルウェーの哲学史のアルネ・ネス(Arne Naess)である。彼は1960年以前の環境保護運動がエリート層による人間中心主義的な啓蒙運動であって,人間以外の生物を同じ種としての「生命体」とみなしていないので,自然環境に配慮しない人間の利益のためだけの浅薄なエコロジーとして,「シャロー・エコロジー」(Shallow Ecology)と呼んで批判した。他方,人間以外の生物を同じ生命共同体(life community)の一員としてみなす,自然に配慮した生態系中心主義的なエコロジーを深遠なエコロジーとしての,「ディープエコロジー」(Deep Ecology)と捉え,われわれはこの「ディープエコロジー」の実現こそが自然と共生する,生命共同体(life community)の一員である人間の環境運動であるとみなしたのである。

このネスの「ディープエコロジー」論に触発されて,環境政治学者のアンドリュー・ドブソンは今日の環境問題を「産業主義にもとづく物質的成長の限界点に出現したものであり,それは,非永続的な活動を促進している政治的,社会的,経済的な基本関係に由来している」と捉えた上で,政治的エコロジズムの意図を「人間の行動と現代社会の全体構造の根本的な変革をめざしたもの」として提起した。

これは,現在の産業社会が「大量生産—大量消費—大量廃棄」型の社会経済システムを肯定した状況のままで,消費主義的な価値観や生産・消費のパターンを生態系の持続性に配慮することなしに維持し続け,環境問題に対して,技

術対応型の〈管理的アプローチ〉をとっていることを厳しく批判するとともに，環境主義は政治的イデオロギーとしての資格要件を欠いている，と指摘している。

換言すれば，経済成長や科学技術を中心とした物質万能主義型の政治的，経済的，社会的枠組を変革していかなければ，環境問題を根本的に解決していくことにはならないことを示したものである。つまり，今日の環境運動は既存の産業システムに組み込まれた，改良主義的な環境主義（産業主義擁護型の環境思想）から脱皮させるだけではなく，緑の政治思想を軸とした緑の民主主義を制度的基盤とする社会変革を通じて，危機的状況にある今日の環境問題を根本的に解決していくべきであるという主張を「エコロジズム」という，既存のイデオロギー（自由主義・社会主義・保守主義・ナショナリズム等の伝統的な政治イデオロギー）の代替的な新しい政治的イデオロギーという形で，「緑の政治思想」として具現化したのがドブソンなのである。さらに，ドブソンは「緑の政治思想」の制度規範となる「緑の政治」について，次のような三つのカテゴリー，すなわち，(1)ナショナルトラスト運動に代表される，〈保守主義〉(Conservationism)，(2)グリーンピースや地球の友に代表される，〈環境主義〉(Environmetalism)，(3)自然と人間を一つの生命共同体として捉え，生態系中心主義 (Ecocentrism)，による，社会システムの変革をめざす，政治的イデオロギーとしての，〈エコロジズム〉(Ecologism) に分類している。(Dobson 1990 = 2001：1-12) こうしたドブソンの主張する「エコロジズム」は，「生態学的展望（生命中心主義的，あるいは，生態系中心主義的価値観がその思想的基盤となっている）による社会，すなわち，自然と人間が一つの生命共同体として共存していく社会の実現が可能になる」ためのイデオロギー的役割を果たすべく，その任務を負っているのである。(松野 1999：4-5) さらに，補足的にいうならば，「エコロジズム」は(1)強固な人間中心主義思想から脱皮し，人間と自然との関係の再概念化をはかるものであり，(2)ローマクラブによる1972年の「人類の危機」レポートにおける「成長の限界」テーゼを受け入れること，から構成された新しい政治的イデオロギーという位置にある（Carter, 2001：63）。

3．バクスターと政治的エコロジズムの意図・意味
――思想変革としてのエコロジズムへ

　すでに若干触れたように，ブライアン・バクスターは環境政治学者のアンドリュー・ドブソンの環境政治思想の対立軸，すなわち，環境主義対エコロジズム，による分析から得られたヒントをもとに，「人間以外の生物は道徳的配慮の対象となる資格を十分に有しているとともに，社会的・経済的・政治的システムの対象にもすべきである」という考え方から，「エコロジズム」を一つの政治的イデオロギーとして取り扱うべきである，と主張している。さらに，このことは緑の規範理論や政治理論の発展のためには緑の道徳的・政治的な理論を明確化すべであるという結論に至り，本書『エコロジズム』の執筆に至ったとしている。バクスターは，これまでの環境政治理論が人間の物質的欲求の充足という経済成長思想を基軸とした，人間中心主義的な環境思想であり，それが自然の破壊や生態系の不安定化を産み出す要因となったことを厳しく批判し，人間以外の生物も人間同様の生命共同体の一員としての道徳的配慮の対象となるべき可能性を有していることを原則とした「エコロジズム」の理論構築を企図したのである。具体的には，本章の中で，緑の政治理論を参照しながら，エコロジズムの形而上学的，道徳的，政治的，経済的な位相を考察した上で，功利主義，ロールズの自由主義論，マルクス主義，フェミニズムという現在の現代社会の主流派イデオロギーとエコロジズムの比較分析を通じて，「エコロジズム」の政治的イデオロギーとしての有効性を評価している。

　次に，本書の概要を各パートごとに説明しておくことにする。

[1] 序論――「エコロジズム」論の意図と目的

　バクスターが「エコロジズム」という言葉に関心をもったのは，すでに指摘したように，アンドリュー・ドブソンの『緑の政治思想』における政治的イデオロギーとしての「エコロジズム」であった。彼は，「この立場（エコロジズム）は『生物多様性の保存』という問題を政治哲学の主題に関連づける一つの試みとして出発した」(p. 4) ということからも示されるように，「エコロジズ

ム」を政治哲学的な観点，すなわち，「エコロジズム」に関わる形而上学的，道徳的，政治的，経済的，ならびに，文化的な問題を包括的に扱うことによって，この概念が基本的に，人間以外の生物が道徳的配慮の対象となる資格に関するテーゼが存在していることを示している。「エコロジズム」概念には，次のような8の要素が考察の対象として提示されているのである (p. 14)。

(1) 人間以外の存在にも道徳的配慮の対象となる資格が与えられるが，その程度はさまざまである。
(2) 人間には最高の道徳的配慮を受ける資格が与えられるが，人間には人間以外の存在も道徳的に配慮することが要求される。
(3) 人間の幸福を中心的関心事とするが，その幸福を文脈的観点から理解することを強調する。
(4) 人間を人間以外の存在との間に，物理的・文化的・精神的に高度な相互連関性を有するものとしてみるが，人間以外の存在の道徳的地位はこの事実に由来するという見解は拒絶する。
(5) 人間以外の存在が道徳的配慮の対象となる資格はそれらと人間との間の正義の問題を扱う新しい政治哲学を必要とする。
(6) これを成し遂げるためには，政治的構造や他の社会的慣行，とりわけ，経済的慣行を広範囲にわたって修正することが必要であることを示す。
(7) 生態学的危機の予測を拒絶するわけではないが，それを重視することよりも，むしろ道徳的考察を強調する。
(8) 人間の活動には限界がある，という主張と両立可能な見解を述べるけれども，そのような限界について大々的に主張するようなことはしない。

こうした8つの要素から，「エコロジー」概念は「生態学」(Ecology) という科学的な学問分野との関連性を有益に明示しつつ，他方で他のイデオロギーの「主義 (ism)」と比較可能なものであることを示すという，政治的エコロジストの立場から，「エコロジズム」の考察を行うことを明確にしているのである (p. 15)。

[2] 第Ⅰ部　理論的考察

「エコロジズム」に対する理論的な考察は，政治的エコロジーしての「形而上学」（metaphsics）的観点（第2章），さらに，「生物学とエコロジズム」の関係に関する観点（第3章）から検討することの必要性を主張している。なぜ，形而上学的な観点から考察が必要かについては，「理想的な理論というものは形而上学的学説として始まり，科学理論の構築や道徳的・政治的な処方箋を経て，人間の地位と生の意味の両方について明確に述べる総合的な世界観へと途切れることなく移行するものだとしても，私の主張はエコロジズムは科学的・形而上学的な事柄について柔軟に対応することができる」という政治哲学としてのあるべき姿について述べている（p. 19）。さらに，「エコロジズム」が生態学という自然科学的法則を出自としていることから，人間と生物の関係について，「エコロジズムの中心的教義は，人間は他の動物種と同様に何よりもまず，自然界の一部として理解されるべきである，というものである」（p. 43）という前提の必要性を主張した上で，「社会生物学の基本的主張は道徳・宗教・政治・経済・社会構造にかかわる人間の社会行動のおおよその特徴を『ネオダーウィニズム』（Neo-Darwinism）の観点から理解し，説明することができるというものである」（p. 43）という社会生物学的観点から「エコロジズム」と社会システムとの関係を把握しようとしているところに著者の意図が明確に現れている。このことは，「エコロジズム」が単なる自然科学的な特殊な知識でも主観的な論拠から出たものではなく，人間と自然との関係を社会システム全体との相互連関性からその普遍的な存在性を捉えようとしたものであり，その基盤には，人間と自然が生命共同体の一員として道徳的に平等であるという環境倫理思想が存在していることを示しているのである。

[3] 第Ⅱ部　道徳的考察

すでに，バクスターは第2章の「形而上学」において，「エコロジズムは特定の形而上学的・科学的な傾向を受け入れてはいるけれども，基本は道徳的な学説なのである」（p. 19）として，「エコロジズム」における道徳性の重要性を

指摘している。彼が主張する「エコロジズム」おける道徳性とは，次のような道徳思想にもとづいている。「エコロジズムによる道徳理論の転換を導く基本思想は，(1)人間以外の生物は道徳的配慮に値するということ，(2)その根拠の一つは，人間以外の生物が非道具的な価値を有すること，すなわち，人間の幸福への寄与に基づかない価値を有することである」(p. 63)という人間中心主義的な道徳理論への批判であり，人間以外の生物に対する道徳的配慮なのである。さらに，道徳的配慮に対する要件について，「道徳的配慮の対象となる可能性という概念は程度の差を許容するために，人間以外の生物へと容易に拡張することができる。したがって，まさにこの見解こそ，道徳に対するエコロジズムのアプローチの特徴であり，人間の道徳的地位を他の種の道徳的地位の両方，または，いずれか一方が生物圏の道徳的地位に従属する地位へと引き下げることではない，ということを私たちは今こそ主張すべきである」(p. 64-65)として，人間と人間以外の生物の道徳的平等性に関する見解を述べている。

[4] 第Ⅲ部　政治学的考察

「エコロジズム」における道徳性が平等性に関わる問題であることはすでに指摘されているが，ここでは，こうした道徳性が政治システムに取り込まれ，制度として具現化していためには，政治哲学による道徳性への理論的装置の必要性を彼は主張している。すなわち，「これまでに明確化してきた道徳的要請を統合するようなやり方で，私たちの政治的意思決定を組織化するための規範的主張を私たちに与えてくれるような考え抜かれた『政治哲学』(Political Philosophy)が必要なのである」(P. 127)と。エコロジズムの基軸は道徳性を基盤とした政治哲学が必要であるとした上で，道徳的な政治哲学をさらに，包括的な理論として再編成すべく，人間社会における平等・自由・正義に関する問題への対応も必要であるとして，「エコロジズムは『人間と自然の関係』という新しい道徳的問題や人間以外の存在の道徳的配慮の対象となる可能性といった事柄を持ち込むことによって，政治哲学に新しい方向を示してきたが，その一方で，人間社会における平等や自由，正義に関する主要な問題に答えるため

には,他の哲学的伝統に依拠する必要がある」として,ルーク・マーテルの主張を引用している (p. 127)。さらに,「エコロジズム」と政治道徳・メタ・イシュー(包括的な問題)に関連して,エコロジズムが道徳的に配慮可能な人材物に対して負うべき概念を援用し,そうした存在の幸福について論究し,そのための文化創造者としての「参加民主主義」の必要性を主張している。(p. 149)

また,この[第Ⅲ部]の政治経済学的考察では,カナダの政治学者のW. キムリッカ (Will Kymlicka) の『現代政治理論』(*Contemporary Political Philosophy: An Introduction*, Clarendon Press, 1990 = [邦訳]岡崎晴輝他訳 (2005)『現代政治理論』日本経済評論社)における「正義の理論」(A Theory of Justice)を基盤とした現代社会の中心的な政治イデオロギーとしての「マルクス主義」(Marxism),「コミュニタリアニズム」(Communitarianism),「フェミニズム」(Feminism)に関する批判的な見解を援用しながら,政治哲学としての「エコロジズム」をこれらの政治的イデオロギーと比較し,エコロジズムが資本主義という近代産業社会の産物からだけではなく,資本の論理を基盤とした近代産業社会への対抗的な政治的イデオロギー,すなわち,生態学的な健全性と正義性の要請に基づく〈エコロジー社会〉への到達という企図から創出されたものであることを検証している。

エコロジズムと現代政治哲学——マルクス主義・コミュニタリアニズム・フェミニズム

本節の基本的な論題はエコロジズムと現代政治哲学の共通の課題であるが,まず,第一に,マルクス主義については,「搾取」と「疎外」に関する基本的な問題を分析しながら,「人間の間の『搾取』に目を向ける必要がある」ことを指摘している (p. 203)。次に,コミュニタリアニズムについては,「自律」と「伝統」の問題について,「共通善」や「完成主義」を基軸として,「自由主義(個人)対共同体主義(全体)」の観点から,エコロジー社会のあり方を論じている。さらに,フェミニズムについては,「女性の差異理論と支配理論」に対する批判的検討を通じて,「公」対「私」,「ケア」対「正義」の問題につ

いて，政治哲学の基本的テーマ，すなわち，「階層的秩序(ヒエラルキー)」，「正義」，「平等」とエコロジズムにおける「人間と自然」という対立的テーマをどう解決していくべきかということが論じられている。換言すれば，人間の利益を守るための「人間中心主義」と生態系の維持を前提とした「生態系中心主義」との相剋を政治的エコロジズムによってどのように克服すべきか，という著者の思索的努力が示されているのである。その根底には，キムリッカの「正義の議論」批判において，富める者と富まざる者との間に生じている「格差原理」の問題の判別基準こそが正義の問題であり，それが人間間だけではなく，人間と自然との問題にも関わることが「エコロジズム」の問題であるとバクスターが捉えていることである（儘田 2016：66）。

① 「エコロジズム」と「マルクス主義（ないし，社会主義）」

公害問題や環境問題の原因の根底には，人間による自然の破壊・収奪があるとされているが，その歴史的背景としては，18世紀後半から，19世紀半ばの英国の産業革命であり，この革命によって出現した近代産業社会が「大量生産―大量消費」という産業システムをつくり出し，人間による自然破壊を容認したことがあげられる。産業革命による公害問題や都市問題等はF.エンゲルス（Friedrich Engels）の『イギリスにおける労働者階級の状態』によって，公害問題の実態や都市問題による都市労働者の貧困の実態が伝えられている。こうした問題の原因は近代産業社会が資本家の資本の論理でモノの生産活動を支配し，労働者の利益を収奪するという資本主義イデオロギーとしての「資本主義の論理」＝「格差原理」によるものだとするのがマルクス主義者の見解である。こうした資本主義がもたらした問題に対しては，「自由主義的資本主義における政治経済は特有の隆盛や衰退を経ながらも，今もなお，支配的であり，地球全体でより一層支配的になりつつあるという事実である」ということや「悲観主義者は資本主義の基本的性質を変えることは現実的には望めないと考え，それゆえに，環境が確実に保護されるような未来がくる可能性もないとみなす」（p.232）といった環境問題に対する資本主義社会の対応へのネガティブな反

応を懸念しつつも，著者は「より楽観的な者はその問題に関して，柔道の教えに基づくアプローチを選択している。つまり，資本主義自体の傾向と勢いを用いて，資本主義を転換させることをめざす。そうすれば，それが有する現在の傾向にもかかわらず，資本主義は少なくとも，生態学的な健全性と正義の要請に従い始めるであろう」(p.232)と資本主義の転換による政治的エコロジズムの可能性を示唆し，さらに，資本主義社会の矛盾から生じた病理現象（「搾取」や「疎外」を生産手段の私的所有による不正義として捉えるというキムリッカの視点［盧田 2016：67］）としての環境問題を政治と経済の双方の観点からの変革という視点から，「しかしながら，私たちは最初に，「緑」の陣営ではなく，社会主義の陣営から生まれた，資本主義に対する独創的な代替案について検討し，その後，それをエコロジズムの観点から評価すべきである」(p.259)と指摘している。

② 「エコロジズム」と「コミュニタリアニズム」

　自由な個人の価値を尊重する，制約なき「自由主義」，「自由主義者」に対して，歴史的に形成されてきた伝統的な共同体の中での個人としての完成を重視する，制約的な個人を基盤とする「コミュニタリアニズム」，「コミュニタリアン」は「エコロジズム」という人間と自然の生命共同体のための新しい政治的イデオロギーにとって，社会的な有効性をもつのかどうかという基本的な問いをここでは行っている。バクスターは「コミュニタリアニズム」の立場を，(1)諸個人は自分自身では意義のある自律を達成することはできないが，彼らの企図の明確な関係や目的を自分たちが成人していく社会的環境から引き出すことができること，(2)そうした価値の超歴史的な起源は存在しないこと，に集約している。むしろそれはすべて，現実の社会的文脈に由来する，(3)伝統と価値，慣習と制度を具体化する社会的文脈が実際に「善き生活」(good life)についての特定のビジョンを支えていること，(4)それゆえに，……政府の基本的な仕事は，自らが統治する社会に固有の「善き生活」に関する特定のビジョンを維持し，促進していくことでなければならない，と指摘している(p.210)。制約な

き自由な個人と制約的な共通善のための限定的な自由の個人，のいずれが「エコロジズム」を起点とするエコロジー社会にとって政治的イデオロギーとしての有効性があるのかをバクスターは考察している。結果，彼は「自由主義者たちにとって，『共通善』は個人の選好を社会的選択機能と結びつける政治的・経済的なプロセスの作用の結果として生じる。対照的に，コミュニタリアンの社会観においては，『共通善』は共同体によって限定された実体概念とみなされる」と解釈し，「エコロジズムはすべての人格の平等の道徳的地位だけでなく，人間以外の存在の道徳的配慮の対象となる可能性にもコミットしている」とした上で，「自由主義の下で考えられているよりも，幾分多くの制限がエコロジズムの下にある国家の中立性に対して課されるであろう」と結論づけ，キムリッカの主張する，「国家が『善き生活』についての実質的な見解を促進するとみなす『国家完成主義』（state perfectionism）を支持する」という考え方を提示している（p. 214-216）。

このことは，自由主義を基盤とした社会による人間としての生き方の完成という「社会完成主義」（social perfectionism）なのか，あるいは，コミュニタリアニズムという伝統的共同体における人間としての生き方の完成という「国家完成主義」なのか，という議論を提起し，「エコロジズム」が中立的な国家完成主義への道筋をめざすべきことを著者は示唆しているのである。

③ 「エコロジズム」と「フェミニズム」の関係から，「エコフェミニズム」へ
　一般に，フェミニズムの歴史は，19世紀末から20世紀初頭にかけての「近代的フェミニズム運動」（第一波）と1960年代半ばからの「現代的フェミニズム運動」（第二波）に大きく分けられる。第一波では，リベラリズムの原理を女性の存在に拡大していこうとする「リベラルフェミニズム」（Liberal Feminism）の思想によって，男性と同等に女性が法的・政治的権利をもつことが主張され，その成果として女性の参政権や財産権が獲得されることになった。続いて第二波では，女性の社会進出を背景として，男女の格差（職業や政治など）を実質的に是正することを求める，「ラディカルフェミニズム」（Radical Feminism）の思

想が大きな影響力をもってきた。そこでは，男女の社会関係に見られる権力作用を「支配―服従」関係として捉え，女性による社会的・経済的・性的な自己決定権の獲得が主張されることになった（松野 2009：188）。

このようなフェミニズム運動と1970年代当時，地球規模での環境破壊が深刻化し，環境問題を生活環境主義という，女性の視点からの草の根環境運動を通じて解決していこうとする，女性による環境運動とが有機的に結合することによって，「エコフェミニズム」（Ecofeminism: Ecological Feminism）としての思想や運動が誕生したのである。この「エコフェミニズム」という言葉自体は1974年，フランス人フェミニストの作家のF・ドボンヌ（Françoise d'Eaubonne）の著書『フェミニズムか死か』（*Le Féminisme ou la mort*）で初めて使用され，誕生した。

歴史的にみてエコロジー概念の誕生やエコロジー危機の警告に際しては常に女性の存在——1892年に生態学としての「エコロジー」概念を生活科学（Home Economics）として提唱した，米国の女性化学者で「エコロジー」を新しい科学としての「家政学」に結びつけた，E. スワロー（正確には，エレン・スワロー・リチャーズ[Ellen Swallow Richards]で，MITにおける最初の女子学生であった）や1962年に『沈黙の春』を刊行してDDTをはじめとする殺虫剤・殺菌剤・除草剤等の化学薬品などが人間の健康のみならず，自然環境の破壊をもたらすことを警告した女性化学者，R. カーソン（Rachel Caroson）等——があったことは厳然たる事実であり，女性が生活者の立場から環境問題の解決に重要な役割を果たしてきたことを物語っている（森岡，1995：152-162他，『環境思想の系譜3』）。このような歴史的流れを背景にして，「エコフェミニズム」思想では，フェミニズム思想にみられた「男性と女性」における権力関係を「人間と自然」へと敷衍させる形で議論が行われた。すなわち，エコロジー思想を基盤とした「人間による自然の支配」は，フェミニズムによる「男性による女性の支配」と同根であると考えられている。そして，女性としての存在を擁護することと自然保護とは同じ方向性をもっており，社会的弱者の立場から女性や発展途上国，先住民，さらに，自然の権利を保護していく等の社会的争点の積極

的な解決をめざした思想と運動を展開していくことがこの「エコフェミニズム」には課せられていたのである。

　エコフェミニズム運動が始動されたのは1980年代の米国で，スリーマイル島の原発事故（1979年）を契機として，環境破壊に対する反対運動や環境破壊を起因である男性優位型の社会システムを変革するための運動として，米国のエコフェミニスト運動家である，Y. キング（Ynestra King）によって展開された。彼女のエコフェミニズム思想の考え方は「現代の生態学的危機は，それだけでフェミニストがエコロジーを真剣にとらえる必要性を生み出すが，他の理由でも，エコロジーはフェミニストの哲学や政治の中心となっている。生態学的危機は憎悪のシステムに関連している。白人，男性，哲学や技術，死の発明を定式化した西洋の人間による自然と女性へのあらゆる憎悪である。……人間による人間支配，特に男性による女性支配に物質的な根源があるのだ」という言葉に代表されているように，地球環境破壊は男性優位型の社会体制から出てきたものであり，そうした社会体制を変革しなければ，エコロジー，フェミニズム，反人種差別運動に関わる社会問題を解決できないと指摘している（Y. キング 1995：169,『環境思想の系譜3』）。このことは男性支配を許してきた家父長制を痛烈に批判し，こうした家族システムを支えている社会システムそのものを破壊していくことをキングは強く主張しており，まさに，彼女はラディカル・フェミニズムを主導していくリーダーであったといえるだろう（松野 2009：189-191）。

　本書では，著者はフェミニズムについて，キムリッカによる女性解放のための二つのアプローチ，性差によって正当化できない不平等差別とする「差異（difference）」的アプローチと男性支配によって生じた不平等を差別とする「支配（domination）」的アプローチを援用することよって「支配」的アプローチこそが「人間以外の存在の道徳的配慮の対象となる可能性が全面的に無視されてきた」とした上で，「女性の従属と人間以外の存在に対する支配を支えているのは男性支配である」と断じることで，その解決方策として，「女性の『ケアをする』，養育的な特質を強調することは，男性支配がもたらす破壊か

ら,人間社会において女性を解放するためにも,人間以外の存在を解放するために必要とされていることである」として,エコロジズムがエコフェミニズムのイデオロギー的なツールになることを指摘している。その結果,男性と女性,さらに,人間と自然の間に生じている「不正義」を解決するための「正義の倫理」と女性や自然に対する道徳的配慮という「ケアの倫理」の有機的な連関性を提起しているのである (p. 219-225)。

[5]　第Ⅳ部　政治経済学的考察

この [第Ⅳ部] では,まず,「エコロジズムは資本主義を転換させることができるか」という主題の下に,政治的エコロジズムが経済発展と生態系の維持という課題を解決するための方策として,既存の資本主義的な政治経済的な体制を「持続可能な開発」(Sustainable Development)・「エコロジー的近代化」(Ecological Modernisation)・「経済民主主義」(Economic Democracy) という改良主義的な政策的方法論の妥当性について検証している。その上で,「市場社会主義」(Market Socialism) と「グローバル・エコロジー」(Global Ecology) という制度制変革の観点から,既存の人間中心主義的な資本主義から,生態系中心主義志向型の「緑」の資本主義の可能性について論究している。これからの政策転換・政策変革の根底にあるのは,生態系の持続可能性を前提とした政治的エコロジズムである。

(1)　エコロジズムは資本主義を転換することができるか
　　　――持続可能な開発・エコロジー的近代化・経済民主主義

本節の課題は「生態学的正義が求める要求を尊重しながら,人間が自分たちの繁栄に必要な物質的利益やその他の利益を獲得できるという保証を与えうるような,そうした経済的・政治的な生活の組織化のいくつかの可能性を検討していく」(p. 231) ことにある。こうした課題を解決していくために,持続可能な開発,エコロジー的近代化論,経済民主主義という政治経済学上の理論を取り上げている。

これらの理論の妥当性を検討することによって，①私たちの現在の経済的活動が物質的に存続可能かという問題について，資源問題（土地・水・燃料・鉱石等）や吸収源問題（清浄な水・土地・大気などの資源を汚染したり，破壊したりせずに経済的生産がもたらす廃棄物の処理問題への対応）に対する解決方策を検討しいてくこと，②人間にとっての経済活動の意義の問題として，新しいテクノロジーや労働方式の発明により，物質的生産の問題を確認し，克服することで，人間は自分たちにとってより理解可能なものへと世界をつくり直すようになってきたこと，③もし私たちが資源問題と吸収原問題を調整したり，最小化すると同時に貧困問題を処理するような，人間にとって満足のいく経済活動形式を見出すことができるとしても，その経済活動の形式は果たして生態学的正義の要求を満たすことができるか，という三つの課題を前述の三つの理論によって応答するのがここでの著者の対応なのである（p. 232-p. 235）。

① 「持続可能な開発」とその影響
　1972年のローマクラブによる『成長の限界』（*The Limits to Growth*）報告書によれば，地球の自然資源である化石燃料が現在のままの経済成長のために消費され続ければ，近い将来この資源は枯渇するという恐ろしいシミュレーション予測を提示したが，このことはこれまでの限界なき経済成長路線に大きな打撃を与えた。こうした「成長の限界」提言を受けて，1980年代から「持続可能な開発」（Sustainable Development）」が世界で議論されるようになったが，この概念は1987年の「国連環境と開発に関する世界委員会」（ブルントラント委員会）において提唱され，国連総会で承認されるという経過を経て形成されている。「持続可能な開発」は，ブルントラント委員会の報告書『我ら共有の未来（Our Common Future)』によれば，次のような定義を行っている。すなわち，「持続可能な開発」とは，将来の世代の要求を満たしつつ，現在の世代の要求も満足させるような開発をいう。持続可能な開発は鍵となる二つの概念を含んでいる。一つは，何にも増して優先されるべき世界の貧しい人々にとって不可欠な「必要物」の概念であり，もう一つは，技術・社会的組織のあり方によっ

て規定される，現在および将来の世代の要求を満たせるだけの環境の能力の限界についての概念である」（WECD 1987＝1987：66）。すなわち，「持続可能な開発」とは，経済開発と自然環境保全の相互関係を維持するだけではなく，それを可能にするための「環境共生型社会」の実現や同時代における「社会的公正性（正義）」の確保，また「世代間倫理」への配慮といった社会的条件が必要であることが想定されている。この議論に影響を与えた環境経済学者の創始者であるハーマン・デイリーによれば，この「持続可能な発展」を実現していくためには，経済システムと自然生態系とを相互に独立し，閉鎖したシステムとして捉えるのではなく，それらは相互に関連し影響し合う一つのシステムとして位置づける必要あるが，そのためには，経済システムを「抽象的な交換価値の，孤立した──質量のバランス，エントロピーや有限性によって制限されない──循環フロー」ではなく，「有限な自然の生態系（環境）の中の開かれた下位システムとして想定」することが必要であることを彼は指摘している（Daly 1996＝2005：68）。

　こうした「持続可能な開発」概念が登場してきた背景の主要因である産業主義に対して，バクスターは，「産業主義とは，資本主義体制，社会主義体制，その他の体制のいずれの体制の下で生じたものであれ，生態系の維持という観点からの要請に従って，徹底的に再構成されなければならないものである」として，産業主義のあり方に再検討を迫るとともに，「……環境を破壊するのではなく，環境と調和するような，より精神的に有益な活動に転じよ，という訴えかけが存在する」という形で，経済成長（開発）と自然（生態系）が共存するような新しい産業主義の必要性を指摘している（p. 235）。

② 「エコロジー的近代化論」の役割

　環境と調和する新しい産業主義の一つの形態として，著者は欧州の環境政策で積極的に採用され，政策的に成功したとされる「エコロジー的近代化論」（Ecological Modernisation）を取り上げている。バクスターは「環境に関心をもつ人々の目標は生物圏の保護という関心の下に，資本主義の仕組みを厳格に管

理することであるべきだ」という問題意識のもとに、「エコロジー近代化」について、「『エコロジー的近代化』の活動の中心にあるのは環境への損害を最小限に抑えるような生産工程によって、環境に有益なテクノロジーを実現することである」としてその有効性を指摘している (p. 236)。

　ここで、「エコロジー的近代化論」についてその歴史的過程について簡単に説明しておくことにする。「エコロジー的近代化論」とは、1970年代における欧州の各国における環境問題の政策的対応の失敗に対する反省から、欧州における新しい環境政策の創出に関して、環境社会学・環境政策・環境政治学等の社会科学の諸領域の観点から環境問題の現実的な解決方策、すなわち、産業社会における生産と消費を環境に配慮した視点から構造的な技術革新を推進していく方策を講じていくことを追求してきた結果から生まれた、環境危機への現実的な分析手法である。こうした研究は1980年代に入ってから、欧州、とりわけ、今日では環境先進国といわれているドイツ、オランダ、イギリス、などを中心とした社会科学者を主要メンバーとなった研究グループ、とりわけ、ドイツのM. イェニケ (Martin Janicke)、J. フーバー (Joseph Huber)、オランダのA.・モル (Arthur Mol)、G. スパーガレン (Gert Spaagaren)、英国のA. ウィール (Albert Weale) らがこの理論の構築と環境政策への展開に大きく貢献した。「エコロジー的近代化論」登場以前の環境政策では、持続可能な発展（開発）による環境保全型社会の実現は「経済のエコロジー化」といったような物質的な側面を重視した経済成長とトレードオフの関係にあると考えられてきた。しかし、「エコロジー的近代化論」では社会システムの各領域が環境配慮的な価値を共有することで、新しい環境政策を推進し、環境問題の解決に積極的に対応することで地球環境危機を乗り越えることが可能と考えられている。最後に、「エコロジー的近代化論」の限界として、「『エコロジー的近代化論』では、『経済のエコロジー化』を通じて、その他の社会システム全般の変化を促してきた。こうした技術的・経済的戦略としての『エコロジー的近代化論』はあくまでも『経済のエスコロジー化』を基本原理としているために、『経済的に持続可能な社会』への到達には貢献するけれども、産業システムそのものに対す

る根本的な変革をめざす『環境的に持続可能な発展』の考え方からは乖離しているといわざるえない」という点に留意していただきたい（松野 2014：171）。

③ 「経済民主主義」の可能性

　第10章の「エコロジズムは資本主義を転換することができるか」の中で，著者が「持続可能な開発」に対する諸見解の中で，最後に取り上げ，経済システムの転換にとって重要な要素としているのが「経済民主主義」（Economic Democracy）である。この「経済民主主義」は資本主義に対する変革的な要素をもった考え方であり，具体的には，政治的な民主主義化が成功しても，労働者の権利や完全雇用等の労働者に対する社会保障や経済政策への労働者の参加が法的に制度化という経済的な民主主義が実現しない限り，真の民主主義社会を構築することはできないということである。この言葉は，ドイツのワイマール時代の1928年に経済学者のフリッツ・ナフタリ（Fritz Naphtali）が『経済民主主義』（Wirschaftsdemokratie）の中で提起されたもので，「社会主義と経済民主主義とは，相互に究極目標として分かちがたく結びついている。社会主義的な経済制度なしには完全な経済民主主義はありえないし，また社会主義の理想は経済の指導を民主的に組織することなしには実現しえない」という主張から，「経済民主主義」が登場したとされているが，資本主義的な経済活動の改良というよりも，社会主義に向けての経済的な革命の手段として使用されたと解釈しても理解していいほど政治的イデオロギー性を内包した言葉である（Nafptali 1928＝1983：7／古河 1984：84）。

　しかしながら，バクスターは既存の資本主義的な経済システムを社会主義的なそれに転換するというよりも，現状の経済システムを生態学的な健全性の観点から改良していこうとする意図読み取れる。「資本主義内部に存在する環境的に有益な一つの展開が成果をもたらし続けることを私たちは望むであろう。その成果とは，つまり，物質やエネルギーの使用に際して，より汚染が少なく，より節約的な生産を行うことは，コストを減らし，収益率を高めるという発見である」という主張にみられるように，エコロジー経済学の手法を応用するこ

とで，環境や企業利益に負荷を可能な限り最小化していこうという変革的な経済システムの構築をめざしていることが理解される（p. 255）。

(2) 「緑」の資本主義のオルタナティブ——市場社会主義とグローバル・エコロジー

今日の環境問題を解決し，生態学的正義の健全性を確保するためには，既存の自由主義的資本主義では困難であるとの認識から，エコロジズム（市場社会主義的な意味としての「緑」）と有機的に連関させるようなもう一つの資本主義への転換の可能性を模索しようとするのがここでの課題である。具体的には，社会主義国家における計画経済と資本主義の市場自由主義を融合させた「市場社会主義」（Market Socialism）と地球全体の生態系を支援していくための「グローバル・エコロジー」（Global Ecology）の考え方や方法を検討していくことである。このことは，「エコロジズムは人間が繁栄するための条件に関する基本的な関心から導かれるような人間の幸福という観点からのみ，これらの問題に関心を抱いているけれども，資本主義的市場に対するいかなる代替案であれ，それは資本主義よりも生態学的正義の要求に応えるものでなければならない」という著者の意図で明確に示されている（p. 261）。

① 「市場社会主義」への接近と可能性

資本主義おける市場自由主義経済（市場原理主義）に対抗すべく，1936年にポーランドの経済学者，オスカル・ランゲ（Oskar Ryszard Lange）によって創始されたのが「市場社会主義」である。「市場社会主義」とは，中央政府による計画経済を基盤とした社会主義経済と自由競争を基盤とする資本主義の市場自由主義（市場原理による生産・分配・資源配分[価格決定メカニズム]）とを融合させた経済システムのことである。

バクスターはこうした「市場社会主義」の考え方をエコロジズムとリンクさせた経済学者として，デービッド・ミラー（David Miller）の「市場社会主義」論を「資本主義よりも生態学的正義の要求に応えることができる」，「実現可能な社会主義経済」の理論として考察している（p. 260-261）。ミラーの基本的な

考え方は「すべての生産企業は『労働者協同組合』(worker's cooperatives) として構成され，その資本を外部の投資機関から借りている。各企業は製品，生産方法，価格などを独自に決定し，市場において顧客を求めて競争をする。純益はプールされ，そこから賃金が支払われる。各企業は労働者によって民主的に管理されており，協同組合内部でいかに所得配分を行うかどうかについては，労働者が決定すべき事柄に含まれている」というものである (p. 261)。バクスターがミラーの理論を肯定的に評価するのは，経済的な意思決定の手続きに労働者の自律性が組み込まれているからである。この労働者協同組合は労働者に雇用の機会を与えるだけでなく，生態学的正義の要求を満たすために，その生産活動のあり方を変えたり，修正したりする可能性があることを期待しているからである。さらに，彼は「市場社会主義が資本主義システムや国家社会主義システムがもたらした環境悪化に対する万能薬であると思えない」(p. 263) としながらも，市場社会主義がエコロジズムの観点からしても，人間の幸福にとって必要な財を提供する能力をもっている可能性を肯定している。しかしながら，近年の社会主義諸国の経済破綻やチェルブイリ原発事故などの悲観的な材料を考慮しても，この「市場社会主義」が生態学的正義を実現する経済政策となるかどうかは，さらに，検討していく余地があるだろう。

② 「グローバル・エコロジー」の浸透

1960年代から先進工業国おける環境汚染が公害問題として拡散していくにつれて，環境問題は自然環境に対する人間の破壊行為や人間環境に対する不法行為が加速度的に増加していった。1980年代になると，地球温暖化に代表される気候変動によって，洪水・干ばつ・酷暑・台風／ハリケーンなどの異常気象が常態化し，地球全体の気候や生態系に大きな影響を及ぼすようになった。こうした地球環境の悪化を背景として，1972年にローマクラブから地球の自然資源の有限性をシミュレーションした『成長の限界』報告書が発表されるとともに，同年，スウェーデンのストックホルムで，国際連合人間環境会議（United Nations Conference on the Human Environment)」（「ストックホルム会議」)。が「か

けがえのない地球」(Only One Earth) というキャッチフレーズの下に，世界113ヵ国が参加し，世界規模で環境問題を話し合う政府間が開催された。そこでは，「人間環境宣言」や「環境国際行動計画」が採択された。この1972年という年がグローバルな環境問題に人類が関心を寄せる契機となったといえるだろう。その後，1992年には，国連の「環境と開発に関する国際連合会議（地球サミット）」で，世界各国の間に「気候変動枠組条約」が採択され，地球温暖化による気候変動問題に対する定期的な国際会議（「気候変動条約締結国会議＝COP」が開催され，地球温暖化の原因とされる温室効果ガス（CO_2）の排出量削減が各国の削減目標とされた。1997年の京都議定書（Kyoto Protocol）では，温室効果ガスの二酸化炭素（CO_2），メタン，亜酸化窒素等の削減目標値が努力目標として定められたのである。

　このように，1970年代からのグローバルな環境問題の深刻化が世界の国々に地球環境問題への対策の重要性を認識させ，その対応策をとらざるを得ない状況に追い込まれたのである。前述の1992年の「環境と開発に関する国際連合会議」以降，経済発展と生態系の維持の双方を持続させようとする「持続可能な開発（ないし，発展）」が地球環境問題の中心的なテーゼとなった。しかし，この「持続可能な発展」は生態系の維持という自然環境の保護を優先するのではなく，経済発展を阻害しない限りにおいての自然環境の保護であり，自然資源の活用は依然として容認されていたことが大きな問題となった。「持続可能な社会」という名の下に世界で進められてきた地球規模での環境保護運動，すなわち，「グローバル・エコロジー」に自然資源の乱用をめぐる南北問題等のさまざまな問題があることを指摘したのがドイツの環境学者であり，ヴィッパータール気候・環境・エネルギー研究所（the Wuppertal Institute for Climate, Environment and Energy）のベルリン・オフィスの所長であった，ウェルフガング・ザックス（Walfgang Sachs）である。彼は一時期（1993年〜2001年）まで，環境保護団体，ドイツ・グリーンピースの代表も務めていた。彼はこうした経済発展優先型の「持続可能な社会」論を徹底的に批判し，地球にとって重要な環境保護運動とは何かを問い続けてきた。彼は1993年に編著書『グローバル・

エコロジー——政治紛争の新しい舞台』を刊行し，地球環境問題を人間中心主義から，生態系中心主義の観点からの環境政策のあり方を検討していくことの重要性を訴えている。

　バクスターは『グローバル・エコロジー』における「持続可能な開発論」に対して，「ブルントラント報告以後の『持続可能な開発』というレトリックの登場によって，こうした環境主義的批判は打倒され，資本主義が原動力である経済成長の勢いに対して無害なものに変えられたのであった」(p. 264)として，地球の生態系の破壊に対する環境主義的な批判が抑制され，経済発展を前提とした「持続可能な開発」が社会的優位性を増してきたことを指摘している。その上で，環境政策における南北問題を解決するための「グローバル・エコロジー」の役割を「グローバル・エコロジーは資本主義的自由主義の道標に沿って，世界の『開発途上国』地域を急き立てるのではなく，むしろ西洋と第三世界をより接近させることによって，地球上の人間という居住者の条件をより均等化しようと意図していると結論づけられるだろう。第三世界は西洋の道に従うことなしに，開発されるべきである。そして，地域主義，共有地，人間以外の世界との近さ，自然を前にしてのより大きな謙遜といった，第三世界の貴重な側面は西洋において守られ，発展させられるべきである」(p. 284-285)として，西洋流の「持続可能な開発」を開発途上国に押しつけるのではなく，自然と共存する環境政策のあり方を追求していくことの必要性をバクスターはこのエコロジズムに託しているのである。

[6] 環境社会（環境主義）から，エコロジー社会（もしくは，緑の社会——エコロジズム）への転換の可能性——「緑の国家」構想

　今日の環境問題はグローバルに，かつ，多角的に拡散しているために，経済的・技術的な対応だけで解決していくことはきわめて困難になりつつある。その要因の一つには，1986年の旧ソ連のチェルノブイリ原子力発電所事故や2011年の東日本大震災による福島第一原子力発電所事故に代表される原子力発電所事故による放射能拡散等の問題である。人間文明の産業社会システムを支える

エネルギー問題と絡んでいるだけにこの問題への対応がきわめて喫緊の課題となってきている。これは資本主義国家，社会主義国家に関係なく，国家を支える経済的・エネルギー的基盤の問題であり，原子力発電所に代わる新しい再生エネルギーをどのように確保していくかが一層重要な政策課題となっている。

18世紀の産業革命以降，近代産業社会から現代産業社会に至るまで，経済発展による豊かな社会づくりの達成が世界各国の主要政策目標となってきたが，他方で，自然環境や人間環境の破壊などによって，公害問題・環境問題，都市問題，エネルギー問題等の負荷現象をもたらしてきた。

こうした課題に対応すべく，自然と共存するための社会づくりとして，1987年に関連の「環境と開発に関する世界委員会」（WCED＝ブルントラント委員会）が提起した「持続可能な開発」概念が登場してから以降，「持続可能な社会」という名称の環境社会の構築がわれわれの新たな課題となったのである。つまり，人間文明と自然とを両立させるような，いわば，既存の資本主義を「緑」のそれへと転換させる政策が求められるようになったのである。経済発展優先か，生態系の維持優先か，という二者択一の問題ではなく，いかにして人間と自然が共生する「持続可能な社会」を構築するかということが今日の重要課題なのである。こうした議題を解決していくためのイデオロギー的な価値変革要素として提起され，その役割を担うのが本書の著者であるバクスターの「政治的エコロジズム」といえるだろう。

本書では，第11章において，「『緑』の資本主義へのオルターナティブ」というタイトルの下に，「市場社会主義」と「グローバル・エコロジー」という社会主義経済的な側面から検討が加えられているけれども，すでに指摘したように，地球環境問題は資本主義・マルクス主義というイデオロギー的社会論とは関係なく，発生し，深刻な被害が拡散しているのが現状である。こうした現状を打破し，地球環境問題を根本的に解決しいてくためには，資本主義的な「大量生産―大量消費―大量廃棄」型の産業社会システムを変革し，地球の生態系の持続可能性の観点からの，エコロジー的な市民意識や政策・計画，生活者の行動の変革が要請されているのである。

そこで，著者のテーゼである「『緑』の資本主義のオルターナティブ」として，経済発展優先型の環境社会から，生態系の持続可能性を前提とし，自然と人間が共生するための「エコロジー社会」(The Ecological Society) やそれを支える「緑の国家」(The Green State) への転換の可能性に関する示唆を『緑の国家』の著者である，オーストラリア・メルボルン大学環境政治学担当教授，ロビン・エッカースレイ博士（Robyn Eckersley）の「緑の国家」論の視点・考え方を［資料編］として紹介することを通じて，この問題を考えるヒントとしておきたい。(Eckersley 2004=2010：307-322)

［資料編］R. エッカースレイの『緑の国家』論の視点と構想
1．「緑の国家論」の視点と構想

1970年代～1980年代にかけて出現した現代環境主義思想は，「大量生産―大量消費―大量廃棄」型の産業社会の構造矛盾，すなわち，経済開発活動という社会発展が自然環境や人間生活の破壊・解体をもたらすものとして，そうした活動を推進した政府・企業等に対して異議申立を行うという社会運動（環境運動）が環境政策を重要な政策として遂行すべきであるという方向性を生み出した。こうした政策状況をつくりだしていったのは，ディープ・エコロジーを中心としたラディカルな環境倫理思想であったが，われわれ人間の内的変革（環境意識の萌芽）をもたらしたものの，エコロジー的に持続可能な社会や国家を創出していく段階までには至らなかった。こうした課題の政策的検討や制度的変革の方向性の視点から積極的に引き受けてきたのが1980年代の「緑の党」の出現であり，1990年代に登場した環境政治思想・環境政治学や緑の政治思想学・緑の政治学等の政治理論と政治体制のエコロジー化をめざした，欧州の研究者たちであった。

エッカースレイによれば，経済のグローバル化は資本主義的な国家の推進と環境問題のグローバル化，すなわち，今日のような地球の生存を脅かすような地球環境危機をもたらし，そうした状況の深刻化がエコロジー的に持続可能な国家を生み出すことが〈エコロジー的に持続可能な社会〉(Ecologically

Sustainable Society) を構築していくことになる,としている。(Eckersley,R., (2004), The Green State, MIT Press, Chapter 1: Introduction) こうした「緑の国家」像として,「緑の党」が主体となってさまざまな環境政策目標を綱領として掲げるような自由民主主義的な国家ではなく,「エコロジー的民主主義」(Ecological Democracy) を基盤とした,環境政策を主軸とした強力で実効的な国家であり,環境的公共財を保護する任務を果たす「エコロジー的受託者」(Ecological Steward) としての〈善き国家〉(Good State) であり,グローバルな環境ガバナンスを共有できるような〈エコロジー的,民主主義的(熟議民主主義的),脱国家的な国家〉をエッカースレイは構想している。そのための課題として,(1)環境的多国間主義の進展,(2)企業や国家の競争戦略としての永続可能な発展や強力なエコロジー的近代化論の出現,(3)市民社会における環境的思考の成熟化,(4)環境問題をめぐって「拘束のない対話」,「包摂性」,「社会的学習」等を可能とするような,開かれた民主主義,すなわち,〈熟議民主主義〉(Deliberative Democracy) を基盤とした,〈エコロジー的熟議民主主義〉(Ecological Deliberative Democracy) の実現,等を指摘している。(同上書, chapter1 and 5)

　このようなエッカースレイの「緑の国家論」の根底には,現在の自由民主主義的な国家では,経済におけるグローバリズムを通じて私的な経済的利益の獲得が支配的な政策目標となっているような,政府や企業が存在している限り,生態系を破壊するような地球環境危機は解決できないという懸念とともに,特定の政党(緑の党等)や運動家(環境運動家等)を構成メンバーとするような国家形成ではなく,すべての利害関係者が民主的な手続きによって,国家政策に参加できるような,「緑の国家」を想定しているのである。

2.「緑の国家論」の段階的発展論

　こうした環境政治的思考や緑の政治的思考を理論的・実践的に熟成させたエッカースレイは資本主義的な生産と消費のシステムを維持し,経済発展と環境保全を両立させようとする,〈環境保全型国家〉から,地球環境の生態系の維

持・発展を基盤とした,「エコロジー的な市民性」(Ecological Citizenship) と「環境ガバナンス」(Environmental Governance) の二つの要素の有機的統合化による,未来の国家像として,〈緑の国家〉(The Green State) の見取り図を本書『緑の国家』を通じて提示したが,『緑の国家』刊行後の最近の論文では,〈環境保全型国家〉から,〈緑の国家〉への移行過程を次のような三つの段階に分類し,〈緑の国家〉への方向性を明示している。このエッカースレイの三段階の環境国家像は,〈持続可能な社会〉という形で,資本主義的な経済成長と環境保護の両立性を提唱した,1987年の「ブルントラント委員会報告」を批判的に発展させたもので,原基的なエコロジー的近代化論政策 (Simple Ecological Modernization) を軸として,技術的イノベーションを通じて,「環境的効率性」(eco-efficiency) と「環境的生産性」(environmental productivity) の双方を向上させていく,〈環境的リベラル国家(環境的自由主義国家)〉(Ecoliberal State = リベラル・デモクラシー国家) 段階から,持続可能な発展政策段階[このような政策の価値目標となっているのが,「環境保護」(environmental protection) と「環境的正義」(environmental justice) の促進を基盤として,すべての人間のニーズを現在から未来に向けて充足させていく,〈環境福祉国家〉(Environmental Welfare State = ソーシャル・デモクラシー〔社会民主主義〕)へとさらに,近代産業社会以降の思想基盤である,「産業的近代化」(industrial modernization) の手段・目標・影響を自省的に再検討していく,「自省的なエコロジー的近代化論」(reflexive ecological modernisation) を基軸とした上で,人間と自然との共生関係を現在から,未来にむけて維持・発展させていく,〈緑のデモクラシー国家(緑の民主主義国家)〉(Green Democratic State) 段階へと,環境(デモクラシー)国家が変遷していくことを理念的に類型化している。(Eckersley 2005 : 18-20) (注——メルボルン大学のP. クリストフ博士もエコロジー的近代化政策の強弱レベルを起点として,〈環境ネオ・リベラル国家〉(Environmental Neoliberal State——環境的価値の制度化が弱い:オーストラリア・アメリカ),〈環境福祉国家〉(Environmental Welfare State——非常に弱いヴァージョンのエコロジー的近代化政策:スウェーデン・オランダ),〈緑の国家〉(The Green State——強いヴァー

ジョンのエコロジー的近代化政策：該当国無），〈エコファシスト国家〉（Ecofascist State——強いエコロジー的近代化政策：該当国無），の四つの環境国家の類型化を行っている。〈社会福祉国家〉（Social Welfare State）（該当国：社会主義国家ハンガリー）や〈ネオリベラル国家〉（Neoliberal State）も類型化の中に記載されているが，特性分析がないのでここでは除外している）。）

　このような環境国家の捉え方は，環境保全型社会でありながら，依然として，経済成長や物質文明を追求しつづけている，今日のような「大量生産—大量消費—大量廃棄」型の社会経済システムを進展させ，人間の利益のための自然環境の収奪を持続させている，今日の社会・経済・文化システムを批判していくとともに，これらのシステムを変革していく制度変革の方向性を明確に示したものとしてきわめて示唆的である。われわれが今日の環境問題を技術対応的な志向性ではなく，社会制度（あるいは，社会システム）の構造変革的志向性の観点から解決していこうとする時，こうしたマクロな社会構想的な展望は〈緑の社会〉（エコロジー的に永続可能な社会）の政策的に具現化していてための道筋を示す類型化として，理念的・理論的・実践的視点からも有意義なものと思われる。

　こうした環境国家論が出現してきた背景には，これまでの環境政策が〈持続可能な社会〉（現実的には，〈経済的に持続可能な社会〉）という美名のもとに，環境保護政策よりも経済成長を重視する経済政策が優先されつづけてきたことに起因するが，こうした政策に対して，〈エコロジー的に持続可能な社会〉への転換に向けての，全面的な制度変革を追求していこうとする，ラディカルな思想的，かつ，政治学的な志向性がエッカースレイ等の環境政治学者や緑の政治学者には明確に読み取ることができるだろう。

引用・参考文献

Archer, R., (1995), *Economic Democracy*, Oxford University Press.

Barry, J & Frankland, E.G., (2002), *International Encyclopedia of Environmental Politics*, Routledge.

Bramwell,A., (1989), *ECOLOGY in the 20th CENTURY-A Hisotory*, Yale University

Press＝［邦訳］金子務監訳（1992）『エコロジー――その起源と展開』河出書房新社。

Carter, N., (2001), *The Politics of the Environment*, Cambridge University Press.

Daly, H.E. (1996), *Beyond Growth*, Beacon Press＝［邦訳］新田功他訳（2005）『持続可能な発展の経済学』みすず書房。

Dobson, A., (1995), *Green Political Thought, 2nd edition*, Routledge＝［邦訳］松野弘監訳（2001）『緑の政治思想』ミネルヴァ書房。

Eckersley, R., (2004), *The Green State*, The MIT Press＝［邦訳］松野弘監訳（2010）『緑の国家』岩波書店。

古河幹夫（1984），「経済民主主義と社会主義――オタ・シク『人間的な経済民主主義』を中心に」『経済学論叢　第134巻　第1・2号』京都大学経済学会。

Hayek, F., (1949), *Individualism and Economic Order*, London: Routledge＝［邦訳］嘉治元郎・嘉治佐代訳（1997）『個人主義と経済秩序』春秋社。

Kymlicka (2001), *Contemporary Political Theory*, Oxford University Press＝［邦訳］千葉眞他訳（2005）『新版 現代政治理論』日本経済評論社。

栗栖聡（2003），「アンドリュー・ドブソンの緑の政治理論」『徳島大学社会科学研究 第17号』所収論文，徳島大学。

Lange, O.R.., (1935), Marxian Economics and Modern Economic Theory, The Review of Economic Studies, Vol.2, No.3, Oxford University Press.

Lange O.R., (1936), On the Economic Theory of Socialism, Part I, The Review of Economic Studies, Vol.4, No.1, Oxford University Press.

Merchant, C., (1980), *The Death of Nature*, Harper & Row Publishers＝［邦訳］団まりな他訳（1985）『自然の死』工作舎。

McCormick J., (1996), *The Global Environmental Movement,2nd edition*, John Wiley & Sons, Inc.＝［邦訳］石弘之・山口裕司訳（1998）岩波書店。

松野弘（1999），「エコロジズムに関する考察（上・下）」『社会学論叢　第134号』所収論文，日本大学社会学会。

松野弘（2014），『現代環境思想論』ミネルヴァ書房。

鮨田徹（2016），「『正義論以降の政治理論の構図——キムリッカ『新版 現代政治理論』を手がかりとして』『愛知県立大学看護学部紀要 Vol. 22』所収論文，愛知県立大学看護学部」

Miller, D., (1989), *Market, State, and Community*, Oxford: Clarendon Press.

Meadows, D.H.,et al., (1972), *The Limits to Growth*, Earth Island ＝［邦訳］大来佐武郎監訳（1972）『成長の限界』ダイヤモンド社。

Naess A., (1989), *Ecology, Community, and Lifestyle*, Cambridge University Press ＝［邦訳］斉藤直輔他訳（1997）『ディープ・エコロジーとは何か』文化書房博文社。

Nash, R.F., (1990), *American Environmentalism 3rd* , *McGraw-Hil* ＝［邦訳］松野弘監訳（2004）『アメリカの環境主義』同友館。

Naphtali, F., (1928), Wirschaftsdemokratie, herausgegeben im Auftrage des Allgemeinem Deut]schen Gewerksschaftsbudes ＝［邦訳］山田高生訳（1928）『経済民主主義』御茶の水書房。

尾関周二他編（2005），『環境思想キーワード』青木書店他。

小原秀雄監修（1995），『環境思想の系譜１～３』東海大学出版会。

Sachs, W., (eds.)) (1992), *Global Ecology*, Zed Books.

Shabecoff, P., (1993), *A Fierce Green Fire*, Farrar, Straus&Giroux, Inc.＝［邦訳］さいとう・けいじ他訳（1998）『環境主義』どうぶつ社。

高津融男（2006），「環境価値理論の多様性と社会的正義論」『奈良県立大学「研究季報」第17巻 第２号』所収論文，奈良県立大学。

World Commission on Environment and Development ＝ WECD (1987), *Our Common Future*, Oxford University Press ＝［邦訳］大来佐武郎監訳（1987）『地球の未来を守るために』福武書店。

人名索引

あ行

アーチャー,ロビン 256
アインシュタイン,アルバート 24
アリストテレス 84
イースターブルック,グレッグ 35
イヤーリー,スティーヴン 28
ヴァン・パリース,フィリップ 193
ウィリアムズ,バーナード 107
ウィルソン,エドワード 43
ウェルズ,デービッド 79, 108
ウォルツァー,マイケル 163
オニール,ジョン 72, 84

か行

カント,イマヌエル 83
キムリッカ,ウィリアム 93, 178
キャリコット,J・B 45
グールド,キャロル 149
グッディン,ロバート 153
グドール,ジェーン 151
グリーソン,ブレンダン 95, 137
グレイ,R・H 248
ゴールドブラッド,デービッド 235

さ行

サワード,マイケル 29
ジェイミソン,デール 102
ジョンソン,ローレンス 76
シルヴァン,リチャード 58
シンガー,ピーター 48, 75
スピノザ,バールーフ・デ 24, 28
スマッツ,J・C 21
スミス,アダム 169

た行

ダーウィン,チャールズ 29
ターナー,ケリー 246
デ・ゲウス,マリウス 142
テイラー,ボブ・ペッパーマン 4
テイラー,マイケル 174
デイリー,ハーマン 265
デカルト,ルネ 69
ドゥオーキン,ロナルド 178
ドブソン,アンドリュー 1, 154
ドライゼック,ジョン 12, 170, 249, 252

な行

ネス,アルネ 20
ノージック,ロバート 190
ノートン,ブライアン 9, 65, 192

は行

ハイエク,フリードリヒ 260
ハーディン,ギャレット 269
バリー,ジョン 72
バリー,ブライアン 116
ピアス,デービッド 246
ヒトラー,アドルフ 106
ブース,ダグラス 104
プラトン 44, 108
ヘイワード,ティム 10, 64
ベネット,デービッド 58
ベントン,テッド 46, 187
ホッブズ,トマス 134
ポパー,カール 204

ま行

マーテル,ルーク 127
マードック,アイリス 286

マシューズ，フレイヤ　20, 95
ミューア，ジョン　12
ミラー，デービッド　260

ら行

ラウトリー，ヴァル　105
ラウトリー，リチャード　105
ラヴロック，ジェームス　25

ラズ，ジョセフ　213
リンチ，トニー　79, 108
ルース，マイケル　49
レーガン，トム　75
レオポルド，アルド　192
ロー，ニコラス　95, 137
ロールズ，ジョン　116, 183
ロック，ジョン　22, 134

事項索引

あ 行

愛　56, 108
愛国心　136
アイデンティティ　160
アグリビジネス　276
アナーキスト　170
安定性　277
イギリスの野鳥の生活　240
意思決定　204, 247
一元論的形而上学　26
一元論的全体論　33
一貫性論　74
イデオロギー　1, 5, 157, 160, 286
遺伝子工学　197
遺伝子操作　238
遺伝的基盤　48, 60
遺伝的資質　185
遺伝的浮動　46
インターネット　167
宇宙　27
宇宙的自己　33
エコロジー経済学　246, 247
エコロジー的近代化　236, 244, 249
エコロジー的な再構築　252
『エコロジー的自己』　20
エコロジー的政府　217
エコロジスト　15
エコロジズム　1-15, 19, 20, 29-33, 41-52, 54, 57, 63, 65, 66, 83, 92-94, 110, 111, 123, 127, 133-137, 140, 143, 147, 152, 156, 157, 171, 178-180, 189, 201, 247, 261, 287
煙突産業　237
黄金時代の神話　271
オープン・アクセス　283

オキアミ　96
汚染　238
オゾン層　238
オゾン層の破壊　241
オプション価値　104
オランダ国家環境政策計画　250, 251
温室効果ガス　238
温情主義　155, 211, 213

か 行

ガイア仮説　25, 76
開発　281-283
開発途上国　274, 284
科学的エコロジスト　15
科学的思考の諸原理　53
科学的ヒューマニスト　34
科学の可謬性　29
拡大された自己　137
拡大的な自己　63
拡張主義　267
核融合エネルギー　237
化石燃料　234
価値判断　81
価値判断者　81
価値判断者なくして，価値はなし　72, 82
価値名辞　90
可謬主義　215
可謬論の立場　162
家父長制　227
神に対する愛　135
神の信託管理人　11, 37
環境 NGO　147
環境イデオロギー　4
環境経済学　245
環境主義者　235

環境的正義　95, 143, 194
環境的不正義　252
環境配慮の証明書　250
環境紛争　139
環境保護団体　243
環境倫理学　45
環境レジーム　265
関係のネットワーク　224
還元主義　46
完成主義　205, 216
カント的な正義　117
観念論　6
キーストーン種　278
機会の平等　119, 122
幾何力学　24
帰結　182
帰結主義　179
危険社会　252
疑似有機体　76
希少性　97
擬人化　220
犠牲的行為　115
規範理論　127
キブツ　44
基本財　120
基本的ニーズ　145
客観的価値　73
吸収源問題　233
驚異性　86-92, 100
『饗宴』　108
境界づけられた自己　137
共通善　211
共同体　110, 268, 273
共同体の自律性　270
共有地　269
共有地の悲劇　131, 169, 289
ギルド　274
緊急性　102
均衡　277
金融的権力　170

クレード　39
グローバリズム　158, 164, 174
グローバル・エコロジー　264, 268
グローバル・コミュニケーション　167
グローバル化　166
グローバル資本　265
グローバルな政府　147
ケア　223
ケアと配慮の共同体　110-112
ケアの倫理　224, 225
経済成長　235, 254
経済的行為者　140
経済的再組織化　249
経済的自由主義　166
経済民主主義　244, 256
経済的余剰　282
経済発展　144
形而上学　19
啓蒙された自己利益　207
啓蒙主義　12, 150
啓蒙主義の遺産　268
ゲーム理論　175
血縁選択　50
ゲノム　46
限界テーゼ　7
原基倫理　47
原初状態　186
原初的取得　122
原子力エネルギー　237
原子論　20
原子論的個人主義　22
原子論的分析　134
原生自然地域　214
権利の制約　118, 122, 123
コイン投げ　99
広教会派　67
公共圏　170
公共善　176, 251
公共選択学派　168
公共の福祉　169

事項索引

後見制度　143, 145, 153, 247
公正　124
後成規則　43, 51
公正な機会均等原則　185
幸福　133, 180, 209
功利主義　75, 77, 179
合理的協調　116, 118
国際環境裁判所　138
国際協調　284
国際的マスコミュニケーション　166
国際的レジーム　168
国際法　168
互恵的利他主義　50, 51
個性　101
国家　168
国家完成主義　216
国家社会主義　263
国家装置　168
国家の中立性　214
古典的自由主義　22
コミュニタリアニズム　209
コミュニタリアン　217
固有の価値　71

さ 行

「差異」理論　219
災害　238
財産　190, 191
財産の原初的取得　191
最小国家　132, 170
再生可能なエネルギー　234, 237
再分配　194
搾取　202, 203, 276
殺虫剤　240
参加民主主義　149
産業革命　237
産業主義　235
私化　221
資源　201
資源問題　232, 240

自己　23, 80
自己概念　137
自己実現　80
自己支配　190
自己所有権　190, 191, 196
自己性　90
自己保存　80
市場経済　6, 175
市場資本主義　261
市場社会主義　203, 260, 261
システム理論　21, 22
自生的秩序　174
自生的な無秩序　175
自然界の奴隷　240
自然科学者　27
自然資源　188
自然資本　245
自然主義　11
自然状態と社会契約　133
自然選択　31
自然の貴族制　185
自然法　134
持続可能な開発　115, 231, 243, 244, 264, 283
自治組織　273
実践　233
「支配」理論　219
自発的反応　109
慈悲心　118
資本主義経済　249
資本主義的収益性　254
社会科学者としての生物　151
社会完成主義　216
社会主義者　287
社会生物学　43, 45, 48
社会的所有制　203
社会的正義　95
社会的動物　217
種　40
自由　197

335

私有財産　176
私有財産制度　132
自由市場　132
自由主義　210, 287
自由主義者　287
自由主義的資本主義　232
囚人のジレンマ　131, 289
自由放任主義　44, 45
充満性　38
種差別主義　64, 79, 107
種特有の特徴　94
順応性　278
消費主義　212, 270
私利私欲　144
自律　210, 215
自律性　153, 156, 159, 190, 192, 257
ジレンマ　112
シロナガスクジラ　96
人格　36, 187
人格の平等な道徳的地位　190
進化の爆発　32
人工資本　245
新古典派経済学　201
人種差別主義　181
信条のネットワーク　161
進歩　281, 283
人類　279
人類愛　136
ステイクホルダー　253, 257
ストックホルム会議　265
すべての生命体の幸福　182
滑りやすい坂　198
スループット　256
生活の質　253
正義　114, 115, 183, 187
　——が生じる状況　115, 120
　——の黙約　120
　——の倫理　224, 225
政治経済学　128, 232
政治的エコロジー　15

政治的自由主義　167
政治哲学　127, 129, 178
政治道徳　128
精神的な便益　239
生息環境　89
生存のくじ引き　199
生態学　15, 150, 207
　——的アプローチ　187
　——的正義　95, 102, 138, 194, 231, 263
　——的相互連関性　97, 99
　——的地位　32, 38, 182, 278
　——的な均衡　267
　——的不正義　160
　——的理由　172
生態系　40, 278
　——中心主義　63
成長　281, 282
生の意味　30
生物工学　238
　——の魔法　242
生物資源　167
生物多様性　38, 231
　——の維持原則　97
　——の保存　2, 4
　——のホットスポット　164
生命界への愛　135
生命体の相互連関　55
生命体の福祉　182
生命中心主義　5
生命の木　39
生命の主体　75
生命の本質　201
生来のケア提供者　227
世界環境理事会　138
世界銀行　266
世界政府　168
世界の脱魔術化　239
石炭　236
世代間正義　119
説明責任　158

336

絶滅　2, 3, 212
絶滅危惧種法　142
絶滅率　278
善　65, 211
選挙権　154, 155
先駆的な人間生態学　150
選好充足　181
全体論　21
選択権の行使　262
全面核戦争　242
相互連関性　4, 9, 20, 42, 66-68, 94, 96, 97, 271
相対性理論　23
疎外　202, 205
それが人間である　107
存在価値　104

た 行

ダーウィン主義的な生物学　288
第6の絶滅　2
大規模な原油流出　242
第三世界　239, 266
太陽エネルギー　237
代理人　154, 155
多元論　214
多国籍企業　143, 267
打算　114
他者の善　85
地域が望まない土地利用　143
地球温暖化問題　241
地球環境ファシリティ　266
地球規模で考えよう　164
超人格　35
超有機体　76
直観的洞察　182
チンパンジー　48, 173
ディープ・エコロジー　20
テクノクラート　278
哲学者としての生物　151
伝統的な家族観　222

天然痘ウイルス　103
討議倫理　159
道具的価値　70
投資　254
同時代の同国人　113
同情心の減退　115
島嶼生物地理学　278
道徳的
　——悪　88
　——境界線　78
　——計算　106
　——言説　71
　——行為者　84, 95, 181, 195
　——恣意性に基づく補償　185
　——処方箋　101
　——ジレンマ　77, 160
　——正統性　191
　——制約　8, 158
　——善　88
　——地位　141, 184
　——テーゼ　9
　——動機　51
　——トレードオフ　77, 79, 95, 105
　——に恣意的　184
　——配慮　8, 52, 63, 66, 77, 93, 158, 181, 183, 214
　——配慮の基本的様式　107
　——平等性　214
　——不正行為　89
　——優位性　220
道徳哲学　37
道徳理論　30, 63
動物解放　75
東洋の古代宗教　26
独裁制　147
特別な関係　110
奴隷　196

な 行

内在主義　161

内在的価値　25, 69, 71, 80
内省の能力　151
ナショナリズム　165
ナノテクノロジー　8, 237
二元論　48, 70
ニューエイジ　28
人間嫌い　136
人間至上主義　64, 253
人間性　129, 131
人間生態学　152, 173
人間中心主義　64, 91, 263
人間の苦境　129, 131
人間の幸福　264
人間の傲慢さ　12
認識論　73
ネオダーウィニズム　43, 46, 129
ネガティブ・フィードバック　278

は 行

バイオフィリア（生物愛）　49, 54, 56, 130, 202
バイオフォビア（生物嫌悪）　55
廃棄物　234
排他主義　221
配分的正義　115, 146, 194
バクテリア　102
繁栄　133
ハンターとバードウォッチャー　67
反二元論　68
非互恵的関係　226
美的概念　88
非道具的な価値　63
一つの地球　266
ヒューマニズム　71, 115
ヒューマン・エコノミーの持続可能性　248
ヒューム的な正義　116
費用―便益分析　104
平等　96, 123
貧困問題　233

ファシスト　215
不運な事故　238
フェミニズム　219
複雑性　100
不正義　201
物質主義　274
物象化　277
普遍主義的言説　267
普遍的な仮説的同意　117
プラグマティックな民主政治　5
フランケンシュタイン　89
ブルントラント報告　244, 264
プロレタリアートの後継者　208
フロンガス　238, 241
文化構造　158
文化相対主義　148, 162
文化伝承　59
文脈依存的な存在　134
ベーシック・インカム　193
豊富さ　38
ポジティブ・フィードバック　278
保守主義者　287
捕食者と被捕食者　103
ポストモダニズム　148
ホメオスタシス　21
ホモ・サピエンス　43

ま 行

マルクス主義　200
見えざる手　169
緑のアジェンダ　77
緑の合理主義　13
「緑」の資本主義　260
『緑の政治思想』　1
緑の政治理論　10, 153
緑のロマン主義　13
未来の人間　120
民主主義　148
民主的な意思決定　157
無私無欲　143

無政府主義　44
無知のベール　117, 186
メタ倫理　147
目的因　31
目的それ自体　84
持たざる者　218

　　　　や・ら・わ　行

友愛　201
有害廃棄物の投棄場　144
有権者　154
融資　254
優先順位の規則　145
善き生活　210
抑制　188
予防原則　250
より拡大的な自己　63
より高等な天命　223

弱い意味での持続可能性　245
ライフスタイル　83
『リヴァイアサン』　131
リオ会議　265
利子　254
利潤動機　253
理性的存在者　83
理性の普遍的見地　53
利他主義　173
リバタリアニズム　197
リバタリアン　190
量子力学　23
緑化　249
倫理学　94
倫理的投資　253
ルサンチマン　118
労働者共同組合　263

監訳者あとがき

　今日の深刻，かつ，グローバルな環境問題の原因は18世紀後半の産業革命以降，人間が経済的利益を優先した豊かな産業社会をつくり上げていくために，自然を収奪，あるいは，破壊するという人間中心主義的な文明思想をもち続けてきたからに他ならない。1972年のローマクラブの『成長の限界（The Limits to Growth）』報告書は人間による科学技術への妄信と飽くなき物質的欲求の追求が地球の自然環境を破壊し，自然資源を枯渇させることになり，いずれは地球を破滅に追い込むことを科学的にシミュレーションすることで，人間文明の愚かさを警告したのである。さらに，今日の環境問題を取り巻く状況で新たに追加せざるをえない重要な事態は，一つには，2011年の3月11日に発生した「東日本大震災」であり，この震災を起点として発生した東京電力の福島第1原子力発電所における「放射性物質放出問題」や「放射性物質による海洋汚染問題」等の「放射能問題」であり，あと一つは，世界のGDP第2位国である中国における，黄砂やPM2.5（微小粒子状物質等などの拡散による大気汚染に象徴されるような，GDP世界第2位の大国としては考えられないような「公害問題の深刻化と拡散化問題」である。いずれもこれまでの経緯からして，事前にさまざまな予兆や問題があったにもかかわらず，経済発展を優先させたために起きた社会的，かつ，人為的な事故といっても過言ではないだろう。「人為的事故」とは，われわれ人間が予防的方策を講じることができたにもかかわらず，そうした方策を軽視，ないし，無視してきた結果，こうした事故が発生し，今なお，福島の「放射能問題」は解決できていないし，中国では，宇宙にさまざまな象衛星を打ち上げているにもかかわらず，公害問題の深刻化への政策的対応が不十分であることを示している。こうした事実に直面すると，自然をはじめとする他の生命体を踏み台にして，人間はいかに自己利益を追求

する「経済人」(ホモ・エコノミクス)であることか，また，近代産業社会の成立以来，科学技術への過度の信頼を基盤として，経済成長を持続させるために，自然環境の破壊を今なお，継続し続けている「人間中心主義的な種」であることかということを私たちは厳然と受け止めざるをえない。このことは，人間が自然を同じ種としての生命共同体の一員としてみなさず，生物序列で最下位の存在として位置づけてきたことを示すものであるといっても過言ではないだろう。

今日の環境思想に求められているのは，(1)環境哲学的，環境倫理学的としての，理念的な環境意識の変革だけではなく，環境問題の根本的なテーマである「人間と自然」関係を生態系の持続可能性の観点から見直し，〈エコロジー社会＝緑の社会〉(Ecological Society = Green Society) の形成していくという社会制度や社会経済システムの全面的な変革であるといってもよいだろう。かつて，ノルウェーの哲学者，アルネ・ネス (Arne Naess) は経済発展に依拠したエコロジー思想を生態系の破壊を意図した「シャロー・エコロジー(浅薄エコロジー)」(Shallow Ecology) として批判し，生態系の維持を基盤した自然中心主義的なエコロジーを「ディープ・エコロジー(深遠なエコロジー)」(Deep Ecology) と呼んで，エコロジー社会にはこうしたエコロジー思想への価値転換が必要であると主張した。英国の性軸学者，アンドリュー・ドブソンはこのネスの思想を政治学的に捉え直し，政治的エコロジーとしてのエコロジズム，すなわち，政治的エコロジズムとしての「緑の政治思想」の必要性を自著『緑の政治思想』(Green Political Thought) で提唱した。〈エコロジー社会〉を実現していくためには，資本主義，社会主義，保守主義に代わる新しい政治イデオロギーが必要であることを提示したのであった。換言すれば，資本主義的な経済発展を基盤とした既存のイデオロギによる社会制度や産業社会システムを変革させるような，政治的イデオロギーとしての「エコロジズム」が求められることを明確化したのである。

ドブソンはネスの「ディープ・エコロジー (Deep Ecology)」対「シャロー・エコロジー (Shallow Ecology)」の区別に示唆されて，経済発展を優先する環境

監訳者あとがき

運動のイデオロギーを「環境主義」(Environmentalism) として批判し，生態系の持続可能性を基盤としたエコロジー運動のイデオロギーを「エコロジズム」(Ecologism) として捉えた。この背景には，「今日の環境問題は産業主義にもとづく物質的成長の限界点に出現したものであり，それは，非永続的な活動を促進している政治，社会，経済的な基本関係に由来している」とした上で，エコロジズムを「人間の行動と現代社会の全体的構造の紺本的変革をめざしたもの」と位置づけている (松野 1999：4)。この新しい政治的イデオロギーこそが「緑の政治思想」を発展させ，永続可能な〈エコロジー社会〉を実現する可能性を示唆したのである。

ドブソンの政治的イデオロギーとしての「エコロジズム」を政治哲学として再編成しようと企図したのが著者のブライアン・バクスター博士 (Brian Baxter) である。今日のグローバルな環境危機に対処していくためには，経済発展優先型の産業社会の価値観を転換させることであり，そのためには，環境哲学・環境倫理学の両面から，「エコロジズム」を政治理論や経済理論だけではなく，道徳理論としても捉え直し，政治哲学としての「エコロジズム」の新しい視点と考え方を導き出したのが本書である。彼によれば，「エコロジズムは人間以外の存在は道徳的配慮の対象とすべき存在であり，社会的・経済的・政治的なシステムとして制度化されるべきである」と主張している。彼の基本的立場（エコロジズムは「生物多様性の保存という問題を政治哲学上の主題に関連づける一つの試みを行った上」で，形而上学的・道徳的・政治学的・経済学的，ならび，文化的な諸問題として扱うべきだとしている (p.4)。

このように，バクスターはドブソンが現代環境問題を解決するために提唱した，政治的イデオロギーとしての「エコロジズム」に道徳理論・正義論・政治経済学等の多角的側面から検討することで，政治哲学としての「エコロジズム」の位置づけを明確化しようとしたといえるだろう。

本書はブライアン・バクスター博士の『エコロジズム──「緑」の政治哲学入門』(*Ecologism: An Introduction*, Edinburgh University Press, 1999) の全訳である。本書の翻訳体制は以下のようである。序章から，第7章までは，松野亜希

子先生（明治大学），第8章から，第12章までは，岩本典子先生（東洋大学）が担当した。徳島大学総合科学部教授の栗栖聡先生には，学部長として多忙にもかかわらず，テクニカル・タームのチェックを軸とした全体的な調整をしていただいた。御礼を申し上げたい。これらの翻訳原稿をもとに，原著や著者からの応答を参考にしながら，監訳者は全体的な修正や訳註の追加等を行った。

バクスター博士は本書の完成を心待ちにしていたが，刊行前の2008年12月にもう一つの専門職である水彩画家として専念されるために，勤務先のダンディー大学を早期退職されたのは大変残念なことである。諸般の事情で翻訳刊行が遅れたことをここにお詫びしておきたい。

また，ご多忙の中，[『緑の政治思想』の名著シリーズ]の〔刊行によせて〕を御寄稿いただいた，京都大学大学院地球環境学堂教授の宇佐美誠先生，並びに，『エコロジズム』の〔刊行によせて〕を御執筆いただいた，かつての千葉大学時代の同僚で，現在，京都大学こころの未来研究センター教授の広井良典先生には紙面を借りて御礼申し上げたい。

最後に，本書を含めた[『緑の政治思想』の名著シリーズ]の刊行企画を快く承諾され，ここに刊行の段階に至ったことに対して，㈱ミネルヴァ書房・代表取締役社長の杉田啓三氏に心より感謝申し上げたい。と同時に，この企画を円滑に進めていただいた梶谷修氏や本書の担当編集者の本田康広氏に謝意を表しておきたい。本書は日本ではじめての[『緑の政治思想』の名著シリーズ]の記念すべき第1巻であるので，本シリーズの監修・監訳を担当している筆者も感激ひとしおである。本書，並びに，このシリーズが日本のみならず，世界の環境問題の解決に際して多少とも理論的・実践的に貢献することができるならば望外の喜びである。

2019年1月

松野　弘

[引用・参考文献]

Baxter, B (2009), *Ecologism, Cosmopolitanism, and the Case for Ecological Citizenship*,「環境思想研究 第2号」環境思想研究会。

Dobson, A., (1995), *The Green Political Thouhgt 2nd edition*, Routledge, Chapman and Hall, Inc., =［邦訳］松野　弘監訳（2001）『緑の政治思想――エコロジズムと社会変革の理論』ミネルヴァ書房

《著者紹介》

ブライアン・バクスター（Dr., Brian Baxter）

　本書の著者，ブラアン・バクスター（Brian Baxter）博士はスッコトランド生まれで，オックスフォード大学の学部・大学院で哲学を学び，哲学博士の学位を取得した。スコットランドの小都市，ダンディ大学の政治学・国際関係論学部の上級講師として，30年余り哲学・政治哲学の教鞭をとっていた。2008年にダンディ大学を早期退職されている。本書『エコロジズム』（*Ecologism*）（1999年）や『エコロジー的正義の理論』（*A Theory of Ecological Justice*）（2005年）は環境問題に対して，政治哲学の新しい方向性，すなわち，「緑の政治哲学」の理論的視座を提示した著作として注目されている。また，もう一つの専門家である水彩画家として活躍している。これまで，600以上の作品を制作し，英国各地で個展を開催し，ギャラリーで作品が展示されている。

[主要著作・論文]

Baxter,B (1999) *Ecologism: an Introduction*, Edinburgh: Edinburgh University Press.
-- (2004) *A Theory of Ecological Justice*, London: Routledge
-- (2006 (a)) 'Naturalism and Environmentalism: a Reply to Hinchman', *Environmental Values*, vol 15, 1, 51-68
-- (2006 (b)) 'Political liberalism, the non-human biotic and the abiotic: a reply to Hailwood', *Analyse & Kritik*, vol 28, 190-205.
-- (2007) *A Darwinian Worldview: Sociobiology, Environmental Ethics and the work of Edward O.Wilson*, Aldershot: Ashgate
-- (2009) 'Ecologism, Cosmopolitanism,and the case for Ecological Citizenship'『環境思想研究第2号』　環境思想研究会．

《訳者紹介》（翻訳・執筆分担，所属，主要著書　＊は監訳者）

＊松野　弘
　　監修の言葉，翻訳の総合調整，日本語版への序文，解説，監訳者あとがき
　　千葉大学客員教授（次頁参照）

栗栖　聡
　　全体の調整
　　早稲田大学大学院政治学研究科博士後期課程単位取得満期退学。
　　現在，徳島大学総合科学部教授
　　主要著書・訳書：
　　R. エッカースレイ『緑の国家』（共訳，岩波書店，2010年）
　　『現代政治理論』（共著，おうふう，2009年）
　　R. F. ナッシュ『アメリカの環境主義』（共訳，同友館，2004年）など。

松野　亜希子
　　謝辞，第1章，第2章，第3章，第4章，第5章，第6章，解説
　　お茶の水女子大学大学院人間文化研究科博士後期課程単位取得満期退学。
　　現在，明治大学経営学部講師／日本大学文理学部講師他。
　　主要論文・訳書等：
　　「Oroonoko; or, The Royal Slave における王権と「書く女」の文化的権威」『英文学研究』第85巻，2008年。
　　「オスカー・ワイルドにおける個人主義，パーソナリティ，芸術」『人文科学研究』第2巻，2006年。
　　「Howards End における隠された同性愛」『えちゅーど』第32号，2002年など。
　　R. T. シェーファー他『脱文明のユートピアを求めて』（共訳，筑摩書房，2015年）
　　S. バートマン『ハイパーカルチャー』（共訳，ミネルヴァ書房，2010年）

岩本　典子
　　第7章，第8章，第9章，第10章，第11章，第12章
　　テンプル大学大学院教育学研究科英語教授法専攻博士課程修了。応用言語学博士（テンプル大学）
　　現在，東洋大学理工学部生体医工学科教授。
　　主要論文・訳書等：
　　「The Use of Multi-Facet Rasch Measurement to Investigate the Bias in Self-Assessment of L2 Presentation Delivery Skills」（岩本典子・一瀬その子著）『JACET-KANTO Journal』5号　大学英語教育学会関東支部　2018年。
　　「Are Engineering Majors Intrinsically or Extrinsically Motivated?: Relationship between L2 Motivational Types and Motivated Behavior」『人間科学総合研究所紀要』20号　東洋大学人間科学総合研究所　2018年など。
　　S. バートマン『ハイパーカルチャー』（共訳，ミネルヴァ書房，2010年）

《監修・監訳者紹介》

松野　弘（まつの　ひろし）

　岡山県生まれ。早稲田大学第一文学部社会学専攻卒業。千葉大学客員教授（予防医学センター）。博士（人間科学）。早稲田大学スポーツビジネス研究所・スポーツCSR研究会会長等。

　これまで，山梨学院大学経営情報学部助教授，日本大学文理学部教授・大学院文学研究科教授／大学院総合社会情報研究科教授，千葉大学大学院人文社会科学研究科教授，千葉大学地球環境福祉研究センター・環境研究部門長，千葉商科大学人間社会学部教授を歴任。早稲田大学大学院情報生産システム研究科客員教授，東京農業大学客員教授，千葉商科大学大学院政策情報学研究科客員教授，新潟産業大学客員教授，早稲田大学商学部講師，明治学院大学社会学部講師，山梨学院大学経営情報学部講師，放送大学教養学部講師，専修大学大学院経済学研究科・「社会人学び直し」コース特別講師等を務める。

　主著の『現代環境思想論』（ミネルヴァ書房，2014年）をはじめとして，環境倫理史・環境思想史の世界的大家のR.F.ナッシュ（米国・カリフォルニア大学サンタバーバラ校名誉教授）の三大著作『自然の権利』『アメリカの環境主義』『原生自然とアメリカ人の精神』を刊行するとともに，日本ではじめての環境政治思想の著作として，アンドリュー・ドブソン（当時：英国・キール大学教授）の『緑の政治思想――エコロジズムと社会変革の理論』（監訳，ミネルヴァ書房，2001年）を刊行した。環境思想をこれまでの環境文化思想（環境哲学・環境倫理学）から，地球環境問題の解決のための学問として，多角的な思想群（環境政治思想，環境経済思想，環境文化思想，環境政策思想）へと転換させた現代日本の環境思想研究者の第一人者である。日本学術会議第20期・第21期連携会員（特任――環境学委員会）として，環境思想・環境教育に関する提言作成にも参加した。一方で英国の著名な環境政治学雑誌「Environmental Politics」のReviewer（査読委員）も務めた。

　専門領域は，環境思想論／環境社会論，産業社会論／CSR論・「企業と社会」論，地域社会論／まちづくり論。

　日本社会学会，環境経済政策学会，環境思想研究会，ソーシャル・マネジメント研究会，日本経営学会，「企業と社会フォーラム」（学会），ISA（The International Sociological Association ― Life Member），ASA（The American Sociological Association-Regular member）等の学会所属。

［主要著訳書］

『「企業と社会」論とは何か』（単著，ミネルヴァ書房，2019年）

『現代社会論』（編著，ミネルヴァ書房，2017年）

『現代環境思想論』（単著，ミネルヴァ書房，2014年）

『大学教授の資格』（単著，NTT出版，2010年）

『大学生のための知的勉強術』（単著，講談社現代新書，講談社，2010年）

『環境思想とは何か』（単著，ちくま新書，筑摩書房，2009年）

『現代地域問題の研究』（編著，ミネルヴァ書房，2009年）

『「企業の社会的責任論」の形成と展開』（編著，ミネルヴァ書房，2006年）

『環境思想キーワード』（共著，青木書店，2005年）

『地域社会形成の思想と論理』（単著，ミネルヴァ書房，2004年）

『入門　企業社会学』（M.Joseph，監訳，ミネルヴァ書房，2015年）

『産業文明の死』（J.J.Kassiola，監訳，ミネルヴァ書房，2014年）

『企業と社会――企業戦略・公共政策・倫理（上下）』（J. E. Post他，監訳，ミネルヴァ書房，2012年）

『ユートピア政治の終焉――グローバル・デモクラシーという神話』（J. Gray監訳，岩波書店，

2011年）
『緑の国家論』（R. Eckersley，監訳，岩波書店，2010年）
『新しいリベラリズム――台頭する市民活動パワー』（J. Berry，監訳，ミネルヴァ書房，2009年）他多数。

|「緑の政治思想」の名著シリーズ①|
|エコロジズム|
|――「緑」の政治哲学入門――|

2019年4月30日　初版第1刷発行　　　　　　　〈検印省略〉

定価はカバーに
表示しています

監修・監訳者　　松　野　　　弘
発　行　者　　杉　田　啓　三
印　刷　者　　中　村　勝　弘

発行所　株式会社　ミネルヴァ書房
607-8494 京都市山科区日ノ岡堤谷町1
電話代表　(075)581-5191
振替口座　01020-0-8076

© 松野 弘ほか, 2019　　　　　中村印刷・新生製本

ISBN 978-4-623-07845-5
Printed in Japan

「緑の政治思想」の名著シリーズ

松野　弘 監修・監訳

A5判・上製

ブライアン・バクスター著
① エコロジズム――「緑」の政治哲学入門

ロバート・E・グッディン著
② 緑の政治理論（仮）

アンドリュー・ドブソン著
③ 正義と環境（仮）

ジョン・バリー著
④ 緑の政治再考（仮）

ロビン・エッカースレイ著
⑤ 環境主義と政治理論（仮）

――― ミネルヴァ書房 ―――
http://www.minervashobo.co.jp/